高品质
数字图像制作流程

董 钢 编著

图书在版编目（CIP）数据

高品质数字图像制作流程 / 董钢编著． —北京：
中国建材工业出版社，2024.7
ISBN978-7-5160-4013-3

Ⅰ. ①高… Ⅱ. ①董… Ⅲ. ①摄影 - 洗印②数字图像
处理 Ⅳ. ① TD88 ② TN911.73

中国版本图书馆 CIP 数据核字（2023）第 249923 号

内 容 摘 要

本书是为摄影师编写的关于如何打印出完美影像作品的工艺流程的书。书中内容通俗易懂、图文并茂，涉及领域十分广泛，包括色彩学的基础知识，图像的创建、编辑，设备的校准以及打印工序等，并详细阐述了色彩管理的原理与实施办法。对如何建立标准化的工作环境和品控流程，满足摄影师的专业需求以及推动摄影艺术的发展都具有一定的实用价值和指导意义。

高品质数字图像制作流程
GAOPINZHI SHUZI TUXIANG ZHIZUO LIUCHENG
董 钢 编著

出版发行：中国建材工业出版社
地　　址：北京市西城区白纸坊东街 2 号院 6 号楼
邮　　编：100032
经　　销：全国各地新华书店
印　　刷：南京迅驰彩色印刷有限公司
开　　本：889mm×1194mm　1/16
印　　张：12
字　　数：330 千字
版　　次：2024 年 7 月第 1 版
印　　次：2024 年 7 月第 1 次
定　　价：98.00 元

本社网址：www.jccbs.com，微信公众号：zgjcgycbs
请选用正版图书，采购，销售盗版图书属违法行为

本书如有印装质量问题，由我社事业发展中心负责调换，联系电话：（010）63567692

序　言

艺术的创作离不开技术支持，否则艺术的表现形式就无所依附，艺术的价值也难以体现。在数字时代的今天，图像的艺术创作和技术操控之间的关系从未如此紧密地交织在一起。图像的数字化不仅能够让人们更容易地获取、编辑和分享图像，也为艺术家提供了更广阔的创作空间和表现方式。数字图像的多元化特征将艺术融入人类社会的各个领域，丰富了视觉文化和艺术的交流活动，推动着艺术和科技的融合与发展。

也许有人会问，当整个世界都在走向数字化的时候，我们为什么还要选择打印？其实答案很简单，一幅精心打印的摄影作品，借助其纸张特有的色调和质感，在不同环境和光线的渲染下，可以呈现出卓越的影像品质、独特的艺术魅力和厚重的文化气息，我们甚至可以触摸到影像的质感，感受到作品的温度，这种实体的互动和真实的体验，相比在屏幕上观看的电子图像，更具有非凡的意义。

当然，没有一幅精美的摄影作品是可以轻而易举创造出来的，这不仅需要摄影师具有出色的创作水平和深厚的审美素养，同时需要深入了解和掌握数字图像的创建、编辑，打印工艺以及与图像相关的设备和软件，并遵循色彩管理系统要求，严格按照标准化的操作程序进行。而构建一个高效、有序且系统的工作环境和完善的质量管理体系，无疑是提升数字图像质量的关键所在。唯有追求极致的工匠精神，品质才有所保障，艺术才得以完美地诠释。一般来说，正确设置是必要的，图像数字化进程的精确度是保证数字图像质量的根本。

本书在编写过程中，承蒙南京华文实业有限公司的大力支持与帮助，以及爱普生、佳能、惠普、明基、爱色丽和 Adobe 公司所提供的相关资料，同时，利用互联网进行了广泛的查阅和检索，如环球百科、百度百科、知乎、个人图书馆等，在此谨向各单位和作者致以衷心的感谢。

随着数字技术的飞速发展和数字成像设备的不断更新，色彩管理技术必须与时俱进，跟上时代的变革。本书致力于讨论色彩管理的最新发展，为广大读者提供了如何正确处理色彩的实用指南。然而，由于色彩管理领域的快速发展和不断涌现新技术，本书内容仍有待进一步完善和改进。因此，对不足之处，深表歉意，敬请各位读者谅解和不吝赐教。

董钢

2024 年 5 月

目录

第三章　了解和掌握数字打印

第四章　准备工作（预处理）

第五章　打印的工作流程

第六章　印前文件处理

第七章　作品装裱与展示

第一章　理解和管理色彩

什么是颜色？一种看似简单的问题，却常常让人感到困惑。在日常生活中，我们每天都会接触各种颜色，并且对颜色有着极大的依赖，不同的颜色甚至还能够影响情绪和心理状态。其实，颜色只是人类视觉的一种感知方式，每个人对颜色的感知和理解能力不同，很难用准确的语言描述。然而，通过数字化和定量化的方法来描述颜色，并建立一套系统化的标准颜色体系，我们可以基于共同的参考标准来理解和描述色彩，这是色彩管理的重要意义。

第一节　认识色彩

视觉是一种极复杂和重要的感觉。通过视觉，人类可以感知外界物体的大小、颜色、形状以及动静等，获得对机体生存具有重要意义的各种信息。人所感受的外界信息 80% 以上来自视觉，而色彩是给人的第一视觉印象。可以说，目力所及皆为色。

色彩是能引起我们共同审美愉悦的、最敏感的形式要素。作为视觉对象，色彩的物质属性差异可以引起色彩联想，并在心理上产生各种不同的效果，从而改变情绪和行为。因此色彩是最富表现力的元素之一。

色彩与我们的日常生活息息相关，比如，服装搭配、商品包装、家居设计、印刷广告、警示标牌等。色彩与生活的完美融合、相互促进，不仅提升了人们的审美水平，创造了优质的生活，而且还彰显出个性与魅力，因而色彩成为现代生活的一个重要特征。

那么，颜色是如何产生的？

一、什么是颜色

人为什么能看到颜色？苹果为什么是红色的？天空为什么是蓝色的？从网上购买的衣服为何与屏幕上看到的颜色不一致？这些在生活中看似简单的问题，却和色彩学紧密相关。

颜色的形成是由光线、物体和人的视觉感知（观察者）三个因素共同作用的结果。当光线照射到物体上时，物体会对入射光进行选择性吸收和反射一部分光线，然后这部分反射的光线进入眼睛，经过视网膜的捕捉，再由大脑进行处理和整合，最终形成了我们对颜色的感知。

如图 1-1 所示，当阳光（白光）照射在苹果上时，苹果表面吸收了白光中的绿色光和蓝色光，只反射了红色光，人眼中的视网膜捕捉到了红色反射光，并在脑中形成了红色的视觉感知，于是我们便看到了一个红色的苹果。

然而，颜色的感知并不是固定不变的。如果改变了光源、物体或观察者中的任何一个因素，颜色的感知也就会随之改变。例如，如果把光源改为蓝色光，我们看到的苹果将会是什么颜色？根据颜色形成的基本要素，这个问题就不难回答。首先，这个苹果的表面对光照的反射特征是吸收绿色光和蓝色光，反射红色光。其次，光源中只有蓝色光，不含有红色光和绿色光。结果就是由于苹果吸收了蓝色光、同时也没有红色光被反射，所以这个苹果的颜色看上去更接近黑色。

这一事例说明，在人的正常视觉系统下，物体的颜色取决于物体表面的特性以及光源的光谱成分。这也是为什么在不同的光线条件下，看到的颜色会有所不同的原因。

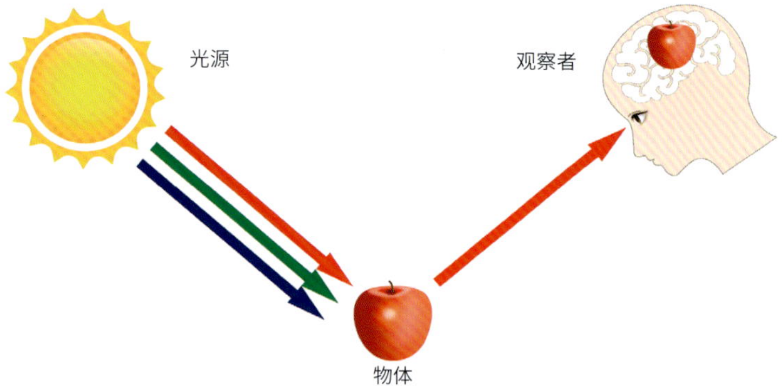

图 1-1　颜色形成过程的三要素：光源、物体、观察者

(一)光与颜色的形成

能够看到颜色，首先必须有光，黑暗中不存在色彩。色彩是拥有可见光中不同波长的光的集合。

1. 光波

光是一种电磁波，由微小的粒子光子组成，以波动方式传播。这就意味着光既有粒子的特性，又有波的特性。每个光子都具有特定的波长，能量越高，波长就越短。波长是光波在一个振动周期内传播的距离（图 1-2），通常用纳米来衡量光的波长（用符号 nm 表示），$1nm = 10^{-9}m$。

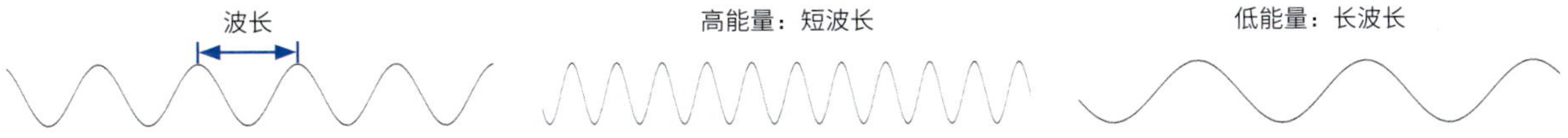

图 1-2 波长

2. 光谱

空间传播的电磁波分布范围非常宽广，波长从长到短依次是无线电波、微波、红外线、可见光、紫外线、X 射线以及 γ（伽马）射线等。其中波长为 380 ～ 780nm 这一狭窄范围电磁波，能够对我们的眼睛产生刺激，也是电磁波谱中人眼可见的一部分，我们称为可见光谱、可见光或简称为光。在可见光谱中，不同波长的光会引起不同的色彩感受，波长从长到短依次是红、橙、黄、绿、青、蓝、紫。这表示不同的波长决定了颜色的外观，也就是色相。

在可见光谱的红色端，超过 780nm 波长的光主要是红外线（IR），其次是波长更长的微波和无线电波。而在可见光谱的紫色端，小于 380nm 波长的光主要为紫外线（UV），其次是波长更短的 X 射线、γ 射线。这些超出可见光谱范围的电磁波，我们人眼都不可见（图 1-3）。

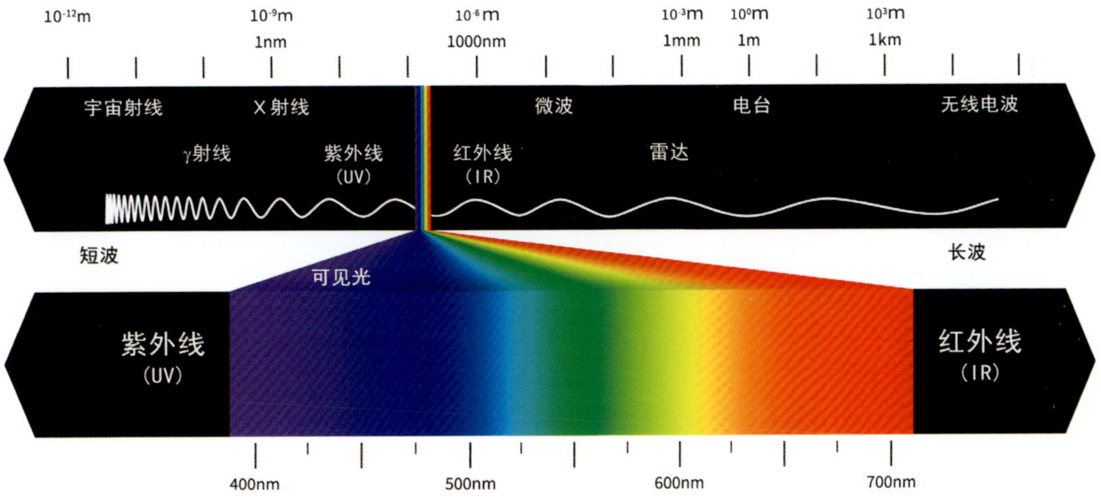

图 1-3 电磁波谱・光谱

通常我们接触到的光源都是由不同波长的单色光混合而成的复色光，又称复合光，如自然界的阳光以及其他人造光源（如白炽灯、日光灯等）所发出的光都是复合光。而所谓的“单色光”是复色光的组成部分，只含单一频率（或波长）的光，不会产生色散。例如，白光或太阳光经过三棱镜的折射会分解出红、橙、黄、绿、青、蓝、紫等七种颜色的光。这种被分解的色光，即使通过三棱镜也不会再分解为其他色光，所以将这种不能再分解的色光称为单色光。但实际这些所谓的不可再分的单色光仍然具有相当宽的频率（或波长）范围。例如，波长 622 ～ 780nm 内的光称为红光，不存在绝对意义的单色光，单色光只存在于理论中。在可见光的光谱中，只有红、绿、蓝三种色光不能通过其他色光混合得到，其他色光均可由这三种色光按不同比例混合得到，于是红、绿、蓝被称为色光的三原色。需要注意，相同颜色的复色光与单色光是有区别的。例如，一束单色黄光经过三棱镜还是一束黄光，而一束复色黄光经过三棱镜却会分解成一束绿光和一束红光，但是人眼无法区分这两种黄光。

现实生活和工作中，我们无法离开可见光。尽管不可见光难以被人眼察觉，但它与人的活动和发展密切相关，并具有广泛的应用范围。例如，红外线的温热效应可以加速人体新陈代谢，增强细胞组织活力和再生能力，广泛应用于理疗仪等设备；红外线具有很强的穿透力，既可用于远距离拍摄，也可用于生物组织的穿透摄影，广泛应用于通信、监测、勘探、医学和军事等领域；数码相机的感光耦合组件（CCD）对红外线也非常敏感，因此在数码相机上通常会集成一块防止红外线通过的滤镜（ICF），以消除额外的红外线干扰，避免拍摄照片时出现噪点。紫外线最常见的作用之一是杀菌消毒，如医疗、餐饮、食品等领域。这也充分说明了紫外线对生物组织的破坏能力；地球大气层具有对强紫外线的吸收和散射功能，使天空呈现蓝色。没有大气，也就没有生命存在，而适当的紫外线照射可以促进人体内维生素 D 的合成，这对于维持骨骼健康至关重要；紫外线可以分解油烟和有机物，以及加速涂料和颜料的固化；紫外线还可以应用于光刻设备，用于电子芯片生产，例如，极紫外线（EUV）光刻机采用的就是超高频紫外线技术；在摄影中，通常会在相机镜头前安装一个 UV 镜片，可以过滤掉天空中过多的紫外线，以确保相机获得准确的曝光和色彩；在打印纸张中，通过添加荧光增白剂，可以制造出非常亮白的纸张。这种荧光增白剂能吸收紫外线，并重新发射出可见光谱，使纸张看起来更白、更亮，也就是我们所熟悉的荧光现象。

3. 白光

“当我第一次看见由此产生的鲜明而强烈的颜色，我感到了极大的愉快。”这是三百多年前，牛顿将我们所熟知的阳光，通过三棱镜折射出七色光时所发出的感慨（图 1-4）。其实，这一现象很常见，雨后晴空出现的彩虹也是同一原理（水滴的折射），如图 1-5 所示。因此，我们了解到白光并不是单纯的光，而是混合光、复合色。

图 1-4　白光的折射

图 1-5　彩虹现象

4. 光源

光源是指在可见光波长范围内发出电磁波的物体，通常指自身能发光的物体，如太阳、打开的电灯、燃烧着的蜡烛等。光源可以分为自然光源和人造光源。

(1) 自然光源

自然光源主要以日光为主，由太阳和地球大气共同形成，这不仅是我们最熟悉的光源，而且也可能是所有光源中最重要的，因为我们的视觉系统是在这个光源的照射条件下逐渐进化和完善的，在长期的生产和生活实践中，人们已习惯于在自然光下辨认颜色，并以此作为人造光源的参考标准，如国际照明委员会（CIE）就推荐 D50、D65 为标准照明体。这两种光源都是具有近似真实日光的光谱功率分布，可以提升对颜色观察的准确性。由于自然光源受时间、天气、环境等因素的影响，光源的性质随时随刻都在变化。

此外，如极光、闪电、萤火虫以及深海生物的光等也都属于自然光源的范畴。

(2) 人造光源

人造光源的出现是人类文明与科学技术发展到一定阶段的必然结果。人造光源的出现，不仅照亮了整个世界，使人类能够摆脱自然光的束缚，即使在夜晚也能灯火通明，还极大地促进社会生产效率，提高人们的生活质量，将人类社会推向崭新的纪元。常见的人造光源主要有五类，分别具有不同的特性和用途。

① 白炽灯

白炽灯（钨丝灯）是通过将灯丝通电加热到白炽状态，利用热辐射发出可见光的光源。白炽灯是一种热辐射光源，能量的转换效率很低，仅有 2% ～ 4% 的电能转换为人眼可见的光线。白炽灯因具有良好显色性，连续均匀光谱、通用性强以及使用方便而得到广泛应用。不过，由于白炽灯光效低，寿命短，在全球倡导节能减排的趋势下，逐步退出了市场（图 1-6）。

图 1-6　白炽灯

② 卤钨灯

卤钨灯（卤素灯）是填充气体、内含部分卤元素或卤化物的充气白炽灯。利用卤钨循环的原理消除了普通白炽灯出现的玻壳易发黑、钨丝寿命短的现象，并且具有发光效率高、色温稳定、光衰小、寿命长、体积小巧等特点。卤钨灯适用于需要准确辨认颜色、光照要求较高以及需要长时间进行高度集中视觉工作的场所（图 1-7）。

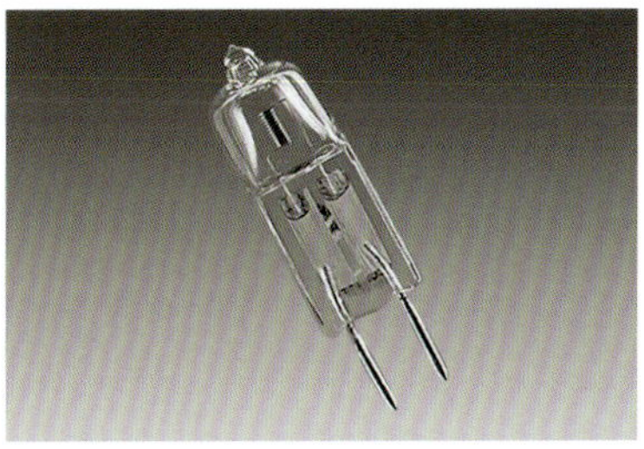

图 1-7　卤钨灯

③ 金卤灯

金卤灯（高强紫外卤素灯）是在高压汞灯基础上添加各种金属卤化物制成的第三代光源。利用汞和金属的卤化物混合蒸气中产生电弧放电发光，其发光效率高、显色性能好、寿命长，是一种接近日光色的节能型新光源。金卤灯适用于体育场馆、展览中心、商场超市、工业厂房以及机场车站等大型场所（图 1-8）。

图 1-8　金卤灯

④ 荧光灯

荧光灯（日光灯）是通过在低气压的汞蒸气中进行放电，释放出紫外线，从而使荧光粉发出可见光，属于低气压弧光放电光源。荧光灯具有发光效率高、节能省电、寿命长、光线柔和、低发热量等特性。荧光灯是应用十分广泛的节能照明光源，适用于办公室、商店、医院、学校、图书馆以及家庭等场所（图 1-9）。

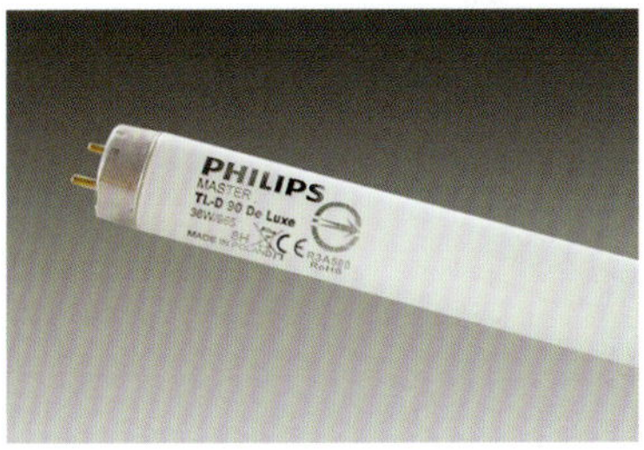

图 1-9　荧光灯

⑤ LED 灯

LED 灯以发光二极管（LED）为发光体的光源。其核心是一块半导体晶片，可以直接把电转化为光。LED 灯具有发光效率高、功耗低、节能省电、寿命超长等特点，广泛用于显示器背光源以及各类照明系统，是取代传统光源的新型绿色环保光源（图 1-10）。

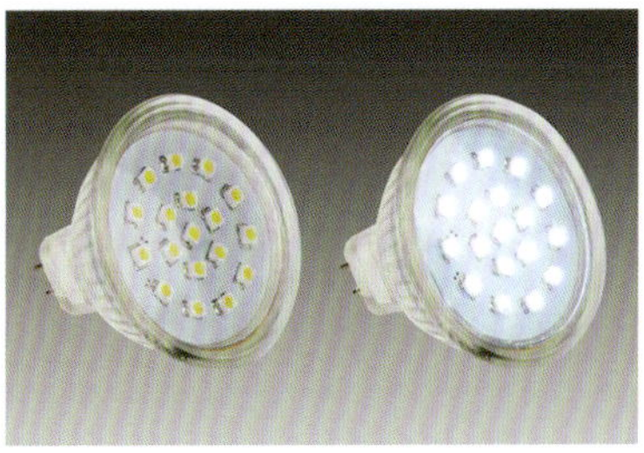

图 1-10　LED 灯

5. 光的基本参数

将光作为物理量进行测定并表示，就会测定光通量、光强、照度、亮度等基本参数，它们各自代表着光在不同方面的特性和表现（表 1-1）。

(1) 光通量

光通量是指光源单位时间内发出光的总量，单位是流明（lm）。光源的光通量越大，则发出的光线越多。

(2) 光强

发光强度简称光强，是指点光源在给定方向上，单位立体角内发出的光通量，单位是坎德拉（cd）。光强描述光源到底有“多亮”，因为它是光功率与会聚能力的一个共同描述，是在人的视觉基础上建立的。发光强度越大，光源看起来越亮，同时在相同条件下被该光源照射后的物体也越亮。

(3) 照度

照度是指光源照射在某物体单位面积上的光通量，故照度是表示受光面被照亮程度的一个量。单位是勒克斯（Lux 或 lx）。

(4) 亮度

亮度是指发光表面在视线方向上单位投影面积的发光强度，也就是单位面积发光面的光强，单位是坎德拉 / 平方米（cd/m^2）。

光的四个基本参数的关系，如图 1-11 所示，灯泡本身无论有无灯罩，其发光总量并没有变化，光通量是一样的，表示光源的总发光能力。加上灯罩之后，灯泡原来发散的光线被约束在一个特定的角度内，光强增加。苹果表面接收的光通量越多，照度就越高。照度与光强和发光距离有关，与被照射物体的性质无关，无论是苹果，还是芒果，照度都是一样的。至于亮度，取决于苹果反射光的能力，反射的光线越多，亮度也就越高。

表 1-1　光的基本参数

测光量	单位名称	单位符号
光通量	流明	lm
光强	坎德拉	cd
照度	勒克斯	lx
亮度	坎德拉 / 平方米	cd/m^2

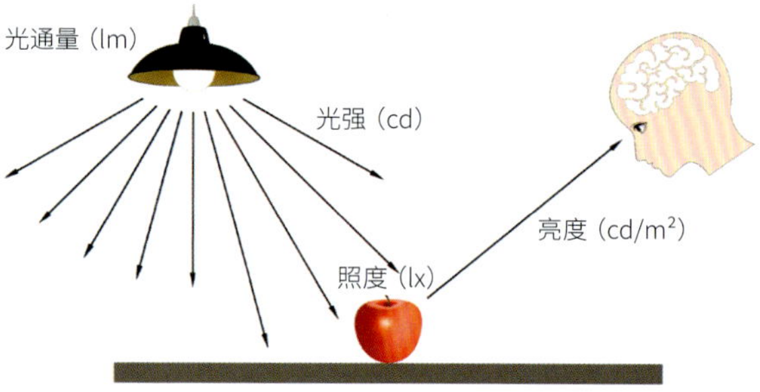

图 1-11　光的四个基本参数的关系

（二）物体与颜色的形成

不同的物体为什么会产生不同的颜色？在我们知道颜色是光的一种特征的原理以后，这个问题就比较容易得到解答。发光体发出的光，是直接或通过物体的反射后间接进入人的视觉感官的，各种物体对不同波长的光的反应有选择，同时具有吸收和反射功能，如果反射光中含有特定的波长，刺激人眼的感知细胞，大脑便会感知到颜色。

有的物体受光后，会将不同波长的光全部反射出去，这个物体在视觉上呈现为白色，相反，如果吸收全部波长的光，视觉上就呈现为黑色；有的物体如果吸收了其他波长的光，而只反射红色波长的光，那么这个物体就是红色的。以此类推，各种物体的颜色现象就是这样显现出来的。由此可见，物体本身并不具有颜色，而是光投射到物体后，通过吸收和反射才产生颜色的。物体对光线的选择性吸收和反射可以用光谱反射率曲线来表示。

1. 光谱反射率

光谱反射率是指物体表面对不同波长的光的反射能力。它是一个表征物体表面反射特性的函数，通常表示为反射光的强度与入射光强度的比值，以百分比形式表示。每种物体的光谱反射率都是独特的，它决定了物体在可见光谱中呈现的颜色。

光谱反射率的测量通常涉及使用光谱仪，该仪器能够测量不同波长的光在物体表面上的反射强度。通过分析这些数据，可以构建出一个反映物体表面颜色的光谱反射率曲线。这个曲线可以展示物体在整个可见光谱范围内的反射特性。如果改变了光源，尽管反射的光谱能量变了，但物体的光谱反射率仍然保持不变，反射率是物体固有的特性。通俗来讲，反射率就是物体颜色的指纹，无论在什么光源下，只要光反射率曲线相同，颜色一定相同。

如图 1-12 所示，通过分光光度计（一种常用的光谱测量设备）在 ColorChecker 标准色卡上分别选取白色、黑色和红色块进行光谱测量。在测量得到的三组光谱反射率曲线中，白色块的光谱反射率最高且平直，表示该物体几乎反射了全部波段的光谱色，即白色；黑色块的光谱反射率最低且平直，表示该物体几乎吸收了全部波段的光谱色，即黑色。由于白色块和黑色块的光谱反射率几乎是平直的，没有特定波段的光波出现，因此也就没有任何颜色表现出来，只有亮度区别。而红色块的光谱反射率，在 360 ～ 580nm 波长的光谱反射率较低且平直，表示该物体吸收了这个波长段的光谱，而在 580 ～ 720nm 波长的光谱反射率较高，表示该物体反射出这个波长段的光谱，所以我们看到的颜色正是 580 ～ 720nm 波长的光，即红色（图 1-13）。

图 1-12 用分光光度计对 ColorChecker 色块进行测量

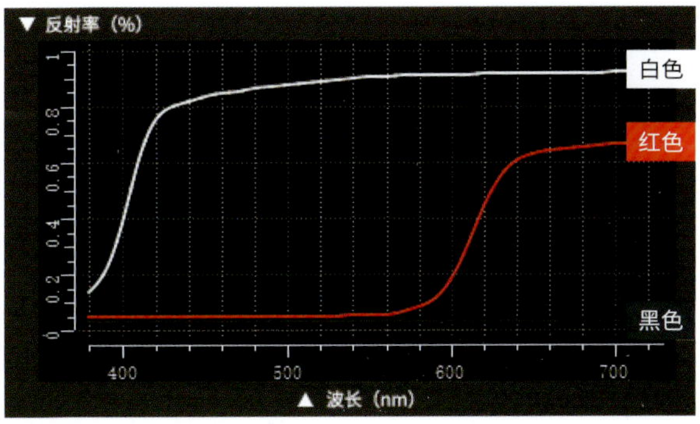

图 1-13 ColorChecker 色卡中白色、黑色和红色块的光谱反射率

即使是同一色系的颜色，如果物体的光谱反射率不同，那么颜色也会不同。如图 1-14 所示，将同一绿色分别打印在无光泽纸和高光纸上，通过对纸张所测的光谱反射率可以看到，两款纸张的反射率曲线几乎在同一波段产生起伏，表示两者近似同一色相，即绿色。其中，无光泽纸的波形平缓宽厚为低饱和绿色；而高光纸的波形狭窄陡峭为高饱和绿色。

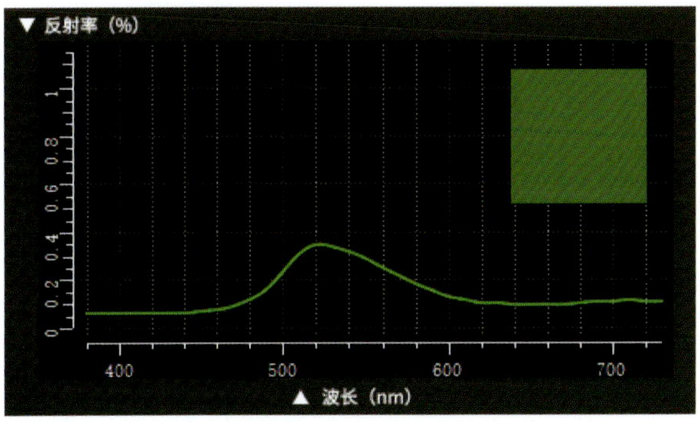

（a）低饱和绿色（无光泽纸）

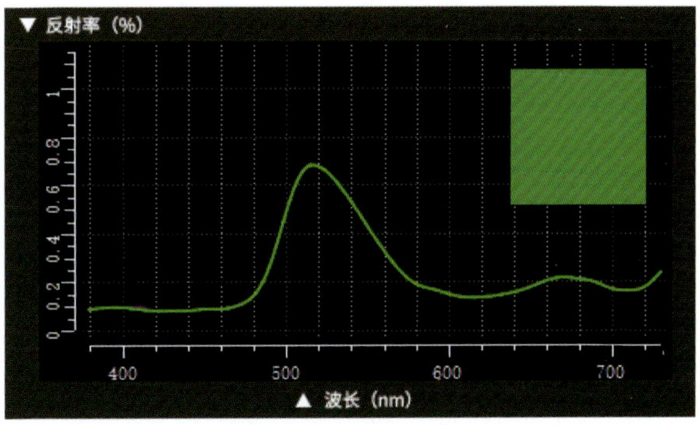

（b）高饱和绿色（高光纸）

图 1-14 不同饱和度的绿色光谱

透射物体与反射物体在颜色形成上有相似之处，但透射物体具有能够透过光线的特性。当光线照射到透射物体上时，透射物体通过吸收部分波长的光线，让其余波长的光线穿透，从而改变光线的波长构成，形成不同的颜色。如图 1-15 所示，当白光照射到酒杯（透射体）时，杯中的红酒（也是透射体）吸收了绿色光和蓝色光，只允许红色的光线穿透而过。于是，我们从酒杯的另一侧观察时，只看到了透射过来的红色的光线，从而感知到杯中红酒的颜色为红色。

图 1-15 透射物体颜色的形成

2. 荧光

荧光是物质吸收不可见的光后发出的可见光。常见的例子是物质吸收紫外线，发出可见波段的荧光。生活中的荧光灯（日光灯）就是这个原理，涂覆在灯管的荧光粉吸收灯管中汞蒸气发射的紫外光，而后由荧光粉发出可见光，实现人眼可见。利用荧光物质“增白”的特殊性质，荧光增白剂（OBA）被广泛用于纸张、包装、纺织品、塑料、油漆、涂料以及液体中等，OBA 可以吸收紫外线并释放出可见光，使这些产品看上去更白、更亮。

虽然 OBA 可以呈现出令人赞叹的视觉效果，然而制造商在选择是否应该使用 OBA 时，也需要考虑到可能带来的一些问题。例如，使用 OBA 的材料和纺织品在生产过程中尽管看起来类似，但它们在不同光照条件（如商店、日光或家用灯泡）下看起来可能会截然不同。另外，OBA 的稳定性也会随着时间的推移而变化，OBA 在长期使用和暴露于光照中而逐渐分解，导致产品的外观逐渐变淡。

此外，荧光的特性对色彩管理也产生了诸多影响，需引起特别的关注：

（1）所使用光学设备或测量仪器（如分光光度计、色差计、扫描仪、数码相机和感光胶片等）对紫外线的反应都非常敏感，而人眼基本上对紫外线无反应。

（2）所使用人造光源（如各种灯、闪光灯、显示器或扫描仪光源）发出的紫外线与日光中所含紫外线有明显差别。通常日光中含有大量的紫外线，而人造光源所含的比较少。

（3）所使用的着色剂（油墨、热蜡、墨粉等）或纸张带有荧光特性时，在不同光源下观察就会得到不可预知的颜色感觉（同样色彩管理对它的反应也是不可预知的）。

（三）观察者与颜色的形成

观察者即人类是通过视觉对颜色进行感知和辨别的，其颜色形成的过程最复杂，很难客观和精确地对颜色进行描述。实际上照射到物体上的光波中，我们只对一定波长的光线有反应。然而，仅仅是那么狭小的波长范围，却能够被人类感知并辨别出数百万种颜色，从进化的角度猜想，我们拥有如此发达的颜色感知系统，表明颜色在生活中有非常重要的作用。

1. 视觉感知

人类的视网膜里有两种感知光线的细胞，一种是视锥细胞，另一种是视杆细胞。视锥细胞又按所含视色素成分不同，分为感红、感绿和感蓝三种锥状细胞，可以接收不同波长的可见光，感知色彩，对弱光和明暗的感知能力不如视杆细胞。视锥细胞数量为 600 万～ 700 万个，主要分布在视网膜黄斑中央凹区域，并且该区域只有视锥细胞，光线可直接到达视锥细胞，故视力非常敏锐，色彩辨识度极高。但在中央凹区域以外，视锥细胞数量急剧减少；视杆细胞数量约 1.3 亿个，主要分布在中央凹周边，庞大的视杆细胞数量让我们拥有了对光的较高敏感度，可以感受弱光、分辨明暗，但无法感知色彩（图 1-16）。

只有 380 ～ 780nm 波长的光才能刺激人的眼睛，让眼睛产生“视觉”，然后大脑会对这些视觉刺激产生反应，并告知是什么“颜色”。通常情况下，让人的大脑产生“红色”刺激的光波长是 620 ～ 780nm；“绿色”的光波长是 520 ～ 560nm；“蓝色”的光波长是 430 ～ 500nm，形成了人眼红、绿、蓝（RGB）三基色的基础。这也是数码相机、显示器和扫描仪等光学设备在色彩再现中广泛采用的 RGB 色彩模式的科学依据。不过，由于不同人的眼睛对光谱分段感知的界限和强度不同，存在个体差异，同时，RGB 的刺激量虽然是物理信息，但色彩信息在物理量的基础上还有人的心理因素，所以即使在相同条件下观看物体，不同人对颜色程度的感觉并不一致。例如，在相同光照环境下看同一个苹果，有的人可能觉得苹果的颜色偏深红，而另一些人可能觉得只是一般的红色。为解决人对颜色感知上的差异带来的困扰，将人眼三色感应器构成的色知觉进行科学的体系化，就是色彩系统。

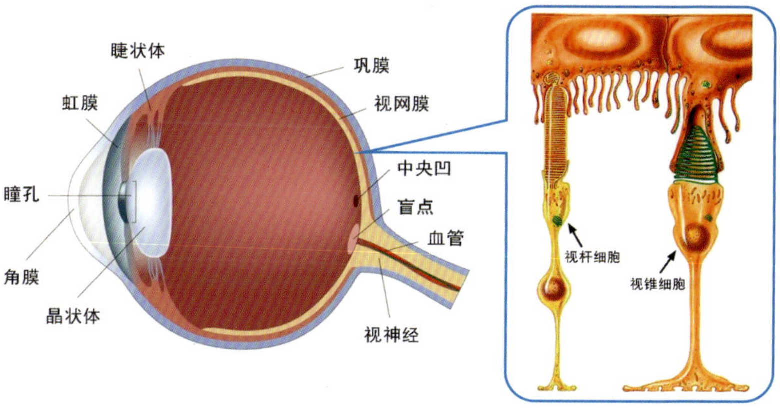

图 1-16 眼球侧面的截面图

角膜和晶状体负责通光和聚焦光线，视网膜用来成像。而颜色的视觉主要发生在视网膜的中央凹，视锥细胞主要集中在这里，数量远超视杆细胞，可以感知色彩；视杆细胞分布在中央凹周围，数量庞大，可以感知明暗。视杆细胞和视锥细胞由形状而得名

2. 色觉障碍

色觉障碍是指丧失了对某些颜色的识别能力，主要分为色盲和色弱，色盲是缺乏或完全没有辨色能力，色弱为辨色能力不足。色盲包括红色盲、绿色盲、蓝色盲及全色盲。后两种少见。色弱也包括红、绿、蓝色弱，以前两种常见。导致色觉障碍的原因有先天性和后天性的。常见的红绿色觉障碍是一种连锁隐性遗传病，目前现代医学对色觉障碍尚无有效的疗法。

患有色觉障碍的人，不能分辨自然光谱中的各种颜色或者某种颜色，尤其是红绿色盲，不能辨别红色和绿色，不适宜从事美术、纺织、印染、化工等对色觉要求高的工作，除此之外，对正常生活无显著影响（图 1-17）。

如今，令人感到欣慰的是，伴随着社会的不断进步、科技的不断发展，越来越多的人开始对不同的群体给予关注，很多现代化电子产品，比如视频软件、电子地图、操作系统、智能手机等都相继推出了类似“色彩视觉增强模式”的功能，为色觉障碍人群提供了更高的色彩辨识度、更好的色彩感受，让更多人都感受到科技的温度。

（a）正常视觉所看到的颜色

（b）红色盲视觉所看到的颜色

图 1-17 正常视觉与红色盲视觉所看到的颜色

二、色彩的混合

不同的色彩混合在一起形成新的色彩称为混色。3 种颜色适当混合可以再现出非常广阔的色彩范围。照片、印刷、显示器等媒介的色彩再现系统，都是以三原色为基础形成的。三原色的混色分为加色法和减色法两种。通过观察和分析色彩的构成和变化，我们可以更深入地理解色彩的本质和作用。

(一) 色光的三原色与加色法混合

依赖人类视网膜的三色感应机制，将可见光谱粗略地分为三段，于是就得到三种不同的色光。因此，色光的三原色为红（Red）、绿（Green）、蓝（Blue），简称 RGB。这是色度学的最基本原理，即三基色原理。加色法就是三原色光按不同比例相加而混合出其他色光的一种方法。色光的混合是一种能量聚集的形式，混合的光线越多，能量越高，颜色越趋近于白色。当三原色光分量比例相同时，混合得到白色光，当三原色分量比例不同时，混合后可产生各种颜色光（图 1-18）。由红、绿、蓝三原色中任意两种颜色混合而成的颜色为间色，也称为二次色。例如，红色和绿色混合成黄色，绿色和蓝色混合成青色，蓝色和红色混合成品红色，也称洋红色（图 1-19）。

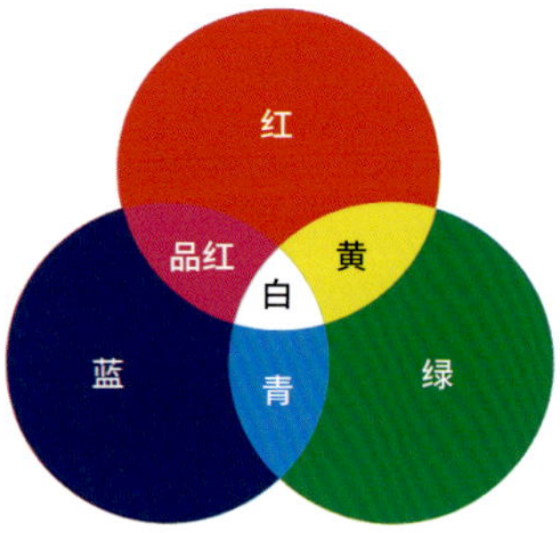

图 1-18　色光的三原色：红、绿、蓝

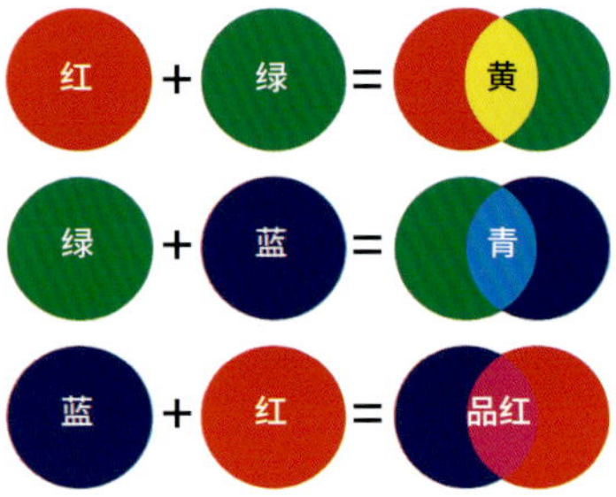

图 1-19　色光三原色的加色法

加色法有多种实现形式：由多种色光同时混合叠加在一起，称为同时加色法（图 1-20）；利用人眼视觉暂留的特性。当不同颜色的光以极快的速度交替闪现而混合产生的新颜色，称为继时加色法或时间加色法（图 1-21）；对于空间上排列非常靠近的色点，通过适当的距离在人的视觉中混合成像，称为并置加色法或空间加色法（图 1-22），数码相机成像也是同一原理。加色法的特征是颜色混合之后明度提高，常见于光学仪器或设备、数码相机、显示器、扫描仪和投影仪等。

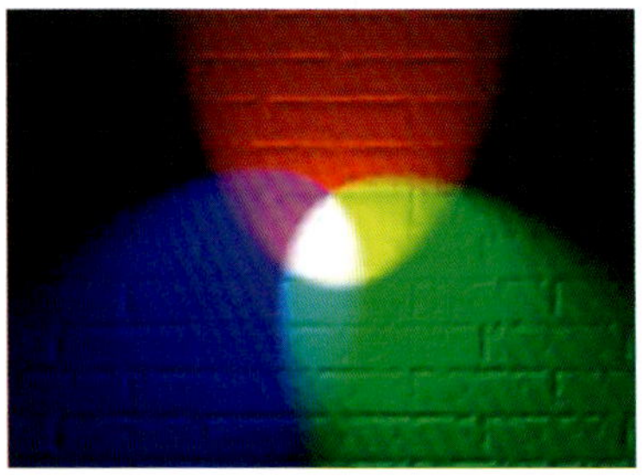

图 1-20　同时加色法（色光叠加）

图 1-21　继时加色法（旋转风车）

图 1-22　并置加色法（点彩画）

(二)色料的三原色与减色法混合

色料的三原色为青(Cyan)、品红(Magenta)、黄(Yellow),简称 CMY。当白光照射到色料上时,色料从白光中吸收一种或几种单色光,从而呈现另一种颜色的方法称为减色法。由于每种色料的颜色都是通过吸收和反射不同的色光形成的,因此混合的色料种类越多,其吸收的光线越多,反射的光线越少,颜色越趋近于黑色。当色料三原色分量比例相同时,混合得到黑色,当三原色分量比例不同时,混合后可产生各种颜色(图 1-23)。品红色和黄色混合成红色,其原理是品红色色料吸收了绿光,黄色色料吸收了蓝光,两种色料混合后,相当于白光减去绿光和蓝色光,最终只有红色光被反射,因此,品红色和黄色混合成红色。同理,黄色和青色混合成绿色(白光－蓝光－红光 = 绿光)、青色和品红色混合成蓝色(白光－红光－绿光 = 蓝光),如图 1-24 所示。减色法的特征是颜色混合之后明度降低,常见于绘画颜料、涂料、色素以及印刷等。

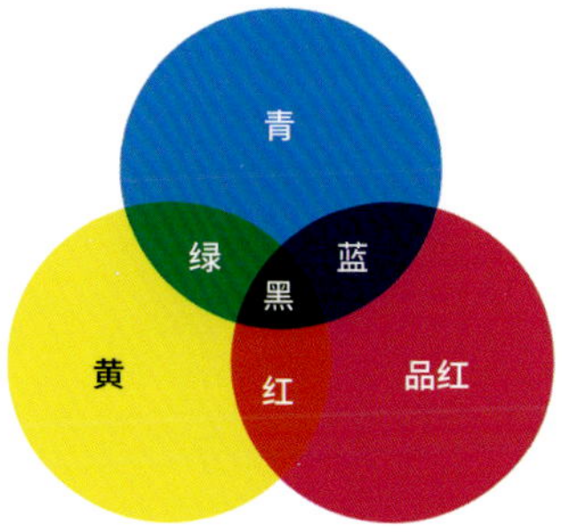

图 1-23 色料的三原色:青、品红、黄

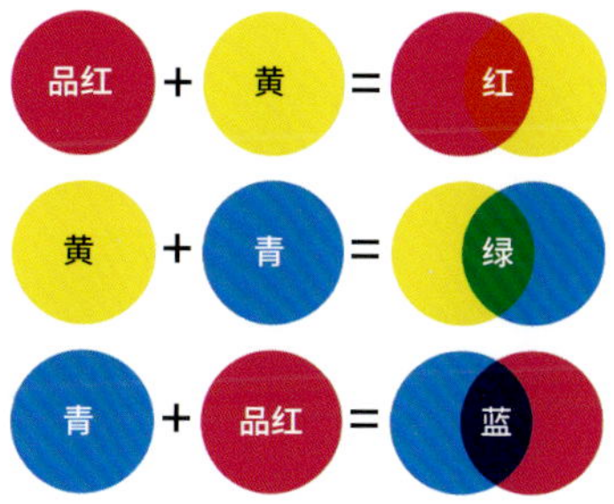

图 1-24 色料三原色的减色法

(三)印刷品的显色方式

彩色印刷,虽然被视为色料减色法的一个重要实例,但其实际操作过程却远比这更为复杂。它并非简单地将各种颜色的油墨印在纸上,而是通过精心设计的印刷网点,巧妙地叠加各种颜色,以此达到混色的效果。这种独特的印刷技术使得印刷品的色彩表现力更加丰富多彩。

通常印刷品的高光部分是由离散的墨点与纸张留白区域共同作用的结果,类似点彩画的空间混合,这是加色法的特征,因此画面色彩明亮;中间部分是中性混合,加色法与减色法皆有,共同塑造出丰富而细腻的色彩层次;而暗部基本上是减色法,墨点的密度达到了最大,几乎完全覆盖了纸张的留白区域,并吸收了大量光线。这种吸收作用使得暗部的色彩变得深沉而浓郁(图 1-25)。

(a) 加色法混色(亮绿色)　(b) 减色法混色(暗绿色)　(c) 加色法、减色法混色皆有(中间绿色)

图 1-25 实际印刷品的混色方式

三原色的加色法和减色法的原理存在于所有图像呈现的方式中，如数码相机、计算机显示器、各种平板、iPad、手机屏幕等、电视、LED 广告显示屏、多媒体投影仪和扫描仪等任何由色光产生颜色的电子设备都采用加色法系统，而在美术、印刷、印染、打印机和感光胶片上的成色剂都采用减色法系统。在现实应用的彩色照片扩印机和数码影像的后期处理上，两种颜色系统都在使用。

按照色料三原色减色法理论，通过青（C）、品红（M）、黄（Y）三种色料的混合可以得到黑色。但实际上，由于色料不纯，并没有完美的 CMY 三种色料。加上印刷工艺的局限性，也就无法调配得到完美的黑色，导致印刷品一系列问题的产生：首先，黑色不纯，灰平衡不易控制，画面易偏色；其次，油墨实地密度不够，暗部不够深沉，画面整体反差比较低；最后，使用三色油墨叠加来获得最常用的黑色（如文字），不仅浪费油墨，也容易产生套印误差，产生彩色杂边，影响画面质量（图 1-26）。于是，印刷系统中就引入了黑色（Black），形成了我们熟知的 CMYK 四色（图 1-27）。K 是 Black 最后一个字母，之所以不取首字母，是为了避免与蓝色（Blue）英文首字母 B 相混淆。

在 Photoshop 中，通过“视图”>“校样设置”菜单，可以很直观地查看“工作中的 CMYK”和“工作中的 CMY”两种减色法混合的结果，前者是颜料混合方式的 CMY 印刷模式加了黑色 K，后者是色彩学概念中的 CMY 混合方法，它在实际印刷中是混合不出黑色的。

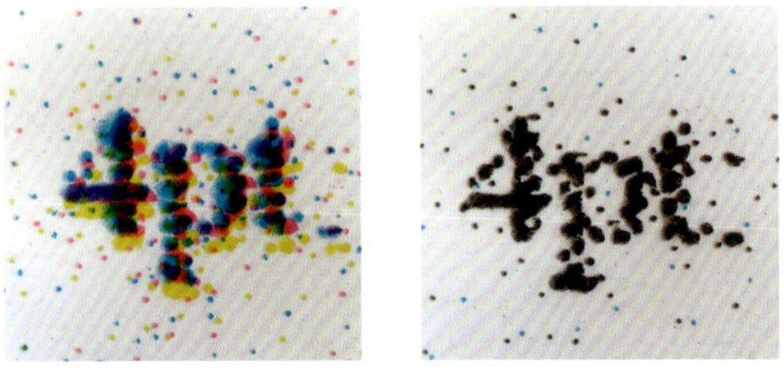

(a) 三色黑：CMY　　(b) 单色黑：K

图 1-26　三色黑与单色黑

图 1-27　CMYK 四色印刷

(四) 色相环

色相环的构成是基于原色（红、绿、蓝）与间色（青、品、黄）的理论，按照光谱在自然中出现的顺序排列而成的圆形图表，如红、黄、绿、青、蓝和品红色就构成了六色相环。色相环是色彩学中一个基础且重要的概念，它以直观、形象的方式呈现了色彩间的相互关系和规律。通过学习和掌握色相环的知识和应用，我们可以更好地理解和运用色彩，创造出丰富多彩、富有表现力的视觉作品（图 1-28）。

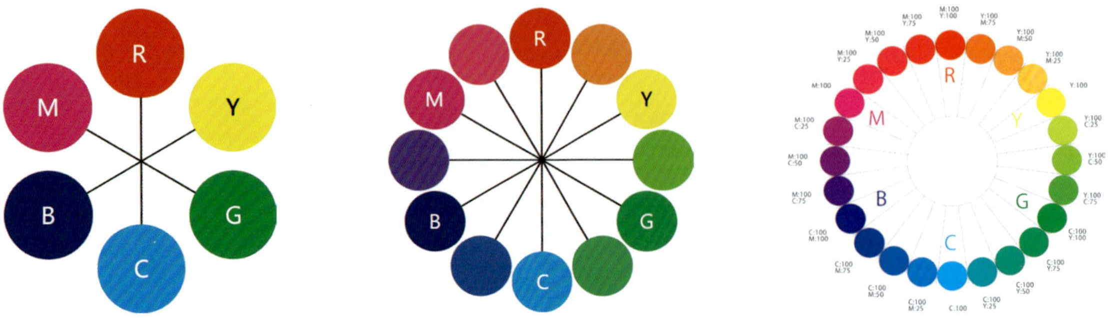

(a) 六色相环　　(b) 十二色相环　　(c) 二十四色相环

图 1-28　色相环

以 RGB 的六色相环（Photoshop 常用方式）为例，这六种颜色的彼此关系是：红 + 绿 = 黄、绿 + 蓝 = 青、蓝 + 红 = 品红，这三组色彩的彼此关系是原色与间色；而红 + 青 = 白、绿 + 品红 = 白、蓝 + 黄 = 白，这三组色彩的对应关系是互补色，互补色混合为白色光。这六色的色相环就构成了色彩校正的基本原理，在 Photoshop 中，“色彩平衡”的调整命令就是以六色相环原理进行色彩校正的常用工具。如图 1-29(a) 所示，照片整体色调偏品红色，那么依据色彩的互补色对应的关系，就需要调整品红色的互补色——绿色。如图 1-29(b) 所示，通过增加绿色，降低品红色，直到画面的色调趋于正常。同理，针对其他偏色的照片，调整的方法均是如此。

将原色与间色，以及间色与间色之间相混而成的颜色，称为三间色，或复色。颜色在混合时，由于颜色之间的差异，所以能产生非常丰富的颜色变化。当然也就有更多种类的色相环，如十色、十二色、二十四色相环、伊顿色相环等。

（a）画面色调偏色　　（b）画面色调正常

图 1-29　利用互补色校正偏色

图（a）：照片整体偏品红色，依据互补色“此消彼长”的关系，通过调整绿色来降低品红色。
图（b）：在 Photoshop 中打开“色彩平衡”调整命令窗口，选择中间调，在品红色与绿色色条上，将滑块由品红色向绿色的方向移动，逐渐增加绿色的值，并随时观察照片颜色的变化，直至品红色消失，画面色调正常

三、同色异谱

在生活中，我们常常会遇到色彩出现差异的情况。例如，一个女士在商场选择了一件与上衣颜色相配的裙子，当换装之后走出商场，在户外阳光下观看时，发现裙子与上衣的颜色并不相配；在彩色印刷中，有时需要对用户提供的样品（例如美术作品、包装盒等）进行采样追色。在印刷厂的标准光源下，经过将打样品和样品进行比对，客户确认了打样品的色彩并进行批量印刷。然而，当用户把印刷品带回家中，在新的环境下观看时，发现印刷品与样品的色彩存在色差，于是用户对印刷质量产生怀疑，继而产生了投诉与纠纷；在摄影中，使用同一台打印机，选择不同的纸张打印同一张照片，在室内白炽灯下，照片的颜色看起来相同，但在靠近窗户自然光线下观看时，照片的颜色却并不相同（图 1-30）。

（a）在白炽灯下，A、B 照片色彩相同　　（b）在自然光下，A、B 照片色彩不同

图 1-30　不同光照环境下照片色彩的差异

以上的事例说明，某两种物质在一种光源下呈现相同的颜色，但在另一种光源下，却呈现不同的颜色，这种现象就叫同色异谱现象，也就是在光谱上不同的刺激可以产生相同的视觉反应。简单来说，就是颜色相同，光谱组成不同（图 1-31）。

不可否认，无论是在日常的生活中，还是与色彩相关的行业，同色异谱现象都是普遍存在的，它常常被认为是颜色的负面特征，是颜色配色失败的根源。然而，实际上正是由于其存在，才使得用极少颜色组合输出复杂色彩成为可能。例如，绘画作品中所使用的颜料，与印刷机的油墨、打印机的墨水都不是同一类型物质，光谱反射率也不同，理论上是无法做到色彩准确还原的。但是，利用同色异谱现象进行色彩匹配，就可以创建出与原绘画作品色彩十分接近的复制品，当然，匹配颜色的前提是只能在某种特定光源下才有可能实现。

同色异谱现象既是颜色匹配的基础，也是色彩管理的基础。

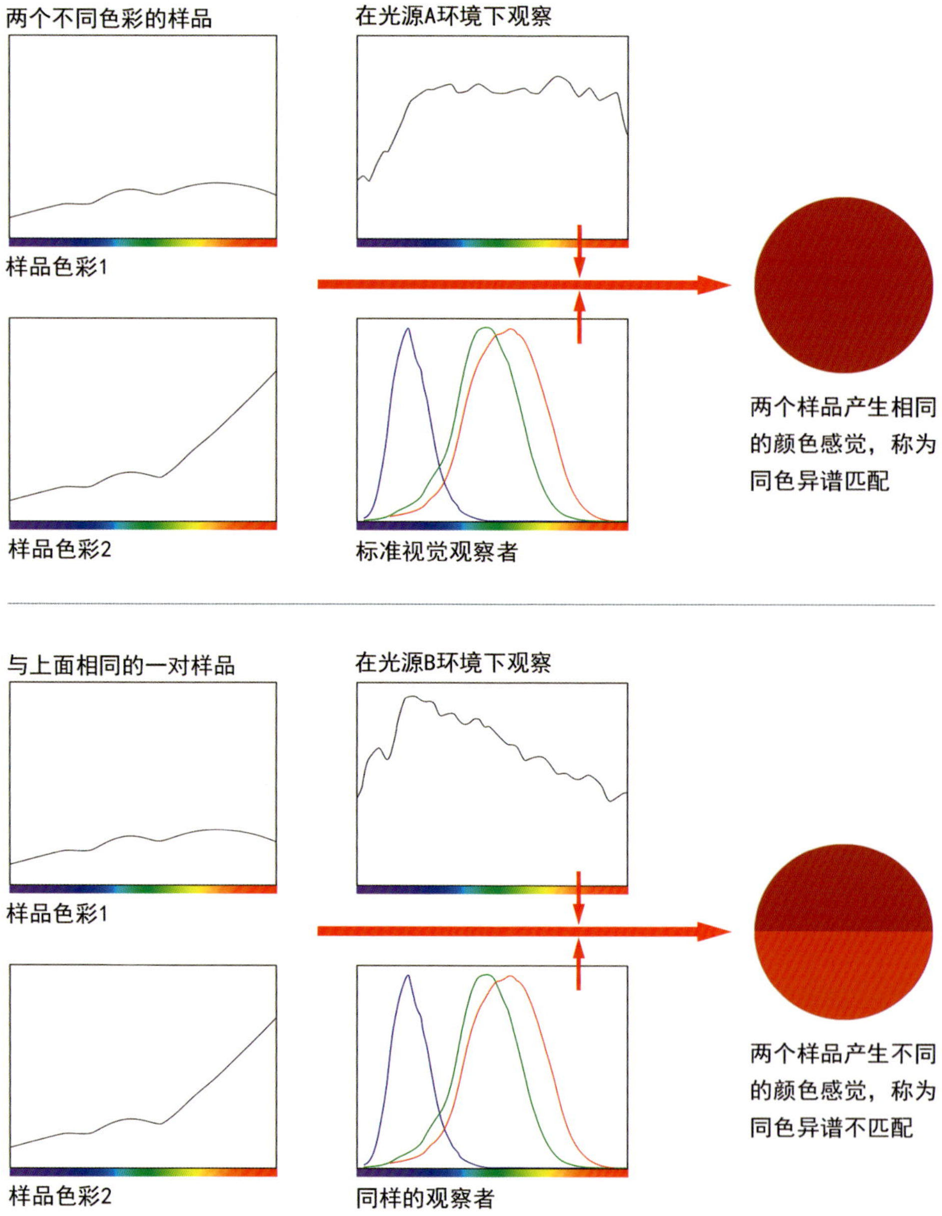

图 1-31　同色异谱现象

第二节　描述色彩

面对五彩斑斓的世界，人类的视觉系统能够捕捉到的色彩信息是极其丰富和多样的。然而，不同地区的人对颜色的感知是有差异的，为了方便人们沟通和交流，达成一个共同的色彩描述，根据某种标准来建立色彩的表示系统，可以对色彩进行区别、分类和统一。

一、色彩的名称

人的视觉是感性的，在现实中当我们看到某个颜色时，尽管我们无法像计算机一样用数值来精确描述色彩，但是却不妨碍我们说出这个色彩的名字，比如红色就是红色、绿色就是绿色，每个颜色都有自己的名称。

色彩的命名是一种定性描述色彩的方法，通常将色彩的名称按照惯用名称和系统名称进行定义。

(一) 颜色的惯用名称

颜色的惯用名称是通过一种用自然界人们所熟知事物的色彩，以及日常工作和生活中的色彩经验进行表述，如玫瑰红、橄榄绿、咖啡色、天蓝色等（图 1-32）。听到这些名称，我们的头脑中会直接浮现出这些色彩。虽然颜色的惯用名称并非系统和科学，但对颜色的表述却存在于我们固有的语言与文化之中，通俗易懂、形象贴切，具有广泛的群众基础和社会意义。

图 1-32　颜色的惯用名称

(二) 颜色的系统名称

颜色的系统名称是对色彩进行系统化归类和表达的基础方法，它通过对各种色彩进行规范和标准化的命名，以便于人们更准确地理解和交流色彩信息。这种命名方式不仅有助于色彩的分类和管理，还能为设计师、艺术家和其他需要使用色彩的专业人士提供便利，使他们能够更高效地选择和使用色彩。

1. 无彩色系

无彩色，也称为消色，中性色或黑白系列等，不含有任何颜色成分。通常是白色、黑色，以及由白色、黑色调和形成的各种不同深浅的灰色。无彩色系通常按照明暗的变化规律排成一个系列，由白色渐变到浅灰、中灰、深灰，再到黑色（图 1-33）。无彩色系的颜色只有一种基本性质——明度。它们不具备色相和饱和度的性质。明度的变化能使无彩色系呈现出梯度层次的中间过渡色，越接近白色，明度越高；越接近黑色，明度越低。无彩色系名称表述是以修饰语 + 基本色彩名构成，如深黑、暗灰、浅灰、亮白等。

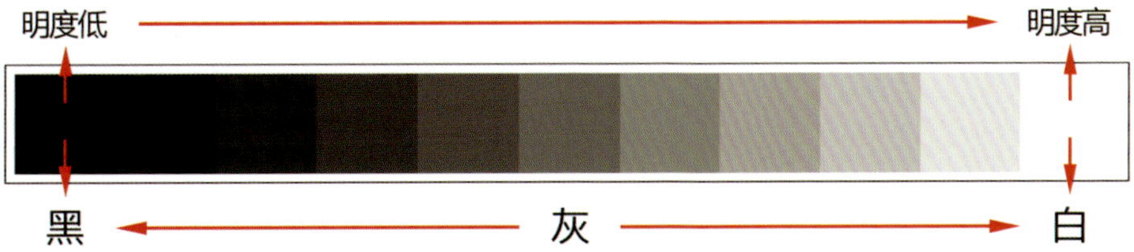

图 1-33　无彩色系（黑、白、灰）

在视觉艺术中，无彩色系的运用非常广泛，它们能够帮助艺术家在画面上建立层次感和深度感，也可以用于强调某些元素，或者在色彩丰富的画面中提供一种平衡和静逸的视觉效果。在现代和当代艺术中，无彩色系的作品往往能够引发观众对于形式、质感和空间的深入思考。

在黑白摄影创作中，传统的银盐黑白照片是以银的不同沉积量决定画面层次和影调关系，通过拍摄时加装各种有色滤镜、不同的曝光组合以及冲洗印放等技术手段制作完成的，需要较高的专业技术水平和实践经验。银盐黑白摄影作品具有独特的艺术表现力，在摄影师的心目中有着不可替代的地位。而数码摄影不同，黑白影像基本上都是彩色图像通过图像处理软件后期调整完成的，例如，在 Photoshop 中，可以通过更改色彩模式、去色、降低饱和度等方法将彩色转化成明度图像。其中，常用的黑白调整图层，就是一种非常理想的彩色转换黑白的实用工具，通过调整各种颜色的明度数值来获得完美的黑白影调，而且调整图层属于非线性的编辑（可以反复进行调整），操作方便且直观（图 1-34）。

（a）彩色照片　　（b）黑白照片

图 1-34　数码黑白摄影

图（a）：原图为彩色照片，色彩鲜明，对比强烈。图（b）：在 Photoshop 中，通过黑白调整图层，将彩色图像转换成黑白图像，并通过调整不同颜色的明度值，用来加强或减弱彩色在黑白图像中所对应的明度关系，可以精确地调整和控制黑白照片的层次与影调，以达到摄影师的视觉感受和创作目的。

在印刷和打印行业，在打印品的呈色质量环节上，黑色一直都扮演着重要的角色。黑色不仅增加了暗部墨水的密度，提高了画面的反差和清晰度，改善了偏色现象，而且还可以调整色彩的明度，使色彩层次和细节变化更加丰富、过渡更加自然。在高端的喷墨打印机中，除了黑色，还增加了灰色，如爱普生 P20080 大幅面喷墨打印机，就配置有黑（分粗面黑和照片黑）、深灰、灰和浅灰四级灰色墨水，可以打印出灰度极佳、影调细腻的黑白摄影作品（图 1-35）。

图 1-35　爱普生 P20080 大幅面喷墨打印机的不同灰色墨水

2. 有彩色系

色彩的丰富多彩是由光的频率和振幅共同决定的。频率决定了色彩的色相，而振幅则决定了色彩强度和鲜艳度。有彩色系包含红、橙、黄、绿、青、蓝、紫在内的所有可见光谱色，以及其他不同明度和饱和度的颜色。有彩色系名称表述与无彩色系相似，也是以修饰语 + 基本色彩名构成，如深蓝、暗红、浅绿等（图 1-36）。

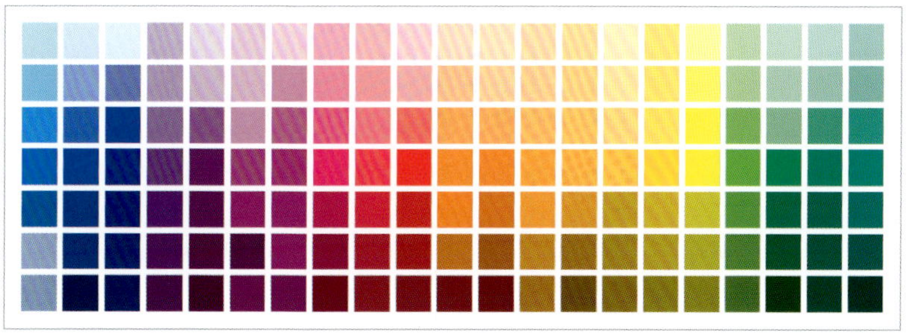

图 1-36　有彩色系

二、表色系统

表色系统是从定量的角度来描述色彩，并将颜色系统化形成标准。表色系统的作用是使我们对颜色的理解有一个可参考的依据和标准，对颜色的表示和描述达成一定的共识，并能在国际范围内通用。

（一）色彩的三属性

有彩色系的颜色具有三个基本特征：色相、饱和度、明度，是界定色彩感官识别的基础，在色彩学上也称为色彩的三大要素或色彩的三属性。

1. 色相

色相是指色彩的相貌名称，如红、橙、黄、绿、蓝、紫等，这些颜色在人类眼中具有不同的相貌，也是区分色彩的主要依据，而色相则是色彩特征的主体因素。实际上，不同的色相就是由人眼所能看到的光谱成分决定的（图 1-37），例如，红色是由红色光谱成分决定的，而绿色则是由绿色光谱成分决定的。

在艺术和设计领域中，通过选择不同的色相，可以营造出不同的氛围和情感表达。

图 1-37　色相

2. 饱和度

饱和度是指色彩的鲜艳程度，也称为纯度。饱和度取决于该色中含色成分和消色成分（灰色）的比例。含彩色成分越大，饱和度越大；消色成分越大，饱和度越小（图 1-38）。

色彩饱和度与物体的表面结构有关。如果物体表面粗糙，其漫反射作用将使色彩的饱和度降低；如果物体表面光滑，那么全反射作用将使色彩饱和度明显提升。例如，高光纸比无光泽纸呈现的色彩更加鲜艳。

图 1-38　饱和度

3. 明度

明度是指色彩的明亮程度。各种物体的色彩由于它们反射光量的区别而产生颜色的明暗强弱。不同的色彩具有不同的明度，明度越高，颜色看起来越明亮，反之则越暗淡（图 1-39）。在六色系中（CMYK 模式），黄色明度最高，蓝色明度最低，红色与品红色的明度相似。

色相、饱和度和明度作为有彩色系的三大基本特征，色相赋予色彩以独特的身份，饱和度则决定了色彩的鲜艳程度，而明度则影响着色彩的明亮与深邃。它们相互作用，共同构成了色彩的独特魅力，创造出绚丽多彩的世界。

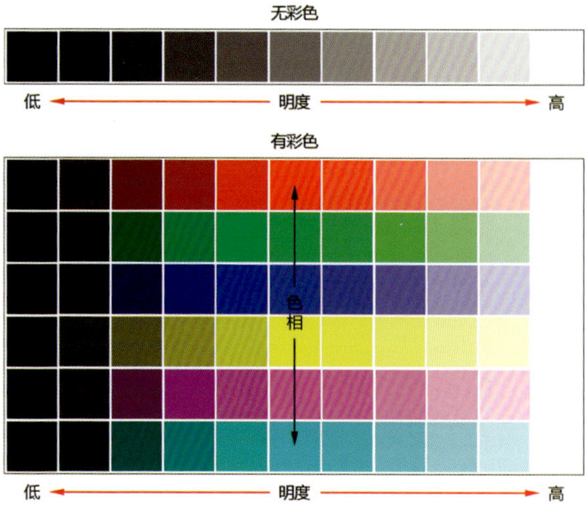

图 1-39　明度

（二）孟塞尔颜色系统

1905 年，孟赛尔将色相、饱和度、明度色彩三属性加以尺度化，并形成等距离的配置，创立了孟赛尔色立体。美国光学会（O.S.A）在 1943 年对孟赛尔色立体进行修正，制作出现在改良的孟赛尔表色系统。孟赛尔颜色系统是从心理学的角度，根据颜色的视知觉特点所制定的表色系统。目前国际上普遍采用该表色系统作为颜色的分类和标定的办法。孟塞尔色立体是孟塞尔颜色系统的核心组成部分。旨在通过一种三维的方式来组织颜色，以便更准确地描述和量化颜色。

孟塞尔色立体是一个三维模型，按色相、明度和纯度三属性，把颜色组合成一个不规则的立体形。

色相：代表颜色的种类。在孟塞尔色立体中，色相是沿水平圆环排列的，圆环上有不同的颜色区域，把一周均分成 5 种基本色，即红（R）、黄（Y）、绿（G）、蓝（B）、紫（P）；以及 5 种中间色，即黄红（YR）、黄绿（GY）、蓝绿（BG）、蓝紫（PB）、红紫（RP），组成 10 种颜色的基本色相。把基本 10 种颜色色相再细分为 10 等份，形成 100 个色相，将其分布于圆周的 360°中。例如，红色 R 划分为 1R、2R、3R……9R、10R，接着 1YR、2YR……最初选出的颜色作为各色相的代表色，用 5 标记，例如，5R、5YR、5Y……5RP。

明度：代表颜色的明暗程度。在孟塞尔色立体中，明度位于中心轴，属于无彩色系。黑色在底部，设定为 0；白色在顶部，设定为 10；中间部分是从黑色到白色的渐变，采用十进位法的尺度进行等距离划分和表示，所以明度值从 0 ～ 10 共分为 11 个在视觉上等距离的灰色等级。各色相最高纯度色彩的明度根据色相的不同而不同。

纯度：也称为饱和度，代表颜色的纯净程度或鲜艳度。在孟塞尔色立体中，颜色距中心轴的水平距离表示颜色的纯度。其数值从中心轴（0）灰色区域开始，向外逐级增加颜色纯度，呈放射状，中心代表最低纯度（灰色），外围代表最高纯度。最高的纯度值因色相的不同而不同（图 1-40）。

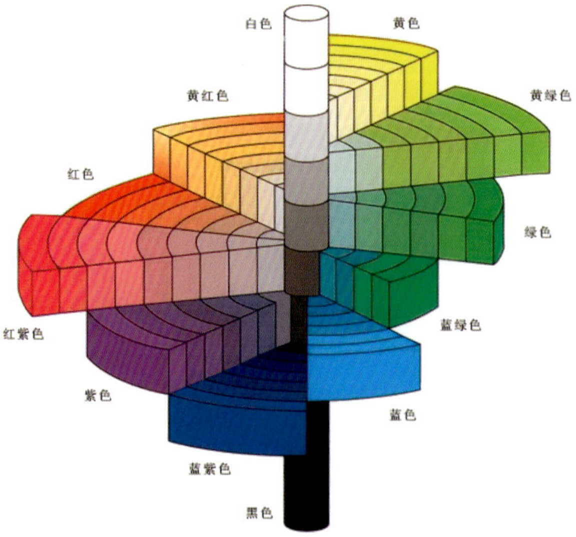

图 1-40　孟塞尔颜色系统

孟赛尔颜色系统的具体标识形式为：色相 + 明度 + 纯度。如图 1-41 所示，色标号 5Y6/8 表示明度为 6、纯度为 8 的 5Y 黄色；5PB7/6 表示明度为 7、纯度为 6 的 5PB 蓝紫色。对于不同明度，纯度的最大值也是不一样的，纯度的最大值不会出现在明度为 0（黑色）或 10（白色）的区域，而是出现在中间灰色区域，而且不同的色相，出现的灰度也是不一样的。如 5Y 黄的最大纯度在明度 7、8 附近；5PB 蓝紫的最大纯度在明度 5、6 附近。

孟塞尔色立体通过这三个维度的组合，能够创建出数以千计的不同颜色，并且每一种颜色都可以通过这三个数值精确地定位。这种系统不仅用于艺术和设计领域，还广泛应用于颜色科学、印刷业和其他需要精确颜色匹配的行业。

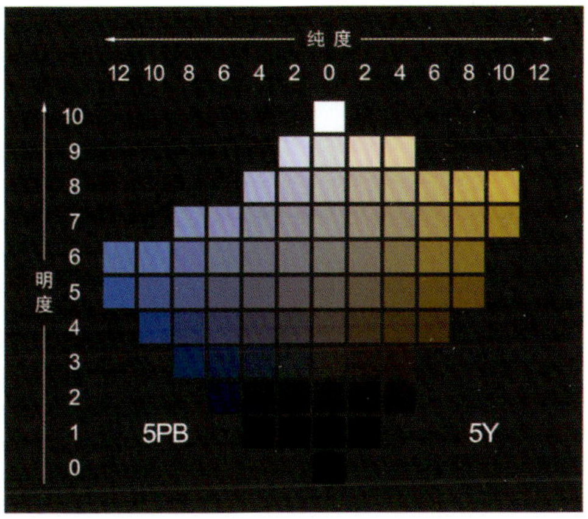

图 1-41　孟塞尔颜色标识

（三）CIE 颜色系统

物体颜色是光刺激人的视觉器官产生的反应，要将观察者的颜色感觉数字化，CIE 基于一系列的实验，通过测量人们对不同波长和强度的光的感知反应，建立起一套数学模型来表征颜色，称为 CIE 颜色系统。这一系统是近代色度学的基本组成部分，是色度计算的基础，也是彩色复制的理论基础之一。

1. 颜色匹配实验

CIE 颜色系统是一种混色系统，是以颜色匹配实验为出发点建立起来的，用组成每种颜色的三原色数量来定量表达颜色。

确定人类认知色彩的标准，并非易事。这个过程需要深入研究人类视觉系统的特性，涉及到生理学、心理学等多个学科的交叉研究。实际操作中，科学家们进行颜色匹配实验，要求一组选定的观察者，通过调节 R、G、B 三种颜色的光源，对光源 C 的颜色进行匹配，使其达到视觉上相同的颜色。这种实验属于系统工程，需要在不同人种及国家中进行，以确保结果的普遍性和适用性。然后取平均值获得等色函数，这个函数表达的就是人类标准的观察色彩的基本特性（图 1-42）。

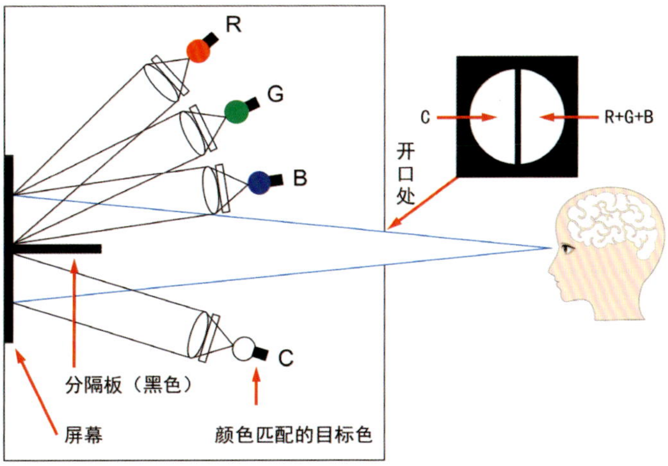

图 1-42　颜色匹配实验

2. 三刺激值

三刺激值是衡量人眼视网膜对特定颜色的感知程度的一种度量方式，它代表了红、绿、蓝三种原色对该颜色的刺激强度。

三色系统中，与待测光达到颜色匹配所需的三种原色刺激的量，用 *X*（红原色刺激量）、*Y*（绿原色刺激量）和 *Z*（蓝原色刺激量）表示。根据杨 - 亥姆霍兹的三原色理论，颜色的感觉是三种原色光刺激的综合结果。在红、绿、蓝三原色系统中，红、绿、蓝的刺激量分别以 *R*、*G*、*B* 表示。由于从实际光谱中选定的红、绿、蓝三原色光不可能调（匹）配出存在于自然界的所有色彩，所以，CIE 于 1931 年从理论上假设了并不存在于自然界的三种原色，即理论三原色，用大写 *X*、*Y*、*Z* 表示。其中，*X* 代表红原色，*Y* 代表绿原色，*Z* 代表蓝原色，即所谓的三刺激值。从理论上可以调（匹）配一切色彩，形成了 *XYZ* 色度系统的坐标，是基于标准观察者的平均视觉响应而定义的，并且它们是相对于特定参考白色光源的（图 1-43）。注：$\bar{x}$、$\bar{y}$、$\bar{z}$ 是用来描述特定颜色的光谱组成和特性。

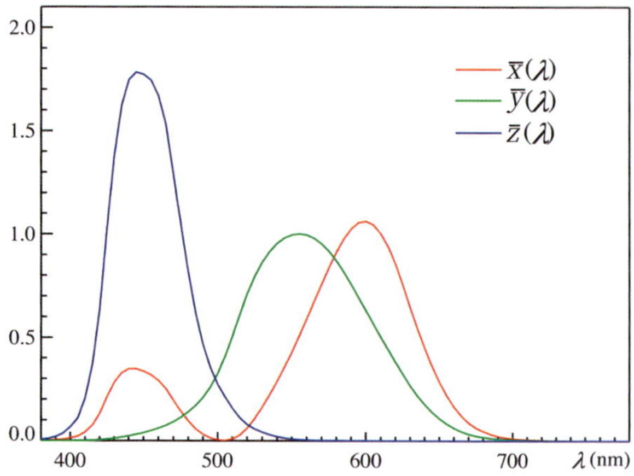

图 1-43　CIE 1931XYZ 标准观察者光谱三刺激值曲线

3. CIE 1931 色度图

基于 *XYZ* 三刺激值的理论架构，定义了 CIE XYZ 基色系统，这是一种与 RGB 相关的理想化的基色系统，与设备无关。CIE 1931 色度图是基于 CIE XYZ 基色系统的二维表示，给出了人类正常视觉（标准观察者）能感受到的色彩范围。由于三原色的系数存在 *X*+*Y*+*Z*=1 的关系，*Z*=1-（*X*+*Y*），所以色度一般有两个系数就可以表述，*X* 为横轴、*Y* 为纵轴的直角坐标系上一点表示色度，形成马蹄形状。环绕在颜色空间边沿的颜色是光谱色，也代表了最大饱和度，边界上的数字表示光谱色的波长，其轮廓包含所有的感知色彩。如果将光谱轨迹上表示不同色光波长点与色度图中心的白光点 E（等能白光）相连，则可以将色度图划分为各种不同的颜色区域。如果能计算出某颜色的色度坐标 *x*、*y*，就可以在色度中明确地定出它的颜色特征。当然，不同的色彩有不同的色度坐标，在色度图中就占有不同位置。因此，色度图中每个点的位置可以代表各种色彩的颜色特征（图 1-44）。

然而，这个色度图的色彩分布并不均匀，也不能反映色彩亮度信息，不能从视觉上反映色差，也就是色度图上表示的两种颜色之间的距离与标准观察者感知的颜色变化不一致。例如，地图上两个点的直线距离，并不能真实反映实际两个点的地表实际距离（地球是圆的）。为了解决颜色空间的感知一致性问题，提出均匀色彩空间的概念。实际上，*XYZ* 表色系是用公式来变换的，为了解决颜色空间的感知一致性问题，专家们对 CIE XYZ 系统进行了非线性变换，制定了 CIE Lab 色彩空间的规范。

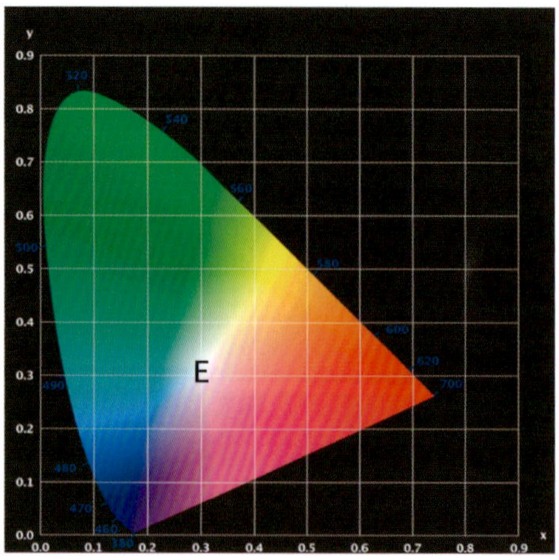

图 1-44　CIE 1931 色度图

CIE 色度图对于理解色彩的视觉特性和在色彩管理中使用色彩空间方面发挥着至关重要的作用。例如，在印刷、打印输出以及图像处理中，CMYK 色彩空间通常需要转换为 CIE 色度图上的某个区域，以确保颜色的准确再现。此外，CIE 色度图也是设计和制造照明设备、显示器和其他颜色相关产品时的重要参考工具。

4. CIE Lab 色彩空间

CIE Lab 色彩空间的出现为颜色科学领域带来了重大的突破。它通过数学手段消除颜色分布的不均匀性，不仅解决了传统色度图在视觉一致性方面的不足，而且为各种颜色应用提供了更为精确和可靠的参考依据。CIE Lab 色彩空间基于人对颜色的感觉，与设备无关。其数值描述的是正常视力的人能够看到的所有颜色，具有感知均匀性。CIE Lab 是由亮度 *L* 和有关色彩的 *a*、*b* 三个要素组成：*L* 表示亮度，其值由 0 ～ 100，当 *L*=0 时，亮度为黑色；*L*=100 时，亮度为白色；*L* 为其他值时，为各种亮暗不同的灰色。*a* 表示从绿色至红色的范围，*b* 表示从黄色至蓝色的范围。以 *L* 为中心轴，*a*、*b* 值逐级扩大，颜色纯度也越高。当 *a*=+100 时，为红色；当 *a*=−100 时，为绿色。同样原理，当 *b*=+100 时，为黄色；*b*=−100 时，为蓝色。所有的颜色就以这三个值交互变化所组成。不同的 *L* 值，便有不同色彩范围，就像医学的 CT 断层图片一样（图 1-45）。

因为 CIE Lab 是与设备无关的色彩空间，所以 CIE Lab 是色彩在不同的色彩空间转换时使用的一种中间（内部）色彩空间。如今，无论是工业生产中的颜色控制、图像处理中的颜色校正，还是艺术设计中的颜色搭配，CIE Lab 色彩空间具有重要意义和实用价值。

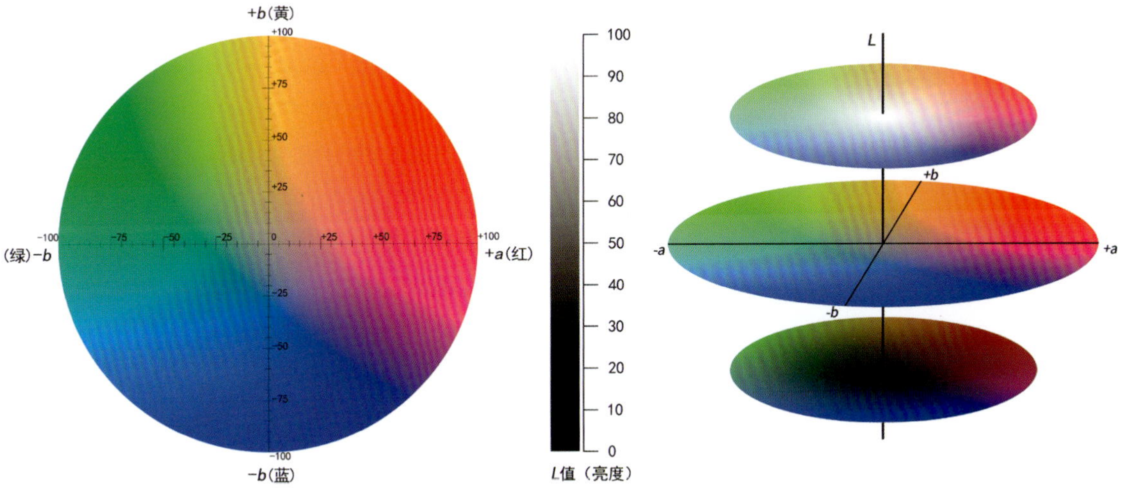

图 1-45　CIE Lab 色彩空间

5. 色差

色差是指两个样品在颜色知觉上的差异，可通过色差仪（一种用于测量和分析颜色差异的仪器）测量后，即可获得两个样品颜色的差异值。

现在我们已经了解，颜色的产生与三个因素有关，即光源、物体以及观察者，因此，当两个样品颜色之间存在差异时，也一定与这三者有关。由于光源的不同波长、样品的不同反射率以及观察者的视觉感知之间始终处于错综复杂的变化关系，所以色差现象是普遍存在的。仅凭人的视觉感受，对于样品的色彩差异是难以进行精确辨别。如果我们在 CIE XYZ 或 Lab 等一致的色彩空间下对两个不同样品的颜色取样，就能够以两点的距离表示色差，实现数字表达，差异大小就能对应标准观察者所感受到的样品色彩差异程度。CIE 将这个差异值称为色差值，通常用 Δ*E*（Delta E）表示，它是一个综合反映色差大小的参数。Δ*E* 值越小，表示颜色的色差越小，颜色越接近。色差值可供色彩品控管理、配方计算以及后期修色等领域应用。

色差计算公式：$\Delta E=\sqrt{(L_1-L_2)^2+(a_1-a_2)^2+(b_1-b_2)^2}$

例如，样品 A 的 Lab 值是 *L* 为 56，*a* 为 34，*b* 为 45；样品 B 的 Lab 值是 *L* 为 57，*a* 为 36，*b* 为 47，将两个样品的 Lab 值代入色差公式：$\Delta E=\sqrt{(56-57)^2+(34-36)^2+(45-47)^2}$ ，计算结果 Δ*E*=3，表示两个样品的色差值是 3。

通常，一些测量颜色的仪器以及色彩管理软件等都可以将样品颜色的测量值直接计算出色差值。当然，也可将色差公式应用到 Excel 表格中，只需将两个样品 Lab 值输入表格中，即可计算出色差值（表 1-2）。

如表 1-3 所示，反映的是通常条件下色差值与视觉之间的对应关系。然而，色差值与视觉感知之间的联系并不是单一的线性关系。实际上，由于光线条件、周围环境的颜色以及个人差异等多种因素，我们的眼睛和大脑在解释和理解颜色时会产生复杂的反应。这意味着即使在相同的色差值下，不同人可能会有不同的视觉感知体验。

表 1-2　利用 Excel 表格进行色差计算

A	B	C	D
色差公式			
L_1	a_1	b_1	ΔE
56	34	45	3
L_2	a_2	b_2	
57	36	47	

表 1-3　色差值与视觉之间的对应关系

色差 ΔE	感觉色差程度
0.0 ～ 0.5	感觉极微（微小色差）
0.5 ～ 1.5	感觉轻微（极小色差）
1.5 ～ 3.0	能感觉到（小色差）
3.0 ～ 6.0	感觉明显（较大色差）
6.0 以上	感觉强烈（大色差）

三、色彩空间

同一张数码照片，上传到互联网，或在电脑的屏幕上打开，或通过打印机打印时，照片的色彩都不同。产生照片颜色不一致的问题，在排除了设备性能方面的因素外，通常都是与设备所使用的色彩空间的不同有关。这说明仅凭颜色的数值本身还不足以准确表达特定的色彩，因此有必要了解色彩空间这个概念。

色彩空间，也称为色域，是通过数学的方式将颜色量化的方法，是指某种表色系统所能再现的颜色范围。通俗来讲，就是各种呈色设备（如数码相机、显示器、打印机等）所能再现的颜色范围。

如前文所述，CIE1931 色度图是人类视觉所感知的颜色范围，与设备无关，而我们经常用到的色彩空间，如 RGB、CMYK 等都与设备相关联，受制于设备呈色特性的局限，色域范围都要明显小于人的视觉感知，因此，CIE1931 色度图成为目前主流设备的色彩空间范围评估的参考图。

（一）RGB 色彩空间

RGB 色彩空间以红（R）、绿（G）、蓝（B）三种基本色为基础，进行不同程度叠加，产生丰富而广泛的颜色。RGB 色彩空间是工业界的一种颜色标准，也是目前运用最广的颜色系统之一。数码相机、显示器、扫描仪、投影仪以及部分打印机等基本上都采用这种色彩空间模式，是一个加色法混合空间。RGB 色彩空间种类繁多，常见的有以下几种。

1. sRGB 色彩空间

sRGB 色彩空间是于 1996 年微软与惠普公司联合确立的一种标准的 RGB 色彩空间，这种标准得到了许多软、硬件厂商、专业机构以及其他各行业支持，逐步成为数码相机、扫描仪、投影仪、打印机、各种软件以及互联网平台的默认色彩空间，通用性很好，是目前使用最广泛的一种色彩标准。sRGB，其前面的小“s”可解释为“标准”（standard）。

虽然 sRGB 色彩空间在数字显色领域中占据着主导地位，但由于 sRGB 标准制定的时间较早，很多技术和概念都不成熟，sRGB 的色域覆盖范围相对较小，并且色彩还原度不高，难以满足当下高清数字显色系统和专业输出设备的要求。不建议专业的图像处理以及印前用户使用（青色三角形为 sRGB，如图 1-46 所示）。

2. DCI-P3 色彩空间

DCI-P3 色彩空间是由数字电影倡议（DCI）和电影电视工程师协会（SMPTE）创建，主要用于数字影院的色彩空间，以人类视觉体验为主，尽可能匹配电影中能展现的全部色彩要求。因此，DCI-P3 被广泛作为数字电影行业色彩标准。目前很多手机屏幕、显示器以此作为色彩标准，它是苹果、三星、索尼等公司产品中广泛采用的色域。

DCI-P3 与 Adobe RGB 不同，虽然同样拥有非常宽广的色彩范围，但 DCI-P3 更加注重视觉的感受，而不是色彩全面性（涵盖图片、印刷等）的色域（品红色三角形为 DCI-P3，如图 1-46 所示）。

由于目前互联网内容仍以 sRGB 为主流，为兼顾 sRGB 图片的显示效果，许多 DCI-P3 的显示设备也做了一些妥协，将 Gamma 设定为 2.2，标准色温改为 D65，苹果公司一般将此称为 Display P3。

3. Adobe RGB 色彩空间

Adobe RGB（1998），简称 Adobe RGB 色彩空间，是由 Adobe 公司于 1998 年开发的色彩空间。Adobe RGB 色彩空间具有非常宽广的色彩范围，不仅涵盖全部 sRGB 和 CMYK 的色彩空间，解决了印刷与显示器显示色彩不同的问题，同时 Adobe RGB 也将显示器的色域范围推向了新高度，成为专业显示器的衡量标准之一。Adobe RGB 主要应用于摄影、设计、印刷等专业领域（蓝色三角形为 Adobe RGB，如图 1-46 所示）。

4. ProPhoto RGB 色彩空间

ProPhoto RGB 是一种色彩范围极宽广的色彩空间。其涵盖多种色彩空间，色域比 Adobe RGB 大得多，甚至有部分区域超出人眼可视的色彩范围（超出的部分无意义）。该色彩空间是柯达（Kodak）公司专为摄影行业创建，用于描述某些彩色反转片所能呈现的各种高饱和度的色彩。ProPhoto RGB 是 Adobe Camera Raw 和 Lightroom 图像编辑软件默认的色彩空间，用以确保在处理 Raw 格式图像时能够重现丰富的色彩信息。由于 ProPhoto RGB 的色域过于宽广，目前尚无显示器可以完整显示该色彩空间，因此，会导致在此色彩模式下调整的色彩不能真实准确反映。比较稳妥的方法是先把在 ProPhoto RGB 色彩空间的照片存档，然后再根据不同使用目的（如上传互联网、平板、手机或打印等），将照片转换到适合的色彩空间进一步调整（橙色三角形为 ProPhoto RGB，如图 1-46 所示）。

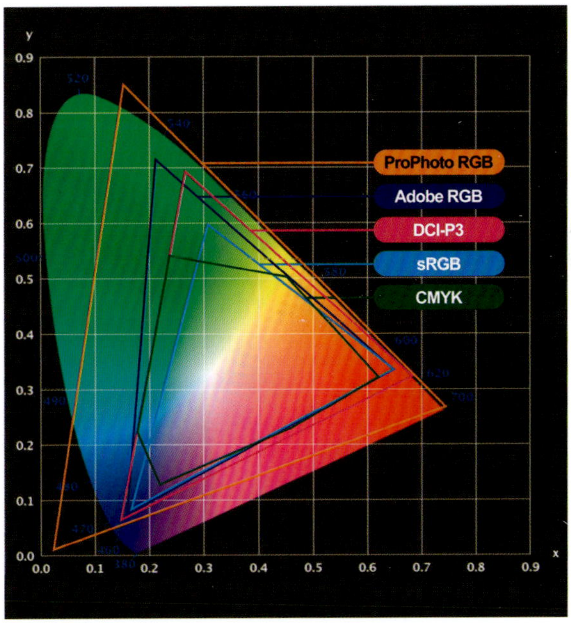

图 1-46 不同色彩空间对比图

（二）CMYK 色彩空间

CMYK 是彩色印刷时采用的一种色彩模式，是一种专门针对印刷业设定的颜色标准。CMYK 色彩模式是由青、品红、黄、黑四种油墨颜色混合叠加的方式重现色彩，由于每种油墨颜色都是通过吸收和反射光线产生，所以油墨混合的量越大，颜色越暗，是一个减色法混合空间（绿色多边形为 CMYK，如图 1-46 所示）。

CMYK 色域较小，仅包含使用印刷色油墨能够再现的颜色，而且 CMYK 与 sRGB 色彩空间不完全重合，因此，在将 sRGB 文件转换 CMYK 文件时，色彩管理系统可能无法完美地映射两个色彩空间之间的颜色，导致颜色不能精确匹配。最佳实践是在设计初期就使用 CMYK 色彩模式来创建文件，特别是当最终目的是打印文档或图像时。

第三节 色彩管理

随着数字技术的发展，图像的数字化具有显著的多元化特征（如便捷、智能、虚拟、创意等）而全面融入人类社会的各个领域，对社会和文化产生了广泛而深远的影响，在出版、新闻、公共关系、娱乐、教育、商业等领域引起了革命性的创新。其中数字图像早已成为数字媒体中重要的视觉信息和文化艺术交流方式。在如此高速发展的数字时代，对于数字图像信息处理的技术与设备、效率与质量、沟通与理解等方面，都需要跟上时代的步伐。因此，只有不断完善数字图像的标准化、规范化的管理路径，才有助于促进数字图像全球一体化的发展和应用。

现代的色彩管理技术就是在这样的背景下迅速发展。色彩管理技术不仅用于印刷行业，还在其他与颜色信息复制和传递相关的领域产生重要作用和实用价值。

一、色彩管理的概念

色彩管理是一种确保色彩在不同设备（如显示器、扫描仪、打印机、印刷机等）间传递过程中保持一致的技术。简单来讲，就是指色彩空间的管理（图 1-47）。

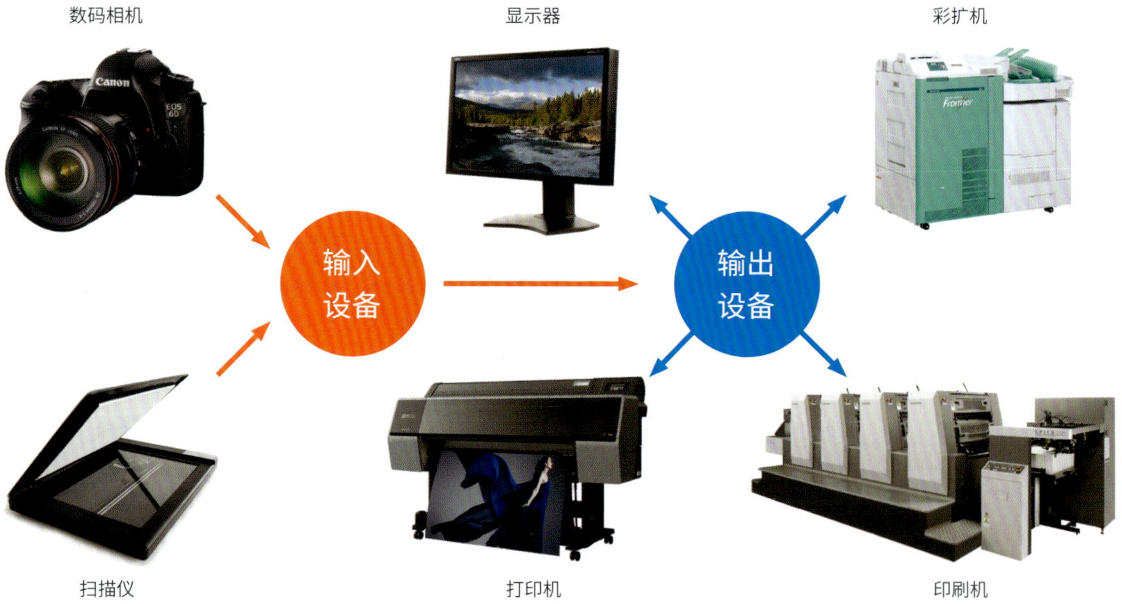

图 1-47　色彩管理系统

即便是相同类型的设备，例如显示器，同一张照片在不同的显示器上显示，颜色可能会有一些差别。一方面是显示器显色性能（质量）的差别；另一方面是显示器的设置不同造成的。前者属于硬件制造工艺之间的差异，尽管应用了色彩管理，其色彩的改善也是有限的。而后者是可以通过色彩管理的方法将不同显示器的显示效果调整到相似的程度。同样，色彩在其他设备之间也可以通过色彩管理的方式达到某种程度上的相似。让色彩信息在不同设备间传递过程中保持一致，这是色彩管理的初衷。

如何让摄影师、设计师，以及印刷和打印输出行业的从业者能够真正感受到色彩管理意义所在，这就需要从色彩管理的原理与实际应用两个方面进行研究。

二、色彩管理的原理

色彩管理的过程可能有些复杂，但是色彩管理的原理却很简单，类似于汇率解决不同货币关于价值度量的问题。色彩管理通过设备的配置文件将源数据转换，以便在不同的设备上还原或再现相同的颜色。

(一) 颜色的数值化

给 RGB 或 CMYK 数值赋予一个特定的颜色外观的含义，使它们变得明确，通过色彩管理可以知道给颜色感觉赋予的一组数值。

在 Photoshop 中打开的颜色面板，可以看到每种颜色都会有特定的一组数值（如 RGB、CMYK 等），而这一组数值代表着当前色彩空间中显示的颜色外观（图 1-48）。

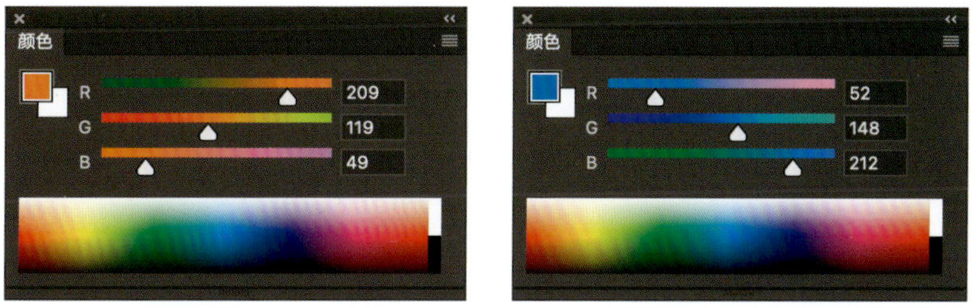

(a) 一种橙色的 RGB 数值　　(b) 一种青色的 RGB 数值

图 1-48　每种颜色都有一组特定的数值

理论上，有多少种颜色，就会产生多少数值的组合，例如，8 位的 RGB 图像，显示的色彩可以达到 1677 万种，数量庞大。

另外，同一种颜色在不同的色彩模式下，会显示不同的数值。

在 Photoshop 中打开拾色器。拾色器是一个强大的颜色选择工具，它提供了多种功能来帮助用户精确地选择和管理颜色。拾色器的界面简洁直观，使用起来非常方便。用户可以通过滑动条、输入数值或使用吸管工具来选择颜色。同时，支持多种颜色模式，包括 RGB、CMYK、Lab、HSB 等以及十六进制数的数值。对于查看各种颜色模型描述颜色的方式和匹配特定颜色的工作非常实用。

如图 1-49 所示，在拾色器的取样窗口中任选一种颜色，如红色，可以看到在右侧色彩模式设置区域中，不同的色彩模式分别显示出不同的数值组合，如 在 HSB 色彩模式中，*H* 为 0°，*S* 为 100%，*B* 为 100%；在 RGB 色彩模式中，*R* 为 255，*G* 为 0，*B* 为 0；在 CMYK 色彩模式中，*C* 为 0%，*M* 为 92%，*Y* 为 79%，*K* 为 0% 等。

拾色器揭示了色彩与数字之间的内在联系。让我们清楚地了解和意识到，色彩并不仅仅是眼睛所看到的，更是一种可以被量化和解读的科学现象。通过掌握和运用这些色彩的数值，是提高工作质量、效率和创造力的关键，让色彩成为我们表达和沟通的有力工具。

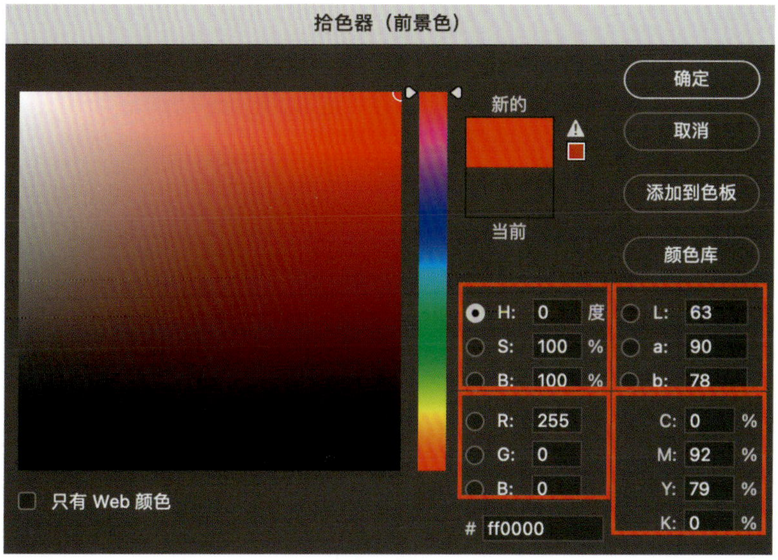

图 1-49　同一种颜色在不同的色彩模式中数值的变化

(二) 数值的转换

通过改变发送到不同设备的 RGB 或 CMYK 数值，即使用不同的颜色数值，使显示器、扫描仪、打印机等不同设备产生相同的颜色感觉。

如图 1-50（a）（b）所示，sRGB 和 Adobe RGB 色彩空间不同，即使 RGB 数值一样，颜色也不同。例如，在两个不同的色彩空间都选择 *G* 为 255 的绿色。虽然 RGB 数值相同，但 Lab 数值却不同，所以这是两种不同的绿色。

当把 sRGB 色彩空间的色块粘贴到 Adobe RGB 色彩空间时，出现了一个“粘贴配置文件不匹配”提示消息，处理方法有两种选择，以绿色为例：① 如图 1-50（c）所示，选择“转换”，为保证原来 sRGB 色彩空间的绿色不变，就需要改变 RGB 数值，于是将原来 sRGB 色彩空间的 *G* 为 255 转换成 Adobe RGB 色彩空间的 *R* 为 144、*G* 为 255、*B* 为 60，虽然 RGB 数值改变了，但 Lab 数值却没有变，所以绿色也没有改变。② 如图 1-50（d）所示，选择“不转换”，那么，原来 sRGB 色彩空间的 RGB 数值转变成 Adobe RGB 色彩空间的 RGB 数值，也就是原来 sRGB 色彩空间的 *G* 为 255 变成 Adobe RGB 色彩空间的 *G* 为 255，虽然 RGB 数值没有变，但 Lab 数值改变，所以颜色也发生变化。

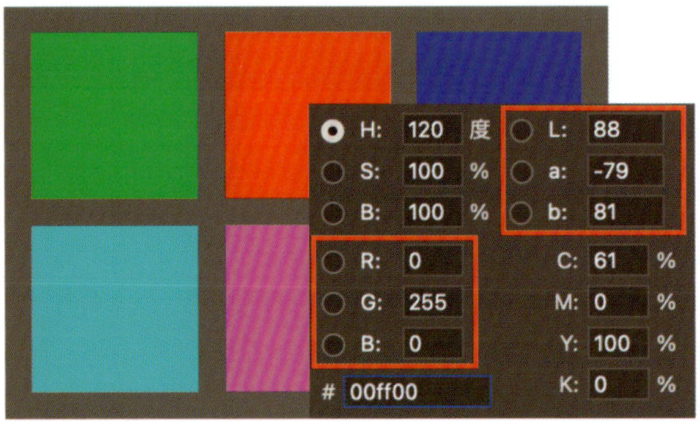

（a）sRGB 色彩空间的绿色

RGB 数值：0、255、0

Lab 数值：88、−79、81

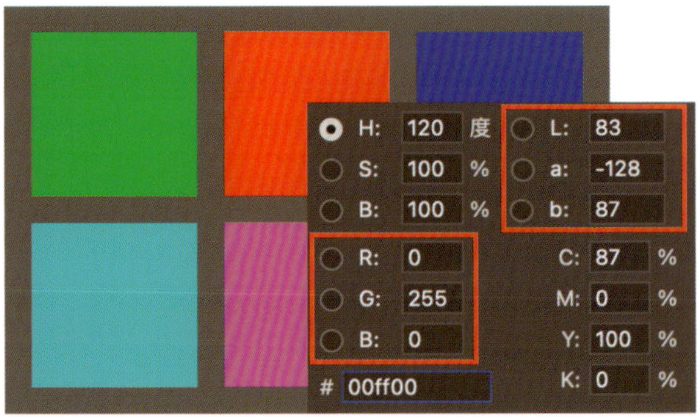

（b）Adobe RGB 色彩空间的绿色

RGB 数值：0、255、0

Lab 数值：83、−128、87

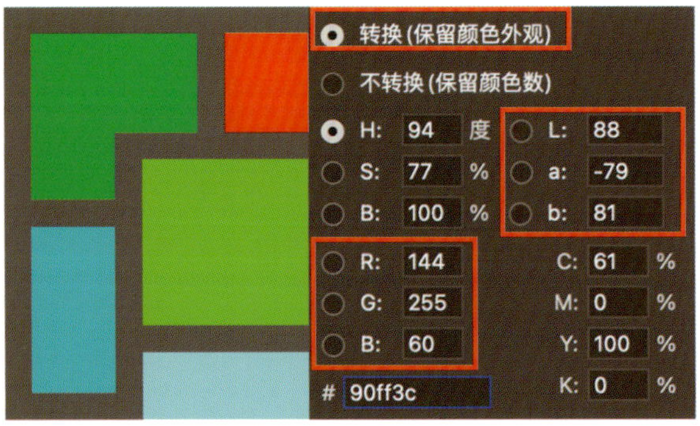

（c）sRGB 色彩空间转换到 Adobe RGB 色彩空间——选择“转换”

改变原 RGB 数值

RGB 数值：144、255、60

Lab 数值：88、−79、81

转换后的颜色：原 sRGB 色块颜色保持不变

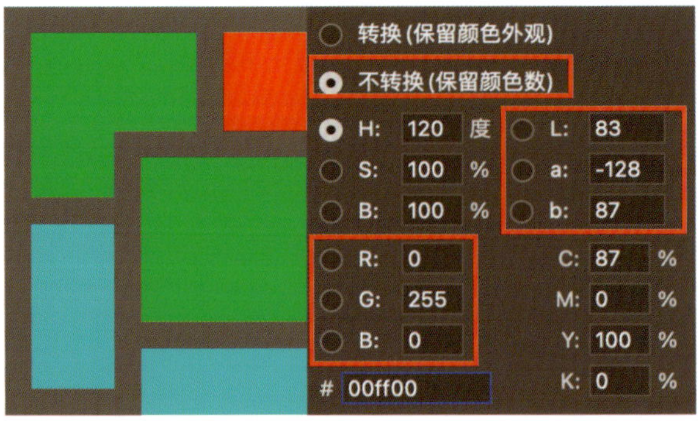

（d）sRGB 色彩空间转换到 Adobe RGB 色彩空间——选择“不转换”

保留原 RGB 数值

RGB 数值：0、255、0

Lab 数值：83、−128、87

转换后的颜色：原 sRGB 色块颜色发生改变

图 1-50　数值的转换

当文档在不同色彩空间粘贴时，通过弹出的“粘贴配置文件不匹配”的提示消息，可以选择源文件在粘贴时采用何种色彩管理方案。提示消息的弹出设置，需要在 Photoshop 中选择“编辑”>“颜色设置”命令，在打开的“颜色设置”对话框中，将“配置文件不匹配”中的“粘贴时询问”的选项开启（图 1-51）。设置好后，当文档在不同色彩空间粘贴时，如果发生配置文件不匹配情况，提示消息就会出现。如果没有开启该选项，便没有提示消息出现。Photoshop 会以当前“色彩管理方案”中 RGB 选项的设置执行，如选择“保留嵌入的配置文件”作为默认的转换方式，该选项其实也就是默认的“转换”方式，保留原来颜色外观不变。

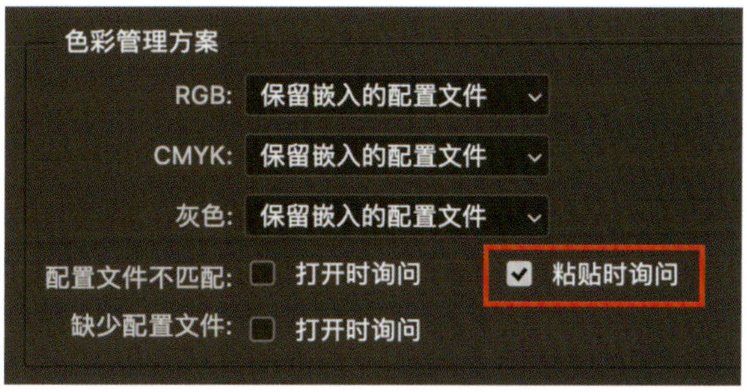

图 1-51　开启“粘贴时询问”

三、色彩管理的目的

色彩管理的首要目的是实现不同设备间的色彩匹配，包括各种数码相机、扫描仪、显示器、打印机以及印刷机等，让不同的设备能保持相对统一的色彩表现效果，概括来说就是“所见即所得”（图 1-52）；通过规范的、标准化的色彩管理流程，可以不受个别操作人员技能水平影响生产质量和效率，实现稳定一致的质量控制；提高生产效率，减少损耗（废品率）和人力成本；与客户之间共享相同色彩标准，避免因色彩偏差问题而带来损失；创建自己理想的色彩，或者检视能否实现想要的色彩。

图 1-52　色彩管理的目的“所见即所得”

四、色彩配置文件

色彩配置文件也称“ICC 色彩配置文件或特性文件（ICC Profile）”是一种用于描述设备色彩特性的文件，它能够确保在不同设备上显示的颜色一致。1993 年由 Adobe、Agfa、Apple、Kodak、FOGRA、Microsoft、Silicon Graphics、Sun Microsystem 及 Taligent 等公司发起并成立了国际色彩联盟（International Color Consortium，简称 ICC），如图 1-53 所示。随后很多国家加入该组织。

图 1-53　国际色彩联盟（ICC）

ICC 致力于建立推广和鼓励跨平台、中立性的色彩管理系统和标准化，为颜色管理系统（CMS）规定了一个国际标准。其作用就是创建色彩管理的标准和核心文件的标准格式。核心基础就是 ICC Profile 和色彩管理模块（CMM）。这两者保证了色彩在不同的应用程序、电脑平台、图像设备之间传递的一致性，可以实现精确的图像显示和输出，即真正的“所见即所得”。

由于这些色彩管理软件引入和良好兼容性，不仅让操作人员摆脱不同设备产生色彩偏差的困扰和烦琐的校色工作，而且操作流程简单方便、高效快捷，节约成本。

ICC 借助于一个虚拟的、与设备无关的色彩空间，即设备特征描述文件连接空间（PCS）作为色彩空间转换的中间色彩空间，通过彩色设备色彩空间（RGB 或 CMYK）和 PCS 色彩空间之间的联系为该设备建立设备特征描述文件（Profile），实现对色彩的开放性管理，使色彩传递不依赖于彩色设备。PCS 空间通过 XYZ 色彩空间或 Lab 色彩空间定义（图 1-54）。

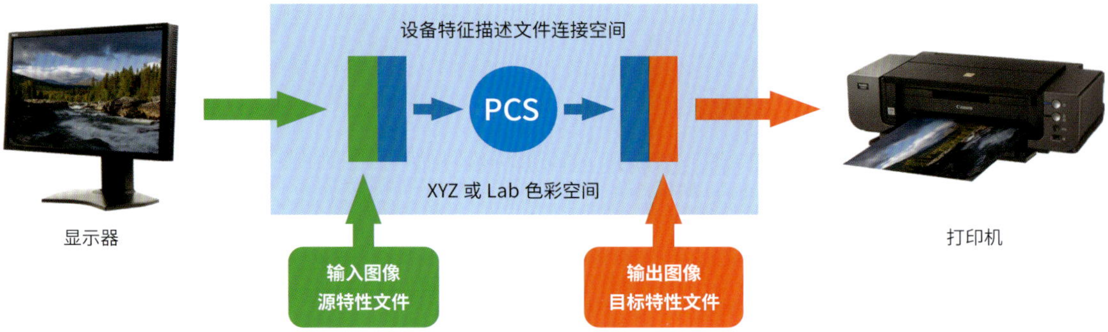

图 1-54　ICC 配置文件工作原理

五、色彩管理的实施办法

目前色彩管理技术虽然存在技术难度，并未完全广泛普及，但这是一项必须遵循并采用的最有效方法，是提高图像复制质量和效率的根本保证。

要实现色彩管理技术，必须按顺序经过三个步骤，称为“3C”（C 为三个步骤英文名称的首字母）。

（一）设备校正

校正，或校准（Calibration）是其他两个步骤的基础，是保证系统正常工作的前提。校正的目的是使各有关的设备达到可重复状态，即可持续保持稳定和理想工作状态。校正工作的目的并不是保证图像是否与原稿相同，而是检测各设备是否达到原设计指标（图 1-55）。

图 1-55　设备校正

（二）设备特征化

设备校正之后，应进行特征化测量（Characterisation）。特征化测量目的是输入设备和输出设备在校正之后，用什么组织结构和范围来表示颜色。不同的设备有不同的颜色表现能力、不同的颜色再现范围。对输入或输出设备的色域进行测量，是对设备的特征化测量过程。特征化测量是建立描述设备颜色范围的数据文件，这种文件称为设备描述文件或色彩配置文件（图 1-56）。（关于设备 ICC 制作的具体流程参见第四章）

（a）数码相机 ICC 制作

（b）显示器 ICC 制作

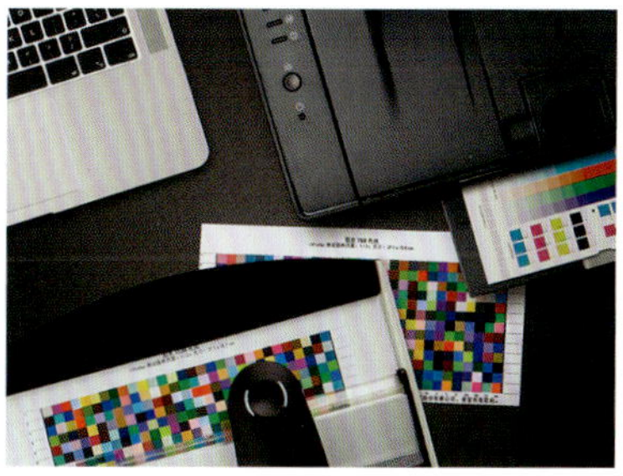

（c）打印机 ICC 制作

图 1-56　对设备进行特征化测量，建立色彩配置文件

（三）转换色彩空间

转换（Conversion）是在已知的条件下，将图像从一个设备的色彩空间转换到另一个设备的色彩空间，或将一个图像的配置文件转换为另一个配置文件。转换的目的是屏幕及最终印刷品看到颜色与原稿一致。由于印刷设备的色彩空间范围比原图像的色彩空间范围小，因此要对原图像的色彩空间进行压缩转换，这涉及色彩空间的转换方式或渲染意图。色彩空间的转换有 RGB—CMYK（如屏幕到打印机）、RGB—RGB（如扫描仪到屏幕）、CMYK—CMYK（如一种打印机到另一种打印机）。

如果将屏幕上显示的色彩通过印刷方式再现，也就是将 RGB 色彩空间转换为 CMYK 色彩空间，在设计和印刷行业中，这种转换是常见且必要的，以确保电子图像能够在打印介质上得到尽可能准确的颜色重现。不过，由于 RGB 是基于光的加色法，而 CMYK 是基于油墨的减色法，两者呈色机制截然不同，因此，在转换过程中会产生颜色差异。

如图 1- 57 所示，在 CIE 色度图上可以看到，sRGB 与 CMYK 的色域范围并不一致，既有色彩重合部分，也有各自不同的区域，这种情况就会导致从 sRGB 色彩空间到 CMYK 的色彩空间转换过程中，某些颜色无法被准确复制或还原。另外，无论选择何种转换意图（渲染方式），都是针对目标色彩空间的一种妥协。

尽管通过色彩管理可以提高颜色再现的质量，减少色彩差异，使之看起来更加“相似”，但由于物理和技术的限制，完全消除这些差异几乎是不可能的。因此，色彩管理的价值在于实现色彩的一致性和可靠性，而不是追求绝对的完美匹配。

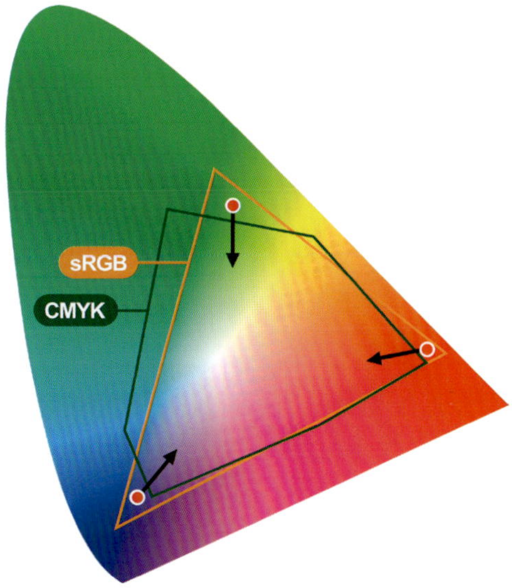

图 1-57　色彩空间的转换

六、色彩管理的局限性

色彩管理的目标是实现“所见即所得”。事实真是如此简单吗？首先，色彩管理虽然基于科学理论，然而，颜色的感知和再现是一个复杂的过程，色彩管理始终是以人的视觉感知为服务目标，因此，这本身存在一定的主观性；其次，色彩管理原理在实际操作中色彩复制的难度很大，涉及工作环境、照明光源、设备校准以及操作流程等。其中特性文件是色彩管理的核心基础，在设备上能否如实重现色彩，特性文件信息的准确性至关重要。

（一）特性文件的局限性

特性文件记录的是设备颜色相关联的数据文件。在色彩管理系统中，所有的图像数字化进程中，如再现意图、预览能力、模拟功能等，都建立在设备的特性文件中。需要注意，建立设备特性文件的过程有如下三个限制。

1. 特性文件描述的范围有限

测量设备以及软件不可能涵盖全部设备数据信息。例如，在制作显示器特性文件时，不可能测量和记录每个 RGB 的数值。一台 8 位的显示器会产生约 1670 万种色彩，如此庞大的颜色范围如果真实进行测量，将是经年累月的过程。在建立特性文件及色彩管理系统使用特性文件时，色彩管理引擎是通过插值运算模拟颜色。

2. 特性文件的能力有限

特性文件不能够让设备去执行它们做不了的事情。例如，一台打印机不能打印出某种颜色，而特性文件不是万能的解决方案或工具，并不能让打印机脱离实际凭空打印出某种颜色。特性文件只能描述设备的色域，但是不可能扩大色域。

3. 特性文件的准确性有限

特性文件的精度取决于测量数据的准确性。特性文件反映的是设备运转状态的测量值，客观上特性文件并不是一成不变的色彩解决方法，任何呈色设备都会随着时间推移而变化，因此，如果特性文件不能提供设备行为的准确描述，颜色就会出现偏差。

（二）转换意图的局限性

关于色彩转换前文已有阐述，是根据需要将色彩从一个设备空间转换到另一个设备空间。遗憾的是，不同的色彩空间，无论采用何种转换意图，都无法精确再现源设备空间的色彩。因为在不同色域或等级之间进行整数值的转换时，数据会因为四舍五入而发生误差。例如，气温 25.8°C和 25.9°C，实际温度并不相同，但可能统一称为 26°C；数学中的 π，尾数几乎无穷尽，但为方便计算保留为 3.14，该数值与 3.14159 肯定不一样，那么，以此不同的 π 计算得出的圆周长或圆面积也不相同。所以，当把每通道 8 位的 RGB 或 CMYK 数值转换成 PCS（Lab）数值时，也会发生同样的转换误差。

如图 1-58 所示，在 Photoshop 拾色器窗口中，各种参数的设置只能写入整数值，导致数据产生误差。例如，输入不同的 HSB 数值，而 Lab 数值却仍然是 78、−117、82。

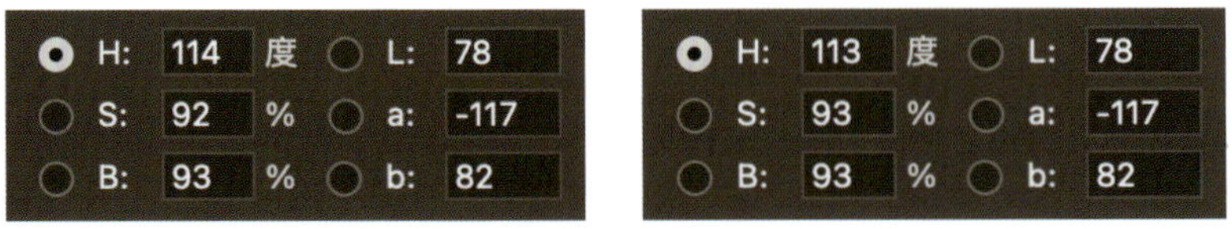

（a）HSB 数值：114、92、93　（b）HSB 数值：113、93、93

图 1-58　数值转换的误差

第二章　创建和处理图像

艺术的个性和创造性都需要一定的技术来支持，否则艺术的表现形式就无所依附，艺术的价值也难以体现。因此，通俗讲就是：“艺术是站在工匠巨人的肩膀上。”

数字时代的今天，图像创作和技术操控之间的紧密交织的关系更加明显。一幅打印精美的摄影作品，来源于打印图像文件的品质，而要想获取高品质的打印图像文件，就必须要了解和掌握与数字图像创建、处理的相关设备和软件等，遵循色彩管理系统，建立标准化的操作和设置流程。一般来说，正确的设置是必要的，图像数字化进程的精确度是保证数字图像质量的根本。

第一节　图像的输入

将图像信息数字化后输入计算机的设备主要有数码相机、手机、扫描仪、摄像头等。这些设备之间并没有严格界线区分，都具有相同的成像原理。数码相机是获取高质量图像数据文件最常用的设备之一。本章主要阐述与数码摄影相关的内容。

一、数码摄影系统

数码摄影是通过光电转换技术获取图像，再使用数字化技术对所拍摄的图像进行处理而得到图像。数字图像通过数字的方式进行记录、存储和应用。

数码相机是集光学、机械、电子一体化的高科技产品。它具有良好的操控性能、优秀的图像品质、数据存储、即拍即看，并且可与电脑交互处理以及实时拍摄等特点，是数字时代应用非常广泛的大众数字产品之一。

(一) 数码相机的构造

数码相机的构造源于传统胶片相机，都是通过镜头收集被摄景物的光线进行成像，原理相同。但数字方式成像是数码相机独有的。数码相机主要由以下部分组成（图 2-1）：首先是图像传感器，相当于传统相机的感光胶片，可将光学信号转换为电信号，是数码相机的重要核心部件。其次是图像处理器，主要功能是对数字信号进行优化处理，获得优质影像效果。另外，在相机的主板上还安装有其他控制装置或芯片，用于相机操作、存储以及文件系统的管理等。至于机身及镜头组件，包括自动对焦系统、测光系统及快门控制系统等，与传统相机区别不大。

图 2-1　数码相机的构造

（二）数码相机的图像传感器

与传统相机通过胶片感光、冲洗获取图像的方式不同，数码相机采用的是图像传感器将光学信号转换成数字信号的方式。常见的图像传感器类型包括电荷耦合器件（CCD）和互补金属氧化物半导体（CMOS）传感器。

CCD 传感器通过将捕获的光转换为电荷，然后逐行读取这些电荷来工作。CCD 传感器以其高图像质量和色彩准确性而闻名，但它们通常消耗更多的电力并且成本较高。

CMOS 传感器利用半导体技术，每个像素都包含一个光电二极管和信号放大器，能够同时读取多行电荷。CMOS 传感器的优点在于其低功耗和成本效益，这使得它们在移动设备和消费电子产品中非常流行。

图像传感器的性能受到像素大小、分辨率、动态范围和信噪比等因素的影响。像素大小决定了传感器能够捕捉的光线量，较大的像素通常能够提供更好的图像质量。分辨率是指传感器上像素的数量，分辨率越高，可以捕捉到的细节就越多，图像越清晰。动态范围是传感器能够同时捕捉亮部和暗部细节的能力。而信噪比是指图像信号与噪声的比值，信噪比越高，图像质量越好（图 2-2）。

图 2-2　图像传感器

需要注意，数码相机的图像传感器像素并不是越高越好，在有限的芯片面积上增加过多的像素会出现很多问题，如图像信噪比降低、数据读取延迟、热噪声增加、动态范围受限以及成本和复杂性增加等。

因此，在选择图像传感器时，高像素的确可以视为衡量数码相机质量的标准之一，但却不是唯一的标准。需要权衡像素数量与其他性能指标之间的关系，以确保在特定的应用场合下能够获得最佳的图像质量。

通常采用 CCD 或者 CMOS 图像传感器的数码相机是在同一像素上只可记录红、绿、蓝三种颜色中的一种，称为拜耳式（Bayer），如图 2-3 所示。而 Foveon X3 图像传感器采用三层感光元件，每层记录红、绿、蓝的其中一个颜色通道，如图 2-4 所示。

Foveon X3 是一种独特的图像传感器技术，这种传感器采用了分层的像素结构，不同于传统的 Bayer 传感器。在 Bayer 传感器中，每个像素只对红色、绿色或蓝色光敏感，而 Foveon X3 传感器则在同一个位置拥有三个不同颜色的像素层，每层对不同颜色的光敏感。这种结构模拟了人眼的视觉机制，能够捕获更丰富的颜色信息和更高的细节层次。因为每个像素都记录了完整的颜色信息，所以不需要像 Bayer 传感器那样进行复杂的去马赛克算法来重建图像的颜色。Foveon X3 传感器的优势包括更高的色彩饱和度、更好的细节表现，以及较低的摩尔纹现象。然而，由于其生产成本较高，并且对光线的利用率不如 Bayer 传感器，因此在市场上的普及程度较低。

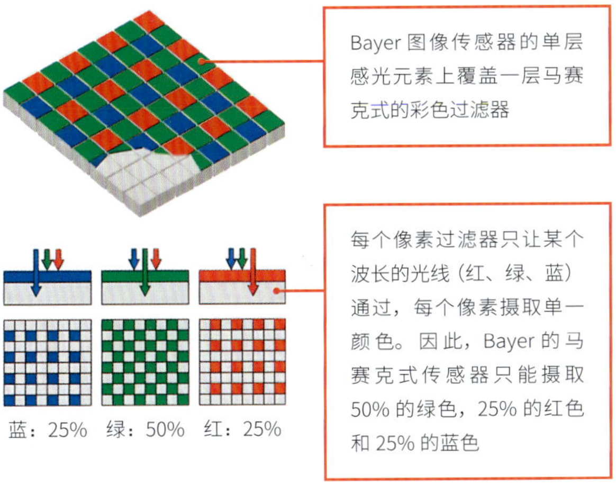

图 2-3　Bayer 图像传感器

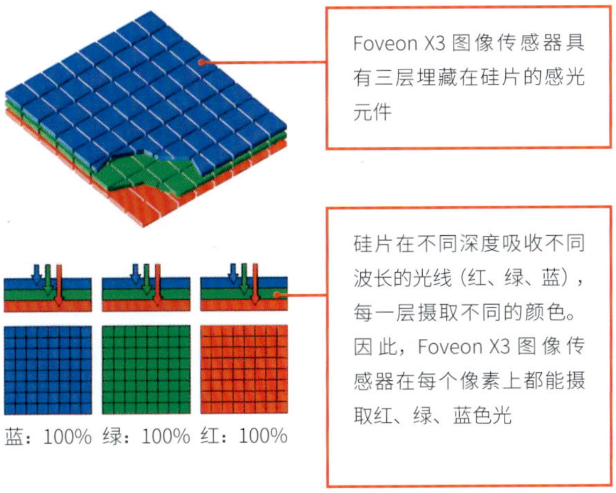

图 2-4　Foveon X3 图像传感器

（三）数码相机的种类

数码相机作为现代摄影技术的重要产物，其种类繁多，各具特色。从便携的卡片机到专业级的单反、微单相机，再到近年来兴起的运动相机，数码相机的发展历程就是一部不断创新和完善的历史。

1. 卡片相机

卡片相机在业界没有明确的概念，小巧的外形、相对较轻的机身以及超薄时尚的设计是衡量此类数码相机的主要标准。然而，随着数字技术持续发展，高端智能手机也在不断进行技术创新，除了作为日常随身携带通信工具，手机还具有高性能的拍摄能力，不仅携带方便、操作简单、灵活自由，还拥有各种丰富的功能和应用等，同时拍摄好的照片还可以通过网络即时分享与互动。这使手机摄影日益普及，即使在画质上与卡片相机有些差距，但仍然以势不可当的气势迅速抢占了数码相机市场，致使卡片相机的市场份额急转直下。

如今，曾经风靡一时的卡片相机风光不再，许多品牌相机生产商逐渐削减产品，并进行调整，将目标投向高端机型研发。代表产品：索尼、佳能、松下以及理光等（图 2-5）。

图 2-5　索尼 DSC-RX1R II
索尼专业级卡片相机，4240 万有效像素的全画幅 Exmor R CMOS 背照式传感器，BIONZ X 处理器

2. 单反相机

单反相机是指单镜头反光式相机，简称单反。这是当今最流行的取景系统，也是单反相机的核心组件之一。在单反相机的工作系统中，光线透过镜头到达反光镜后，折射到上面的对焦屏并结成影像，透过接目镜和五棱镜，可以在取景器中看到外面的景物。单反相机属于光学取景，观看自然、对焦敏捷、不耗电。不同于卡片相机、微单相机那样需要通过 LCD 屏或者电子取景器（EVF）才能看到所要拍摄的影像。单反相机拥有庞大的镜头群，可以更换不同规格的镜头，适应不同场景和题材拍摄的需求。

单反相机凭借其卓越的性能、灵活的操作和强大的功能，深受摄影爱好者和专业摄影师的青睐。代表产品：佳能、尼康以及索尼等（图 2-6）。

图 2-6　佳能 1DX Make III
佳能旗舰级单反相机，2010 万有效像素的全画幅图像传感器，DIGIC X 影像处理器

3. 微单相机

微单相机也称无反相机，可以涵盖微型和单反两层含义，相机体积小巧轻便，重量适中、便携方便，还可以像单反相机一样更换镜头，并提供和单反相机同样的画质。

微单相机采用与单反相机相同规格的传感器，取消单反相机上的光学取景器构成元件，没有五棱镜与反光镜结构，大大缩小镜头卡口到感光元件的距离，因此，可以获得比单反更小巧的机身，也保证成像画质与单反相同。由于微单相机无光学取景系统，因此取景方式与卡片机一样，只能通过 LCD 屏或 EVF，并且持续工作消耗电能较快。

如今，这是微单与单反并存的时代，以其自身独特的优势，继续引领摄影行业的发展潮流。代表产品：佳能、尼康以及索尼等（图 2-7）。

图 2-7　尼康 Z9
尼康旗舰级微单相机，4571 万有效像素的 EXPEED 7 全画幅图像处理器

4. 中画幅相机

中画幅相机一般是指传感器面积大于 135 相机全画幅尺寸的相机，近似传统 120 中画幅相机，小于 4×5 大画幅相机。中画幅相机因较大的传感器面积而能够捕获更多的光信息，提供更高的动态范围、更低的噪点以及更细腻的细节表现。中画幅相机通常体积较大，重量较重，但提供了更高的图像质量和更强大的功能。通常配备可更换镜头系统，并且拥有更多的自定义设置选项。而新一代中画幅相机采用无反系统设计，不仅实现相机及镜头的小型化，提升了便携性，同时具备高性能及高速度，可以比肩 135 数码单反相机的操控性。

中画幅相机适合专业摄影师和高端商业摄影领域。无论是时尚摄影、广告或风景，都能够提供高水准的图像品质。代表产品：哈苏、飞思以及富士等（图 2-8）。

图 2-8　富士 GFX100S

富士无反中画幅相机，约 10200 万有效像素的中画幅图像传感器。X-Processor 4 图像处理引擎

5. 数码后背

数码后背又称数码机背，由图像传感器和数字处理系统等部分组成，与普通数码相机相比，数码后背最大的不同在于没有镜头及快门等结构，只有加附于其他传统相机机身上才能拍摄使用的装置。

数码后背主要附加在中画幅相机或大画幅相机上使用，使原本使用胶片的相机也可以进行数字化拍摄。与单反数码相机相比，加用数码后背的相机通常都体积大，灵活性相对较差，价格偏高，但图像传感器的面积非常大，分辨率更高，能够捕捉到更多的像素信息，为图像细节和动态范围提供了极高的表现。此外，大尺寸传感器通常具有更好的信噪比，能够在较低的 ISO 设置下获得更干净、更细腻的图像。

数码后背主要运用在要求苛刻的时尚、广告、商业摄影以及艺术品的翻拍复制等领域。代表产品：飞思、利图、哈苏以及 BetterLight 数码后背等（图 2-9）。

图 2-9　BetterLight 数码后背

BetterLight 数码后背是专为 4×5 大画幅相机设计，拥有高达 72mm×96mm 的感光元件面积。采用柯达三线彩色 CCD 技术，通过在焦平面移动，以扫描方式完成画面捕捉

6. 运动相机

运动相机是一种专为捕捉动态场景和极限运动而设计的小型、坚固耐用的相机。它们通常防水、防震，并且能够在各种极端环境中正常工作，如水下、山地、空中等。运动相机能够拍摄高清视频和照片，有的还支持慢动作和延时摄影功能。这些相机通常配有多种配件，如头带、胸带、自拍杆等，方便用户在不同的场合和角度进行拍摄。

运动相机广泛应用于极限运动、户外探险、旅行、家庭聚会等场合，让人们能够轻松记录和分享生活中的精彩瞬间。代表产品：GoPro、大疆、索尼等（图 2-10）。

图 2-10　GoPro HERO12

GoPro HERO12 具有专业品质的 5.3K 视频、HDR（高动态光照渲染）照片和视频以及 HyperSmooth 超强防抖 6.0 视频稳定功能、全新蓝牙音频支持、强大 LED 灯光、单次充电可支持超过 5 h 的 4K30 录制

(四) 数码摄影辅助工具

即使是使用了专业级的摄影器材，一些辅助的摄影工具也是不可或缺的，如摄影包、三脚架、闪光灯、滤镜等，常用于各种拍摄活动。而与图像品质密切相关的如存储卡、校色仪、显示器等设备往往被忽视，其实它们与数码相机一样，都是数码摄影系统中非常重要的组成部分。

1. 存储卡

图 2-11　存储卡与读卡器

存储卡是用于手机、数码相机等许多数码和电子产品的外设存储工具，属于独立的存储介质。外观一般是卡片的形态，种类较多，主要有 SD 卡、CF 卡、XQD 卡（图 2-11）。新一代的 CFexpress ™卡则拥有更大容量存储空间和高速读写能力，极大地提升了拍摄与创作效率。

读卡器是用来读取存储卡中的数据，并将其存储到计算机的设备（图 2-11）。在使用时，将存储卡插入读卡器中，再与计算机的 USB 接口连接，即可将存储卡中数据保存到计算机。

2. 色卡与灰卡

色卡主要用于色彩校准和颜色管理（图 2-12）。色卡上包含了一系列标准化的颜色样本，可以帮助摄影师在拍摄时捕捉准确的颜色信息，或者在后期处理时校正图像的颜色，使之尽可能接近人眼所看到的真实颜色。色卡也常用于色彩校正软件中，以便创建一个针对特定设备的色彩配置文件，从而在不同设备间保持颜色的一致性。灰卡主要用于白平衡的设置和曝光的测量。

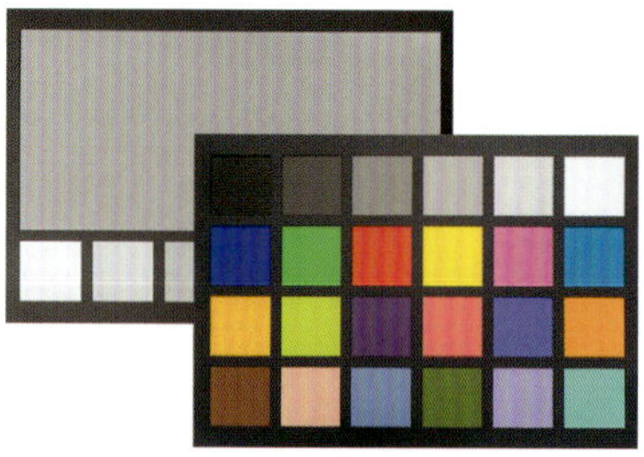

图 2-12　色卡与灰卡

3. 校色仪

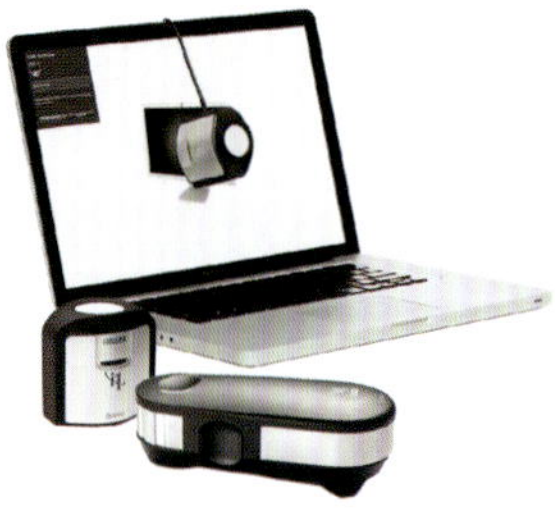

图 2-13　校色仪

校色仪是能够对颜色进行校对的仪器（图 2-13）。不仅可以为显示器、扫描仪、投影仪、打印机等设备进行色彩校正，还可对介质进行颜色取样、色温以及光谱测量等，是贯穿整个色彩工作流的集成式校色方案中的重要角色。借助校色仪测量而生成的 ICC 特性文件，最终结果是能够在所有设备上都打印出与图像匹配的色彩效果。

4. 显示器

显示器是数字信号可视化的窗口、人机对话的显示界面，是计算机与色彩管理系统重要的组成部分（图 2-14）。绝大多数的数码影像作品的艺术创作与后期处理几乎都通过显示器操作完成。因此，一台性能良好的显示器需要有准确的色彩精度与逼真的影像画质，对摄影师、设计师以及数字表现艺术家至关重要。

图 2-14　显示器

二、数码相机的品控流程

没有一幅精美摄影作品是可以轻描淡写创造出来的，这不仅需要摄影师具有出色的创作水平和深厚的审美素养，同时也需要具备熟练使用和操纵相机的能力。摄影的整个创作过程严谨规范，遵循一定的标准和程序，否则就会状况百出，过去胶片时代如此，现在数字时代也是如此。只有在充分了解和掌握数码相机的各种性能和设置的前提下，才能更好地为拍摄服务，画面的品质才有保障，艺术才能得以完美诠释。

(一) 相机的文件格式

使用数码相机拍摄照片的过程中，文件格式是一个关键的概念，是数码相机存储照片的方式，这不仅影响图片的质量和大小，还涉及到与各种设备和软件的兼容性。不同的文件格式具有各自的特点和适用场景，适用于不同的场合和需求。目前，主流的数码相机文件格式主要有 RAW 和 JPEG 两种。

1. RAW

RAW 格式是直接从数码相机图像传感器（CCD 或 CMOS）上获得未经处理和压缩的图像信息文件（元数据）。可以把 RAW 格式概念化为"原始图像编码数据"或更形象地称为"数字底片"。

由于数码相机的 RAW 格式属于数据文件，而非通用型图像格式，因此不能直接进行编辑，需要通过相机厂商提供的 RAW 处理软件，或使用第三方专业图像软件（如 Adobe Camera Raw、Lightroom 等）进行编辑（图 2-15）。

图 2-15　Adobe Camera Raw 软件进行 Raw 格式图像的编辑

使用相机 JPEG 格式进行拍摄时，相机会以 JPEG 文件格式自动处理，以改进和压缩图像。通常，摄影师无法控制相机的处理过程和结果。而使用相机 RAW 格式进行拍摄时，图像原始数据可以保留，摄影师几乎可以全程控制图像，不会像相机的 JPEG 格式让摄影师无所适从。

在 RAW 格式图像模式下，摄影师可以对图像的白平衡、色调范围、对比度、颜色饱和度以及锐化等进行调整，而无须担心原始数据被改变，调整的内容已被作为元数据存储到附带的附属文件（XMP）中，因此，RAW 格式文件可以随时打开并重新调整参数设置，以得到创作需要的效果。另外，RAW 格式还具有 ProPhoto RGB 极宽广的色域范围和处理 16 位高比特的图像信息，画面色彩丰富、层次细腻，拥有极高的图像品质（图 2-16）。

毫无疑问，RAW 格式这种自由的操控性和高质量的表现效果极大地拓展了摄影师的创作空间，将艺术才华发挥到极致。RAW 格式文件的不足之处是占用存储容量较大，不过随着存储卡的容量日益扩大，这已经不再是困扰摄影师的问题了。

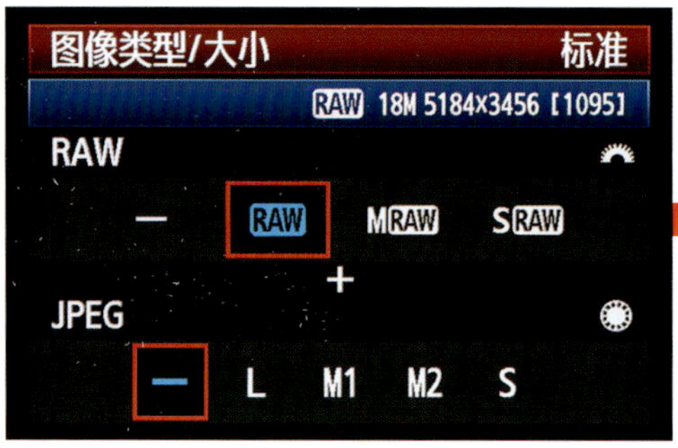

（a）相机 RAW 格式选项

（b）RAW 格式的图像质量优秀

图 2-16　相机 RAW 格式与图像质量（示例相机：佳能 1DX）

通过转动相机顶部的“主拨盘”选择 RAW 格式拍摄。获得图像质量非常高，包含图像元数据，后期调整空间非常大。但 RAW 格式文件较大，会占据存储卡容量。图（a）：选项菜单上方的数字表示在 RAW 格式下，当前存储卡能拍摄 1095 张照片

注：一张 32GB 容量的 CF 卡在佳能 1DX 相机 RAW 格式下，能拍摄 1166 张照片，JPEG 格式能拍摄 2888 张照片。如果同时选择 RAW+JPEG 格式，CF 卡只能拍摄 830 张照片

2. JPEG

JPEG（JPG）格式是一种广泛应用于数字图像存储的压缩技术，具有良好的兼容性和便捷性。无论是在各类文本中嵌入，跨越不同的操作系统，软件后期编辑，还是智能手机的图片查看，JPEG 格式都能轻松应对。其关键在于 JPEG 格式的图片文件在经过压缩处理后，体积大大减小，使它在网络传输和存储方面具有显著的优势，特别适合在互联网平台上使用。不过，由于 JPEG 格式在压缩过程中会损失部分图像信息，所以对于追求高质量照片的用户来说，JPEG 格式可能并不是最佳的选择。而且，相机设定 JPEG 格式存储后，拍摄的图片信息都是经过相机预设的修饰效果（照片风格）整体进行处理的，摄影师无法干预，后期调整余地较小。例如，拍摄时白平衡如果设置不当，照片出现的色彩偏差，即使后期使用 Photoshop 进行调整，效果也不是很好，甚至还会损失图像质量。此外，同样受限制的还有曝光、对比度、饱和度和锐化等方面，这些都是在 JPEG 格式下难以进行大幅度调整的因素。对于普通用户而言，如果需要选择 JPEG 格式拍摄，为了保证图像质量和调整灵活性，建议将相机的文件格式设置为 JPEG 格式的精细选项（低压缩率的高画质存储），如图 2-17 所示。

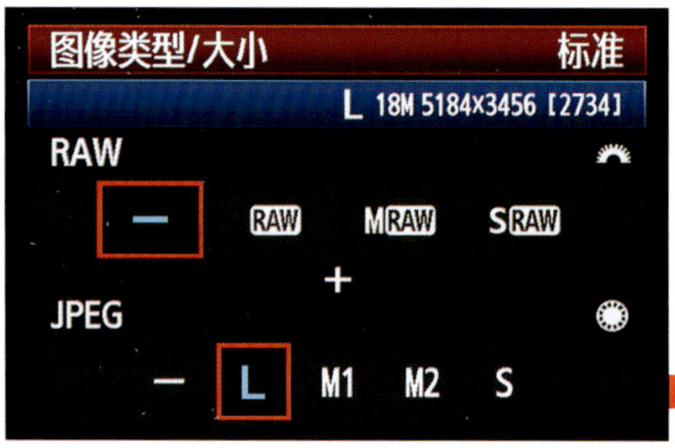

（a）相机 JPEG 格式选项

（b）JPEG 格式的图像质量一般

图 2-17　相机 JPEG 格式与图像品质（示例相机：佳能 1DX）

通过转动相机背部的“速控转盘”选择 JPEG 格式拍摄。图像会由相机在其内部进行转换和处理，并通过预设选项产生不同的图像风格，图像质量一般，但文件较小。图（a）：选项菜单上方的数字表示在 JPEG 格式下，相同的存储卡能拍摄 2734 张照片。在 JPEG 格式选项中的大写字母代表图像的不同大小，分为 L、M1、M2、S 四个档次，文件大小逐级降低

(二)相机的色彩空间

关于色彩空间，如前文所述。色彩空间是一个在摄影和图像处理中非常重要的概念。简单来说，色彩空间就是颜色范围或色域。数码相机有内置色彩空间的选项，分别为 sRGB 和 Adobe RGB 两种模式，不同色彩空间的选择决定了相机能够捕捉和再现的颜色范围。

1. sRGB 色彩空间

sRGB 色彩空间应用的领域十分广泛，通用性高，是许多软、硬件生产商以及专业机构等都采用的色彩空间标准，逐步成为许多数码相机、显示器、扫描仪、打印机、各种软件以及互联网平台的默认色彩空间，同样采用 sRGB 色彩空间的设备之间，可以实现色彩相互模拟，不足之处是色域较小（图 2-18）。

图 2-18　相机的 sRGB 色彩空间

2. Adobe RGB 色彩空间

Adobe RGB 色彩空间具有非常宽广的色彩范围，涵盖全部的 sRGB 和 CMYK 色彩空间，解决了印刷品与显示器显示色彩不同的问题。主要应用于摄影、设计、印刷等专业领域。推荐专业的摄影师选择 Adobe RGB 色彩空间（图 2-19）。

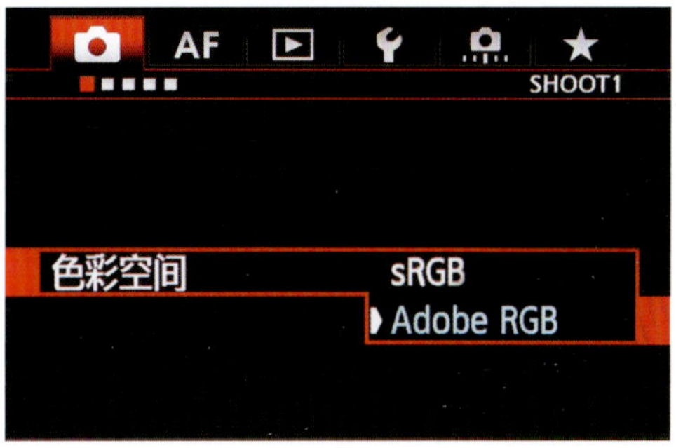

图 2-19　相机的 Adobe RGB 色彩空间

当使用数码相机 JPEG 格式进行拍摄时，选择合适的色彩空间就很关键，这直接影响到照片的色彩质量和表现力。如果选择 Adobe RGB 色彩空间，相机能够最大限度记录被摄场景的颜色范围，从而获得更加丰富和生动的色彩。不过，由于 Adobe RGB 色彩空间需要较高的硬件支持，受到技术条件限制，主要应用于专业图像领域，市场普及率不高，而大众普遍使用的都是消费级以 sRGB 色彩空间为主流的显示设备。例如，在 sRGB 色彩空间的显示器上，Adobe RGB 色彩空间宽广的色彩无法显示完全，色域被压缩、色彩饱和度偏低、色彩浅淡，甚至还存在偏色现象。只有使用支持 Adobe RGB 色彩空间的专业显示器，才能完美再现出 Adobe RGB 色彩空间的所有颜色，为摄影师和专业人士提供更加真实和准确的视觉体验（图 2-20）。另外，由于互联网基本采用 sRGB 色彩空间，如果上传照片是 Adobe RGB 色彩空间，会自动被转换为 sRGB 色彩空间，色彩同样也会有损失。

对于图像的色彩空间选择，比较理想的处理方式是在前期拍摄时，可先采用 Adobe RGB 色彩空间进行拍摄，以尽可能让相机保留更多色彩范围，然后根据图片使用目的和用途，如上传到互联网、印刷与打印输出等，再通过软件（如 Photoshop）将 Adobe RGB 色彩空间转换为其他色彩空间。

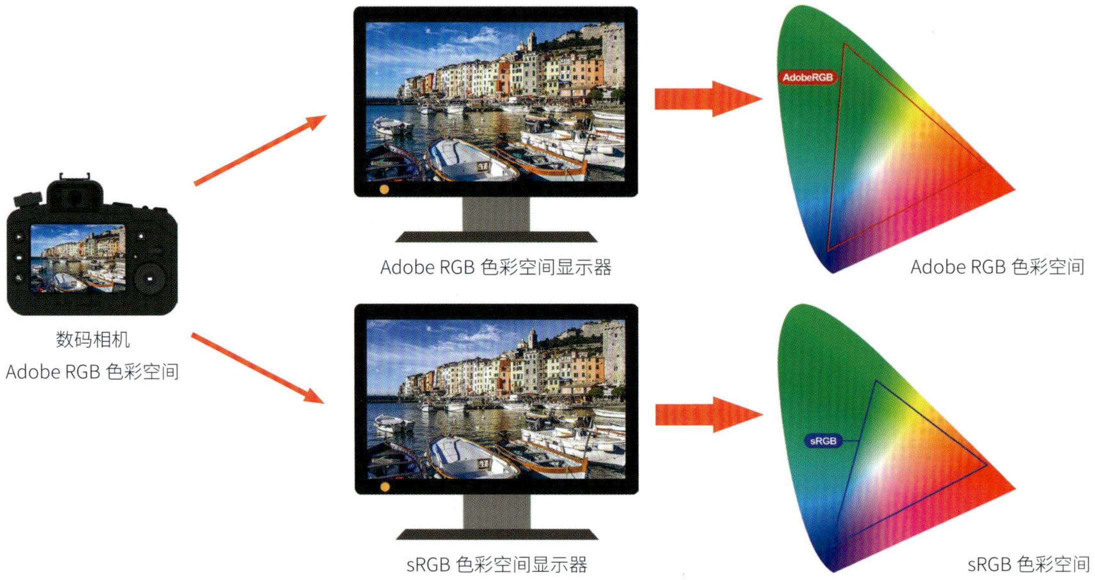

图 2-20　相机上的 Adobe RGB 色彩空间，只有在支持 Adobe RGB 色彩空间的显示器上才能完整再现

如果使用 RAW 格式拍摄，那么相机的色彩空间的选项可以忽略，因为 RAW 格式属于原始图像数据编码，记录的是相机传感器的图像数据文件，并没有色彩空间的设定。只有当 RAW 格式转换或导出为 JPEG、TIFF 等基本位图格式时，才会进行色彩空间的选择（图 2-21）。实际上，当采用 JPEG 文件格式进行拍摄时，sRGB 与 Adobe RGB 这两种色彩空间模式都是由相机拍摄 RAW 格式后在内部进行转换的结果。

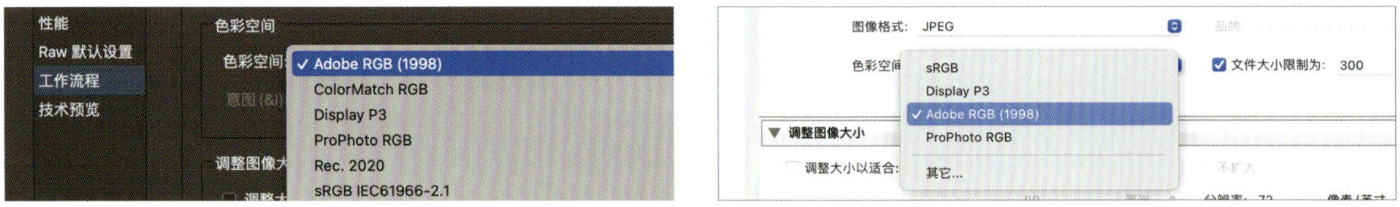

（a）Adobe Camera Raw 导出选项中色彩空间的选择　　（b）Lightroom 导出选项中色彩空间的选择

图 2-21　RAW 格式导出选项

（三）感光度

感光度，又称 ISO，是相机（胶片或图像传感器）对光线的敏感程度。ISO 数值越高，感光能力也越高，曝光量也随之增加，拍出来的照片越亮，反之就会越暗。但是 ISO 过高也会增加照片的噪点。ISO 通常在相机上都有显著的标识，并且设有专门的设置装置。在不同类型的数码相机上，ISO 设置可以通过相机菜单进行调整，也可以通过相机上的物理拨盘或者按钮直接访问（图 2-22）。

感光度原本是胶片时代，衡量胶片对于光线的敏感程度。如今，图像传感器取代胶片，为了与传统相机使用的胶片统一计量单位，也沿用 ISO 感光度的概念，因此感光度也代表数码相机图像传感器对光线的敏感程度。

（a）相机内部菜单设置 ISO 值　　（b）相机外部按键设置 ISO

图 2-22　ISO 的标识与设置

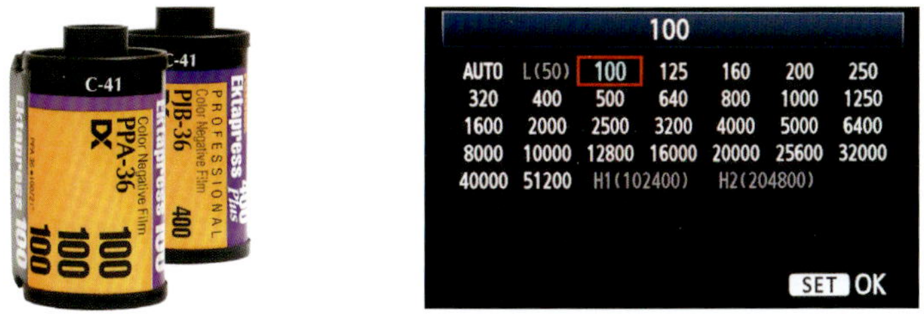

（a）胶片的固定感光度　　（b）图像传感器的感光度可任意设定

图 2-23　胶片与图像传感器的感光度

胶片的感光度是固定的，是胶片本身的属性，每种胶片只有一种感光度，代表感光性能。而数码相机图像传感器的感光度可以随时进行调整，以适应不同的光线条件。这种灵活性，使数码相机在拍摄过程中更加方便，大大提高了拍摄效率（图 2-23）。

胶片是通过增大卤化银晶体面积获得更高的感光度，因此会产生较粗的底片颗粒；而数码相机的图像传感器通过对光信号进行电子增幅，以提高对微弱光线的捕获，可以把暗处拍亮，因为是电子增幅，高感光度下会出现噪点。高感光度胶片与图像传感器在高感光度模式下，都会影响画质。数码相机的标准感光度为 ISO 100，在此设置下相机拍摄的画面清晰度高、颗粒细腻、画质优异。通过提高感光度，可以相应提高快门速度，有利于手持相机拍摄的稳定性，避免在使用低速快门拍摄时因手抖而造成的画面模糊；也可以定格高速运动的物体，凝固精彩的瞬间。如图 2-24 所示，为入门级数码单反相机在不同感光度模式下拍摄的画面（局部放大的画面）。

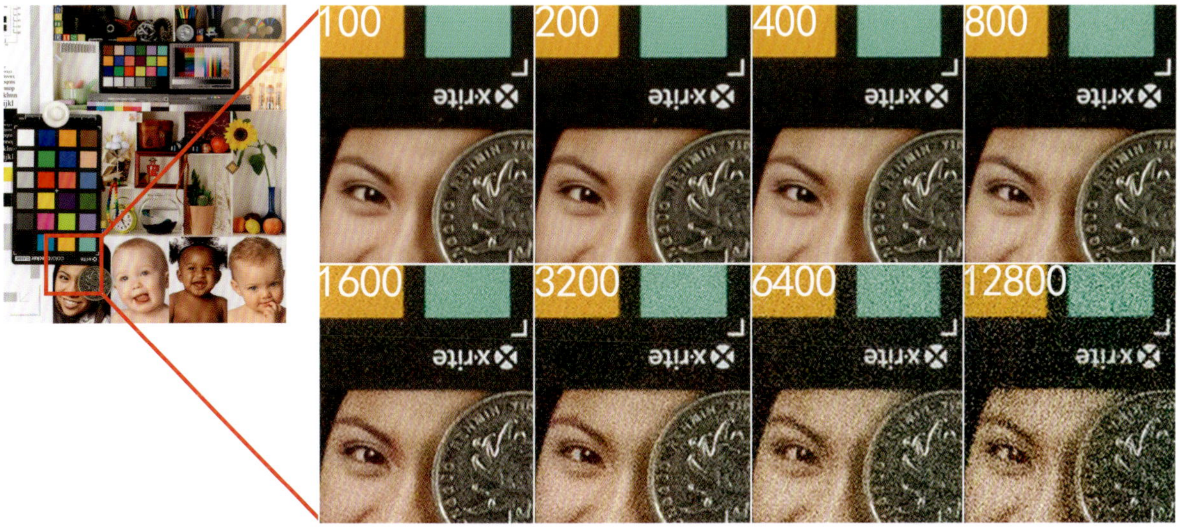

图 2-24　相机不同感光度拍摄对比图

不同品牌、型号的数码相机，即使感光度设置相同，其噪点控制的能力也有区别，如图 2-25 所示，从左至右分别为入门级到旗舰级的四台不同型号相机，在相同 ISO 12800 高感光度模式下拍摄。

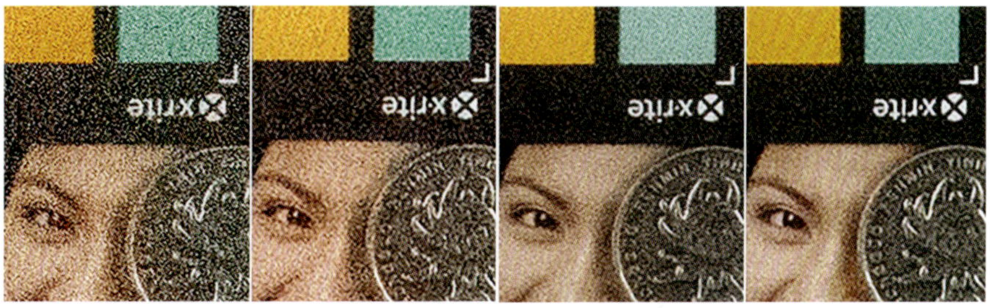

图 2-25　不同品牌、型号的数码相机的高感光度拍摄对比图（相同 ISO 12800）

测试的结果表明，在相同的高感光度设置下，不同型号的数码相机在处理噪点方面会有不同的表现。这是由多种因素综合作用的结果，包括图像传感器的大小、像素密度、图像处理算法、噪声抑制技术以及制造工艺等。其中，图像传感器的大小是一个关键因素，一般来说，全画幅图像传感器比小尺寸图像传感器拥有更大的单个像素面积，这意味着每个像素可以收集更多的光，从而降低了噪点。相反，高像素密度的传感器在相同的高感光度设置下，由于像素更小，每个像素接收的光量减少，可能导致更高的噪点水平。

（四）噪点

数码相机的噪点，也称为噪声，主要是指数码相机的图像传感器（CCD 或 CMOS）在进行光电信号处理时受到电子干扰而产生的随机杂点。噪点产生因素是多方面的，如前文所述，高感光度就是数码相机产生噪点的主要因素之一，因为图像传感器尺寸较小或像素密度过高，所以为了获得更多的光线而采用电子增幅，导致信噪比降低产生噪点；长时间曝光使相机的工作温度增高产生噪点；相机在进行图像处理过程中，如 RAW 格式转换 JPEG 格式时，图像的压缩运算也会产生噪点等。所以，想要完全克服相机噪点的产生，几乎是难以完成的任务。要避免数码相机噪点的产生，可以在拍摄时，尽量使用较低的 ISO 值、适宜的快门速度、优化曝光、简化操作环节以及采用 RAW 格式。

部分数码相机具有长时间曝光降噪（图 2-26）和高 ISO 感光度降噪功能设置（图 2-27），提供不同降噪程度选项，根据拍摄条件需要自行选择。打开这些功能后，相机会自动进行降噪处理。不过，降噪的结果有可能会使画面变得比较柔和，损失一些细节等，需谨慎使用。

（a）原图：f/14、13s、ISO 100

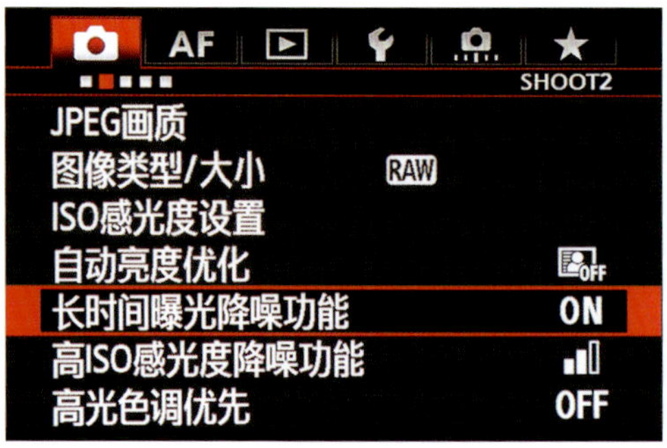

（b）长时间曝光降噪功能

（c）长时间曝光降噪功能（关闭）

（d）长时间曝光降噪功能（打开）

图 2-26　相机长时间曝光降噪功能开启前后效果

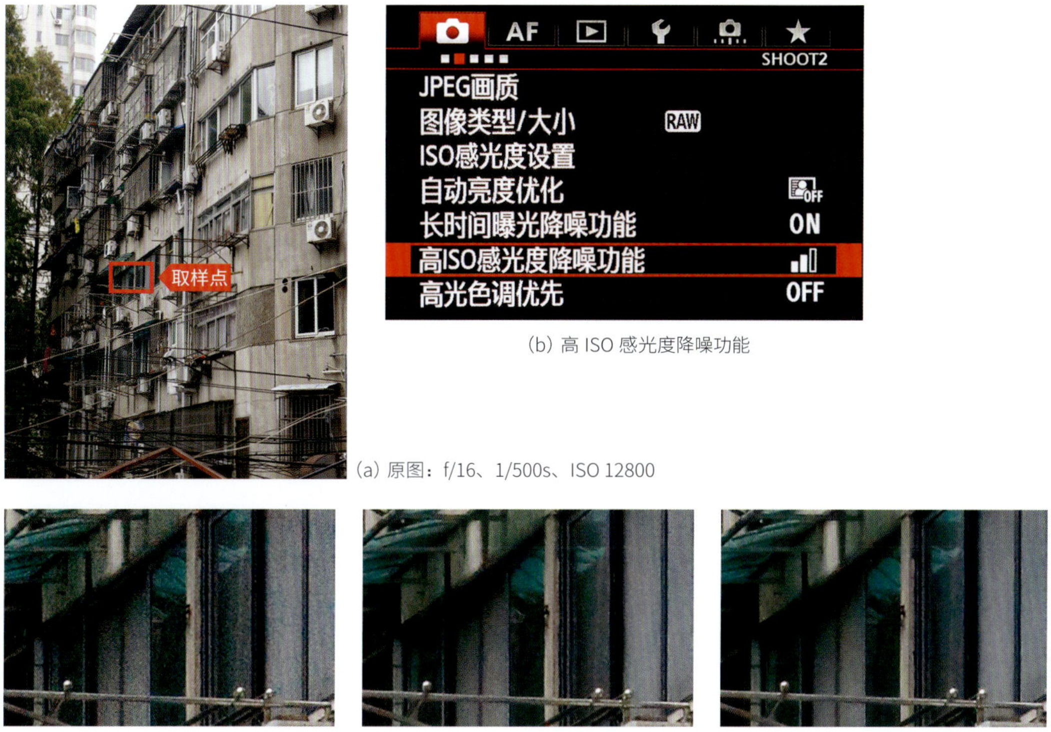

(b) 高 ISO 感光度降噪功能

(a) 原图：f/16、1/500s、ISO 12800

(c) 高感光度降噪功能（关闭）　(d) 高感光度降噪功能（标准）　(e) 高感光度降噪功能（强）

图 2-27　相机 ISO 高感光度降噪功能开启前后的效果

如果数码相机的液晶屏在显示画面时，杂点总是出现在同一个位置，在排除显示屏缺勤（不影响成像的坏点）的因素外，很可能是数码相机的传感器脏了或者存在坏点，前者可通过清洁相机的传感器恢复正常，而后者属于硬件故障，如果坏点明显，可以与经销商沟通更换。其实，CCD 绝对零坏点的相机基本不存在，只要坏点对照片没有产生影响都属于正常范围。

（五）白平衡

白平衡是摄影领域一个非常重要的概念，关系色彩还原和色调处理等一系列问题。白平衡是指无论环境光线如何，通过对白色被摄物的颜色还原（产生纯白的色彩效果），并以此“白色”为基色，使其他物体色彩也能够准确还原。白平衡简单理解就是“不管在任何光源下，都能将白色物体还原为白色”。

数码相机通常都有白平衡设置功能，并且有多种模式选择，通过白平衡设置可以校正不同色温光线下造成色彩的偏差，是确保获得画面准确色彩的重要保证（图 2-28）。

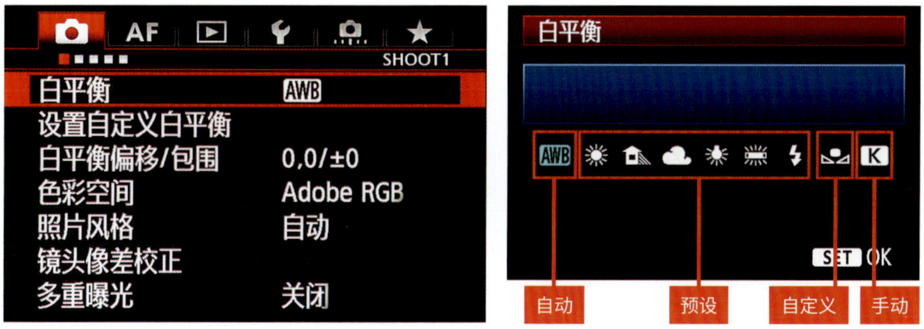

图 2-28　数码相机的白平衡设置选项

1. 自动白平衡

自动白平衡（AWB）通常为数码相机的默认设置。相机会根据自身的矩形图决定构图中的白平衡基点，以此来校正和调整所拍画面的色彩。在日常拍摄活动中，自动白平衡是使用最广泛、最方便快捷的设置选项，尤其在各种环境光线下拍摄时，对于色温的变化无须手动进行切换，自动白平衡都能应付自如，并且色彩的还原也相对准确。这种全自动化的操作方式简化了摄影师的工作流程，提高了拍摄效率，使摄影师能够更加专注创作本身。不过，在某些特殊情况下，比如光线过于强烈或昏暗，以及环境光源复杂多变的情况下，自动白平衡可能会出现较大的误差（图 2-29）。

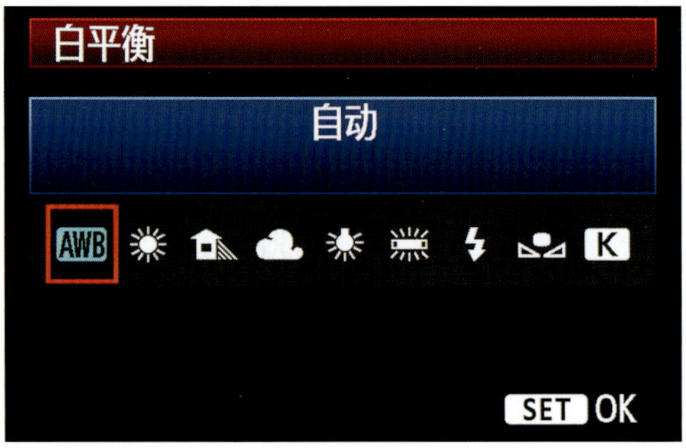

图 2-29　自动白平衡

2. 预设白平衡

预设白平衡是通过预先设定一组特定的参数值进行白平衡的调整。预设白平衡中有多种模式：如日光、阴影、阴天（黎明、黄昏）、钨丝灯，白色荧光灯、闪光灯等（图 2-30），为摄影师提供了多种针对不同光线环境和特定色彩表现的解决方案。如表 2-1 所示，此表说明的是佳能 1DX 数码相机预设白平衡图标对应的色温值（K）

图 2-30　预设白平衡选项

表 2-1　预设白平衡对应的色温值（红色方框）

显示	模式	色温（K）
AWB	自动	3000 ~ 7000
	日光	5200
	阴影	7000
	阴天、黎明、黄昏	6000
	钨丝灯	3200
	白色荧光灯	4000
	使用闪光灯	自动设定
	用户自定义	2000 ~ 10000
K	色温	2500 ~ 10000

预设白平衡是一个很有针对性的色温设置选项，这需要摄影师对不同的色温环境有一定的判断能力，这可能存在一定的风险。一旦预设白平衡选择错误，或者更换了场景，而忘记重新调整预设白平衡，那么所拍摄的画面色调可能会千差万别（图 2-31）。

图 2-31　同一光源下，选择不同预设白平衡拍摄的效果

预设白平衡与自动白平衡的不同之处，在于对色温可以进行人为干预，允许摄影师根据个人的审美和创作意图进行调整，赋予摄影师更多的自由和掌控力。通过手动选择与实际光源并不完全匹配的白平衡选项，摄影师可以有意识地创造出独特的色彩氛围，给作品注入更多的情感和创意。如图 2-32 所示，拍摄一张清晨海边人物照片，将相机预设白平衡设置为：钨丝灯，有意将相机的白平衡设置低于场景中光源的色温，使画面整体获得了一种偏蓝的色调，给作品增添了一种高冷宁静的氛围；如图 2-33 所示，同样的场景，将相机预设白平衡设置为：阴影。有意将相机的白平衡设置高于场景中光源的色温，使画面整体获得了一种偏黄的色调，给作品增添了一种温馨愉悦的氛围。

图 2-32　预设白平衡：钨丝灯

图 2-33　预设白平衡：阴影

3. 色温调节

色温调节可以通过直接输入开尔文数值（色温的单位用 K 表示）调整白平衡（图 2-34）。可以在一定范围内以 100K 为单位调整色温值。不过，色温调节需要摄影师对颜色有较高的敏感度和调节能力，不易掌控。比较理想的方法是使用色温计（色温计是一种专门用来测量色温的工具）对现场光源的色温进行精确地测量（图 2-35），然后，再将测量的色温值输入相机进行拍摄，从而获得更加真实的色彩还原。当然，最好还是多试拍几张并调整设置，以补偿色温计读数与相机的色温读数之间的差异。

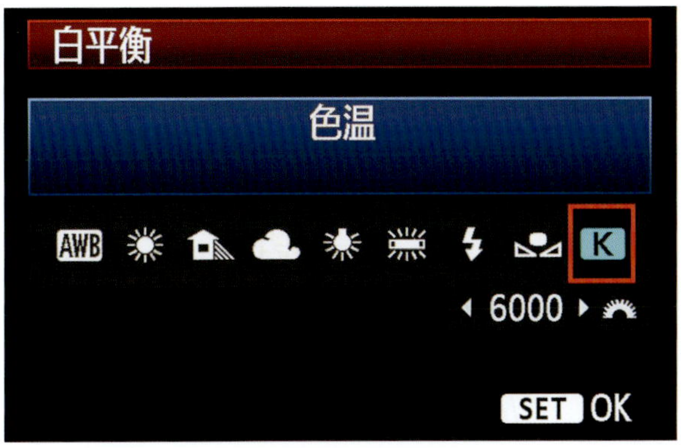

图 2-34　色温调节

图 2-35　借助色温计测量，可获得更精确的色温值

4. 自定义白平衡

自定义白平衡是数码相机中最精确、最有效的手动设置白平衡功能。在现场拍摄过程中，通过对指定的白平衡参照物（如白卡、灰卡等）进行拍摄，并将此照片作为相机的自定义白平衡的目标，实现更为准确和生动的色彩还原。

专业的灰卡表面为 18% 的中灰，既可以作为精确的测光工具，又可以作为校正图像色偏的白平衡参照物（图 2-36）。灰卡具有灰色纯正，能够准确反映拍摄环境的色温，帮助摄影师确定正确白平衡以获取真实的色彩等特点。另外，灰卡体积小巧，携带方便以及使用简单。无论是户外风光，商业人像，还是产品静物等拍摄场景，灰卡都能轻松应对，成为专业摄影师和摄影爱好者不可或缺的重要辅助工具（图 2-37）。灰卡有多种尺寸和不同的材质选择，可以从专业摄影器材店购置。

图 2-36　专业灰卡

图 2-37　借助灰卡拍摄可获得准确的白平衡

自定义白平衡模式主要应用在对色彩还原要求很高的专业摄影领域，如人像、商品、广告、静物、书画以及文物复制等，或者是拍摄色温不确定的场景。自定义白平衡的不足是在整个拍摄过程中，会随着现场光源色温的变化而需要不断重新设置，这会影响拍摄的进程和效率。

采用灰卡进行色彩校正白平衡的方法有两种，分别为拍摄前的相机自定义白平衡和后期的软件自定义白平衡。

(1) 相机自定义白平衡的设置流程（使用灰卡拍摄，相机前期校正）

(a) 选择白平衡

按下相机机背的“菜单（MENU）”按钮，打开菜单屏幕，在相机的菜单设置页面中，选择“白平衡”设置选项

（示例相机：佳能 1DX）

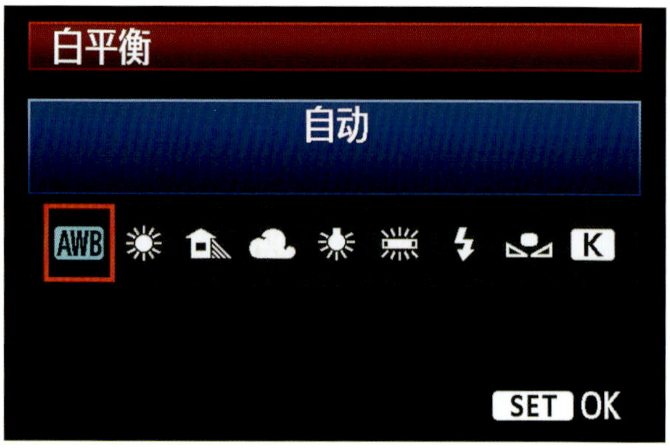

(b) 选择自动白平衡（AWB）

在白平衡设置选项中，选择“自动白平衡”（AWB）

(c) 放置灰卡

将灰卡放置在场景中，灰面朝相机方向，并且确保灰卡上光照尽可能均匀。建议选择大号灰板，方便相机取景，测量会更精确

(d) 选择对焦模式

将镜头的对焦模式开关设为 MF，选择手动对焦（因为灰卡无反差的表面使相机难以自动对焦）

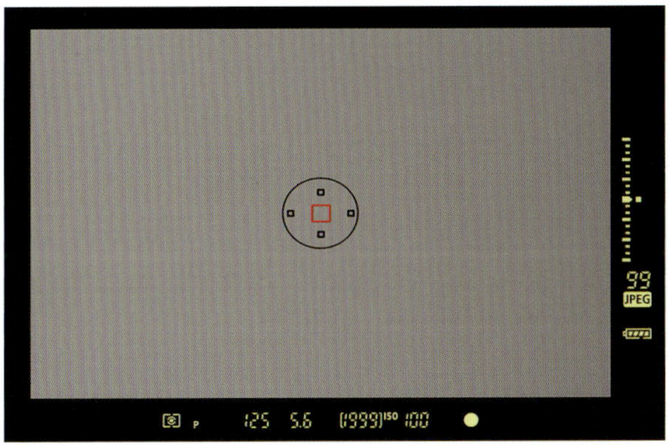

(e) 拍摄灰卡

将灰卡的灰色面充满取景器，手动对焦，并使用标准的曝光拍摄整个灰卡

(f) 选择设置自定义白平衡

在相机的菜单中，选择“设置自定义白平衡”

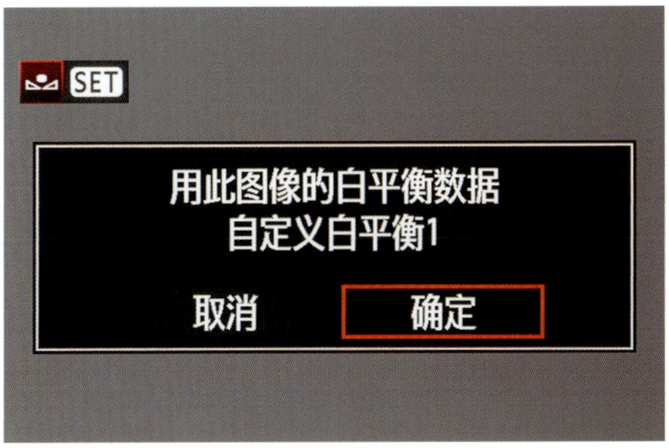

(g) 设定灰卡照片

选择已拍摄好的灰卡照片，并用此图像作为自定义白平衡。单击“确定”按钮后，自定义白平衡设置结束

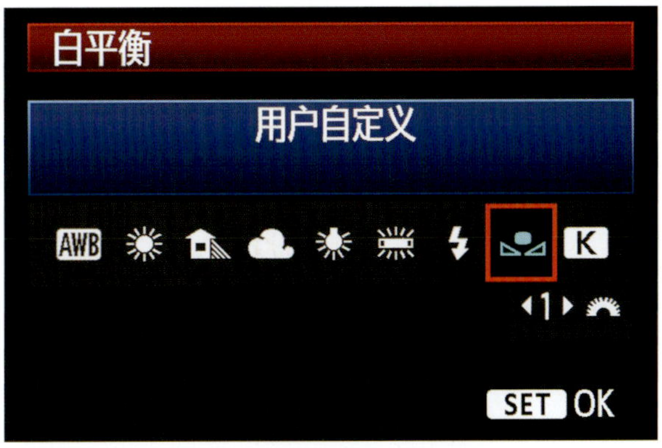

(h) 选择用户自定义白平衡

拍摄时，在相机的菜单中进入“白平衡”选项，选择“用户自定义白平衡”。图中的相机为佳能 1DX 的用户自定义白平衡选项，可以存储 5 组自定义白平衡数据，当前显示为 1，可通过拨盘进行选择

（i）显示白平衡已设置为自定义白平衡

自定义白平衡设置结束后，返回菜单选项，可以看到白平衡选项已经显示为自定义的图标，此时可以进行正常拍摄

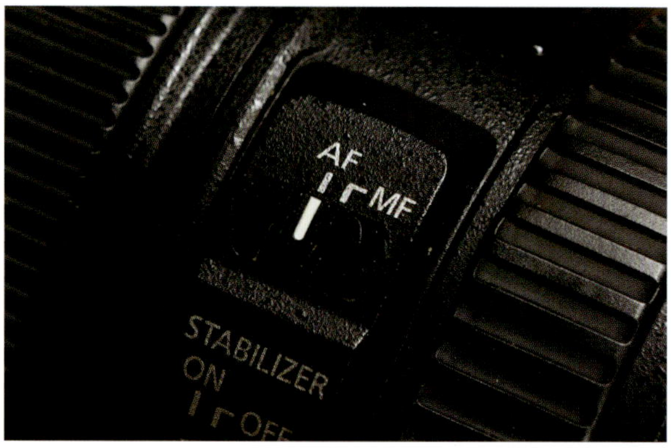

（j）选择对焦模式

镜头的对焦模式开关设为 AF，恢复自动对焦

（k）正常拍摄

通过相机的自定义白平衡的方式进行拍摄，照片获得非常精确的色彩再现

(2) 软件自定义白平衡的设置流程（使用灰卡拍摄，软件后期校正）

如果摄影师觉得每次更换场景都需要对数码相机重新进行自定义白平衡设置太过于烦琐，也可以在后期通过软件（如 Lightroom 或 Camera Raw）对所拍摄的灰卡照片进行白平衡校正，同样可以获得色彩准确的照片。而且，使用灰卡的尺寸无须太大，因为它不像前面案例需要将整个灰卡都充满取景器进行拍摄。所以，通过软件后期校准白平衡的方式更加方便、自由。需要注意，使用 RAW 格式拍摄。

(a) 选择白平衡

在相机的菜单设置页面中，选择“白平衡”设置选项

(b) 选择自动白平衡（AWB）

在白平衡设置选项中，选择“自动白平衡”（AWB）

(c) 放置灰卡

将 ColorChecker 白平衡目标（灰卡）放置在场景中，灰面朝相机方向，并且确保灰卡上光照尽可能均匀

(d) 使用白平衡工具单击灰卡

将拍摄好的灰卡照片导入电脑后，在 Camera Raw 中的基础调整面板中选择“白平衡工具”，并单击照片中的灰卡

(e) 校正白平衡

通过白平衡工具单击照片中的灰卡，软件会自动调整白平衡并校正照片色温

(f) 存储到预设中

将调整好的白平衡数据存储到“预设”中，以便将相同设置同步到其他所有（与灰卡拍摄条件相同的）照片

(g) 打开相似场景的照片

打开具有在相同场景和环境光下拍摄的其他照片，可以看到原始照片色调偏蓝青色

(h) 使用“预设”中存储好的白平衡

打开“预设”面板，选择刚建立的白平衡预设，照片的色调即可恢复正常。此方法在 Lightroom 中也同样适用

(六) 曝光

曝光是指在摄影过程中进入镜头照射在感光元件上的光量，由光圈、快门、感光度的组合来控制。感光元件既可以是传统感光的胶片，也可以是图像传感器（CCD 或 CMOS）。曝光是摄影最基本、也是最重要的技术。曝光的恰当与否，直接影响照片的影调、质感、清晰度、色彩以及数码后期加工的余地。结合拍摄场景与目的，选择合适的曝光模式。相机的基本曝光模式主要有 4 种，如图 2-38 所示

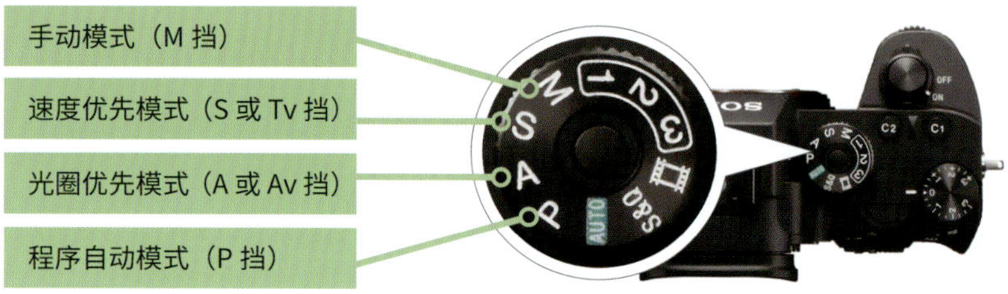

图 2-38　相机的曝光模式

1. 基本曝光模式

(1) 程序自动模式 (P 挡)

在此拍摄模式下，光圈、快门都是由相机根据不同的拍摄条件自动设置的，智能化程度非常高，同时，相机的感光度、白平衡、曝光补偿等均可自由设置。P 挡具有全自动曝光、使用方便、快捷等特点，有无摄影经验者皆适用，拍摄题材广泛，尤其适合拍摄户外旅行、娱乐活动、家庭生活等（图 2-39）。

图 2-39　P 挡曝光模式

(2) 光圈优先模式 (A 或 Av 挡)

在此拍摄模式下，光圈的大小是由摄影师手动设置，而相机会根据光圈的大小自动调整快门、感光度等参数。光圈的大小直接影响被摄场景的景深效果：大光圈**则**景深小，可以虚化背景，突出主体，适合拍摄微距、人像等；小光圈**则**景深大，可以增加主体清晰度范围，适合拍摄风光、建筑等（图 2-40）。

（a）大光圈：景深小

（b）小光圈：景深大

图 2-40　A 挡曝光模式

(3) 速度优先模式（S 或 Tv 挡）

在此拍摄模式下，快门速度大小是由摄影师手动设置，而相机会根据快门速度的高低自动调整光圈、感光度等参数。快门速度的高低直接影响被摄主体的动态效果：高速快门可以定格运动的物体，适合拍摄野生动物、体育比赛等；慢速快门可以虚化运动的物体，适合拍摄流水、瀑布、车辆行驶的轨迹等（图 2-41）。

(a) 高速快门：**定格运动的物体**

(b) 慢速快门：**虚化运动的物体**

图 2-41　S 挡曝光模式

(4) 手动模式（M 挡）

在此拍摄模式下，光圈、快门都是由摄影师手动设置。摄影师需要根据场景的光线条件、创意意图等手动调整参数来达到期望的曝光效果，为摄影师提供了最大的创作自由度。手动模式的优点在于能够应对各种复杂的照明条件，并且可以在不同的环境中重复相同的曝光设置，确保一致的拍摄效果。然而，这也要求摄影师具备良好的曝光知识和对相机操作的熟练掌握。适合拍摄风光、商业、创意、产品以及人像等（图 2-42）。

图 2-42　M 挡曝光模式

2. RAW 格式曝光

关于 RAW 格式，前面章节已有详解，本章不再赘述。只要清楚一点，RAW 格式文件几乎是未经过处理而直接从图像传感器所获得信息，通过后期处理，摄影师能够最大限度发挥创作空间和艺术才华。

RAW 格式具备许多优点，曝光的宽容度以及可以转化为 16 位的图像应该是显著特点。当编辑一个图像时，特别是需要对阴影区或高光区进行重要调整时，这一特点非常重要（图 2-43）。

(a) 拍摄同一场景　　(b) RAW 格式曝光　　(c) JPEG 格式曝光

图 2-43　RAW 格式与 JPEG 格式的曝光对比

拍摄同一场景，采用 RAW 格式曝光，照片后期调整的宽容度大，可以展示出更多的亮部与暗部细节；而采用 JPEG 格式曝光，照片后期调整的宽容度非常小，为了提高画面暗部的亮度，即使将曝光调至最大，仍然无法展示出更多的暗部细节，反而亮部因曝光调整过度导致细节全失

3. HDR

HDR，是 High-Dynamic Range（高动态范围）的缩写，是用来实现比普通数字图像技术更大曝光动态范围（即更大的明暗差别）的一组技术。高动态范围成像的目的就是以最真实的方式再现我们从耀眼的阳光直射到最深的阴影之间的广大亮度范围。简单来说，就是对同一个场景按照不同的曝光设置进行拍照，再将这些不同曝光的照片融合成新的图像。拼合成 HDR 的图像可以通过软件后期完成，简单高效。需要注意，HDR 比较适合静态的场景拍摄，这是因为 HDR 需要对同一场景进行多次曝光，对于动态变化的场景，可能会出现运动模糊等问题（图 2-44）。

图 2-44　普通曝光与 HDR 曝光对比

采用 RAW 格式拍摄，从第 1 张开始，逐级增加曝光量拍摄 5 张照片，可以看到第 1 张照片曝光不足，然后越来越亮，直到第 5 张曝光过度。将这 5 张照片合并为 HDR，获得影调和层次更加丰富的照片

（七）色卡

ColorChecker Passport Photo 通行证色卡是爱色丽（X-Rite）公司推出的一款便携式色彩校正工具，专为摄影师设计。它包含了一系列精确的颜色块和灰度卡，用于在拍摄过程中捕捉准确的色彩信息，以及在后期处理中进行色彩校准和白平衡调整（图 2-45）。

ColorChecker Passport Photo 通行证色卡包含了三个摄影目标，装在一个仅口袋大小的保护套内，可适应任何场景拍摄（图 2-46）。

图 2-45　ColorChecker Passport Photo 通行证色卡

图 2-46　ColorChecker Passport Photo 通行证色卡包含三个摄影目标

利用 ColorChecker Passport Photo 通行证色卡，可在任意光照和媒介下真实还原色彩。包含 24 种自然物体的色彩，以及多种白平衡色块，分为标准型和迷你型。ColorChecker Passport Photo 通行证色卡是各行业的颜色标准，涉及摄影、设计、印刷等对色彩要求比较严格的行业。

利用 ColorChecker Passport Photo 通行证色卡的强大色彩功能，可减少 RAW 或 JPEG 工作流程中的图像处理时间并提高质量控制能力。快速、轻松地捕获准确的色彩，瞬间改善人像和风景的图像效果，并且从拍摄到编辑可始终保持对色彩的控制及其一致性。

1. ColorChecker 白平衡目标

ColorChecker 白平衡目标，是光谱中性白平衡目标（灰卡），用于创建数码相机的自定义白平衡，可在一组图像中获得一致的白点，避免后期需要对每张图像校正（图 2-47）。（关于灰卡的使用参见本章数码相机的自定义白平衡）

图 2-47　ColorChecker 白平衡目标

2. ColorChecker 行业标准的 24 色目标

ColorChecker 行业标准的 24 色目标，可用于关键性色彩微调、评估特定色彩以及创建自定义 DNG 配置文件（图 2-48）。注：DNG 是 Digital Negative 的缩写，是 Adobe Systems 开发的一种开放的原始图像文件格式。它旨在作为一种通用的、非专利的 RAW 图像格式，以便摄影师可以在不同的软件和硬件平台之间更容易地交换和编辑图像数据。（关于制作 DNG 配置文件的具体操作参见第四章）

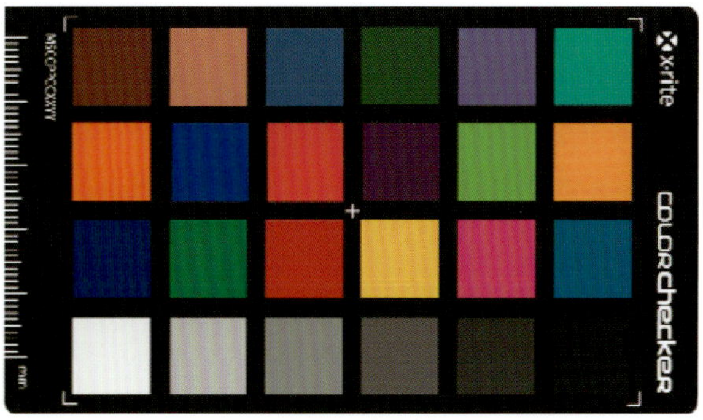

图 2-48　ColorChecker 行业标准的 24 色目标

3. ColorChecker 创意性增强目标

ColorChecker 创意性增强目标，带有特定光谱色块，可确保在所有色相范围内颜色的保真性，调整白平衡，确认曝光度，拍摄和制作更具创意的人像和风景作品（图 2-49）。

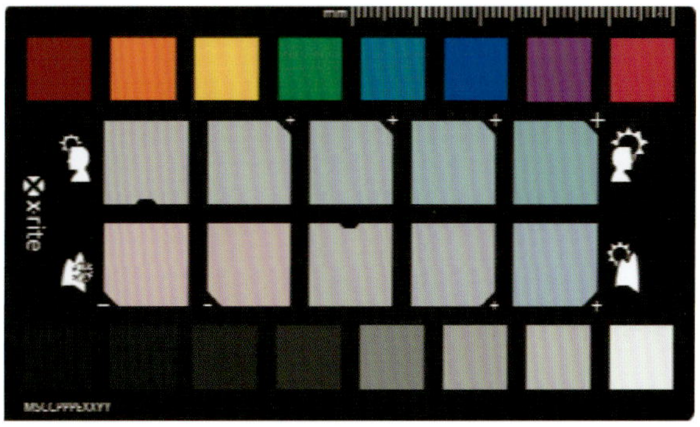

图 2-49　ColorChecker 创意性增强目标

与绝对准确的色调相比，创意性增强目标能够创造性地美化照片的色彩。如图 2-50 所示，暖化人像可描绘出更吸引人、更健康的外表。分别尝试 ColorChecker 通行证色卡中用于调暖的每个色块，找出哪个色块可产生符合理想色调的效果。然后，保存该设置并将其应用于在相同照明条件下拍摄的其他图片，即可实现一致的颜色外观。

图 2-50　创意性增强目标调整人像的冷、暖色调

4. ColorChecker 通行证桌面应用程序

ColorChecker 通行证桌面应用程序，可以轻松创建用于 RAW 格式工作流程中的 DNG 配置文件，使色彩不仅可以精准再现，同时还能够在图像之间获得一致的效果，而无需考虑相机和光照环境等因素（图 2-51）。（关于 ColorChecker 通行证桌面应用程序具体操作参见第四章）

图 2-51　ColorChecker 通行证桌面应用程序

第二节　图像的编辑

图像的编辑是指通过计算机对数字图像进行处理的过程，一般包括图像变换、图像压缩、图像裁剪、图像修复以及存储的格式等。对许多摄影师来说，这仅仅是个开始，图像的艺术创造和价值体现才是终极目标。

一、图像处理软件

一幅优秀的摄影作品源于摄影师的艺术灵感和艰辛的创作之路，而幕后的图像处理软件也是功不可没的。不仅如此，现在几乎没有拍完的照片会不经过任何处理就直接进行展示的。其实，从我们在数码相机上开始进行各种操作和设置时，比如白平衡、曝光、色彩空间、文件格式的选择等，图像的处理和编辑工作就已经开始在相机内部运行了。因此，图像处理软件是数码摄影系统重要的组成部分，也是使用最为频繁的工具。正是这些出类拔萃的图像处理软件，使得修饰后的作品更趋于完美，同时也为艺术创作开拓了更广阔的天地。

（一）Photoshop

Photoshop 简称“PS”，是 Adobe 公司旗下最为出名的图像处理软件之一，主要处理以像素构成的数字图像。Photoshop 凭借其众多的编辑和绘图工具，被广泛地应用在平面设计、商业广告、网页制作、后期修饰以及视觉创意等领域，深受摄影师、平面设计师以及数字艺术创作者的青睐。同时，Photoshop 也是极具代表性的兼容色彩管理的软件，拥有自带的色彩管理系统（CMS，即 Color Management System），其软件界面如图 2-52 所示。

图 2-52　Photoshop 软件界面

用户首先需要通过 Adobe Creative Cloud 来获取 Photoshop 的安装文件。Adobe Creative Cloud 是 Adobe 公司的创意应用套装软件，包括修改照片、设计图形和插图、编辑视频等非常丰富的软件种类（图 2-53），可以满足各种业务需求。这些软件都是通过云端提供服务的，具有了更高的效率和更为友好的用户体验，用户不仅可在云端存储文件，并从任何终端位置进行文件访问，应用设置也能够存于云端并在多台设备间同步，此外还能在 Behancey 类的创意设计聚合平台进行作品发布。用户只需每月支付订阅费即可下载软件，使用升级中加入的主要功能。

图 2-53　Adobe Creative Cloud

(二) Lightroom

Lightroom 简称“LR”，也是由 Adobe 公司研发的一款专注于图像后期处理的软件。Lightroom 不仅继承了 Adobe 一贯的高品质标准，更在用户体验和功能性上进行了前所未有的创新。 Lightroom 软件界面简洁工整、布局合理，条理清晰，功能丰富，支持各种 RAW 格式图像，主要对数码照片进行系统管理、图像编辑、批量处理、个性化设置等。Lightroom 是一款真正为专业摄影用户设计的软件。无论是资深的摄影师，还是摄影爱好者，Lightroom 都能提供强大的支持，更好地展现照片的魅力，其软件界面如图 2-54 所示。

图 2-54　Lightroom 软件界面

二、文件的基本参数

要获得一个数字图像，必须将图像中的像素转换成数字信息，用数字形式的数据进行处理和存储数字图像。通俗来讲，就是将图像数据化以便在计算机上进行处理和加工。图像参数就是指图像的各个数据，它是每个图片本身的数值信息，主要包括像素、分辨率、位深度、图像大小等。

(一) 像素与分辨率

像素和分辨率是两个不同的概念，但又有一定的联系，它们的组合方式决定了图像的数据量。

1. 像素

像素是组成数字图像或照片的最小单元。如图 2-55 所示，将图像放大数倍，会发现图像其实是由许多色彩相近或不同的小方块所组成的，这些类似马赛克一样的小方块就是构成影像的最小单位——像素。一个图像文件的数据量大小取决于像素的总量。像素越多，图像的文件也越大。

图 2-55　数字图像是由像素组成的

2. 分辨率

分辨率指单位面积内包含的像素点的数量。分辨率是和像素相关的一个重要概念，一般情况下，相同尺寸的图像，分辨率越高，像素点的数量就越多，其图像也就越清晰（图 2-56）。

(a) 低分辨率图像　　(b) 高分辨率图像

图 2-56　不同分辨率图像的显示效果

3. 分辨率描述方式

(1) 数码相机产品

常用能拍摄的照片的最大总像素量来描述（总像素量等于横向的像素 × 纵向的像素）。例如，目前在 135 数码相机中拥有超高像素的尼康（Nikon）Z7 Ⅱ，像素高达 4575 万（图 2-57），画质已相当出色。但对于中画幅数码相机来说，Z7 Ⅱ 的这个像素总量才算刚起步，如飞思（Phase One）IQ4 系列、富士（FUJIFILM）GFX 100s 等，分辨率均已达到 1 亿像素以上，画质表现堪称完美（图 2-58）。

图 2-57　尼康 Z7 Ⅱ：4575 万像素

图 2-58　富士 GFX 100s：1.02 亿像素

(2) 数码产品屏幕

常用一对数字以乘积的形式来描述（横向的像素 × 纵向的像素），例如，我们常用的手机屏幕分辨率为 1080 像素 ×1920 像素，高端的手机屏幕分辨率为 1440 像素 ×2560 像素，而在专业领域，如图像处理、图形设计、影视后期等，对显示器的要求更为严格。专业的显示器通常具有更高的分辨率和更广的色域，以满足专业人士的需求。如明基（BenQ）SW271C 显示器，屏幕分辨率为 3840 像素 ×2160 像素，即 4K 级别（图 2-59）。当制作与屏幕显示有关的图像时，一般都会使用这种方式表述。

图 2-59　显示器分辨率

(3) 图像分辨率

通常以“像素 / 英寸”即 ppi（pixels per inch）为单位来描述，表示每英寸内含有多少像素点（图 2-60）。例如，1 英寸 ×1 英寸的两个同样尺寸的图像，其中分辨率为 72ppi 的图像包含 5184 像素（72 像素 ×72 像素 =5184 像素），文件数据量小，适合屏幕显示；而分辨率为 300ppi 的图像包含 90000 像素（300 像素 ×300 像素 = 90000 像素），文件数据量大，包含像素更多，像素点更小，图像细节更丰富，所以文件需要打印输出时，一般推荐将图像分辨率设为 300ppi，否则图像不能被清晰打印（图 2-61）。

图 2-60　图像分辨率

（a）72ppi 图像打印效果　　（b）300ppi 图像打印效果

图 2-61　不同分辨率图像的打印效果

(4) 打印分辨率

打印分辨率是打印机或者冲印设备的输出分辨率，是指在打印输出时横向和纵向两个方向上每英寸最多能够打印的点数，通常以“点 / 英寸”即 dpi（dots per inch）表示。如图 2-62 所示，爱普生 L7188 喷墨打印机分辨率为 5760×1440dpi，代表打印机的可定位分辨率，即打印机喷射墨点的精度。其中，5760 表示打印幅面上横向显示的点数，1440 则表示纵向显示的点数。喷墨打印机在纵向和横向两个方向上的输出分辨率相差很大，一般情况下，喷墨打印机分辨率就是指横向喷墨表现力。

打印分辨率是衡量打印机质量的重要指标，它决定了打印图像时所能表现的精细程度，它的高低对输出质量有重要的影响，因此在一定程度上，打印分辨率也就决定了该打印机的输出质量。分辨率越高，其显示的像素个数越多，可呈现出更多信息和更清晰图像。

图 2-62　爱普生 L7188 喷墨打印机
打印分辨率：5760×1440dpi

（二）位深度

计算机在记录数字图像的颜色时，实际上是用每个像素需要的位深度来表示的。计算机之所以能够显示颜色，是采用了一种称作“位”（bit，比特）的计数单位来记录所表示颜色的数据。“位”是计算机存储器里的最小单元，它用来记录每一个像素颜色的值。位深度用于指定图像中的每个像素可以使用的颜色信息数量。每个像素使用的信息位数越多，可用的颜色就越多，颜色表现就越真实，过渡更自然（图 2-63）。黑白两色的图像是数字图像中最简单的，它只有黑、白两种颜色，也就是说，它的每个像素只有一种颜色，位深度是 1，用 2 的一次幂来表示。在 Photoshop 的菜单中，选择“图像”>“模式”，图像位深度可分为 8 位、16 位和 32 位 3 种（图 2-64）。

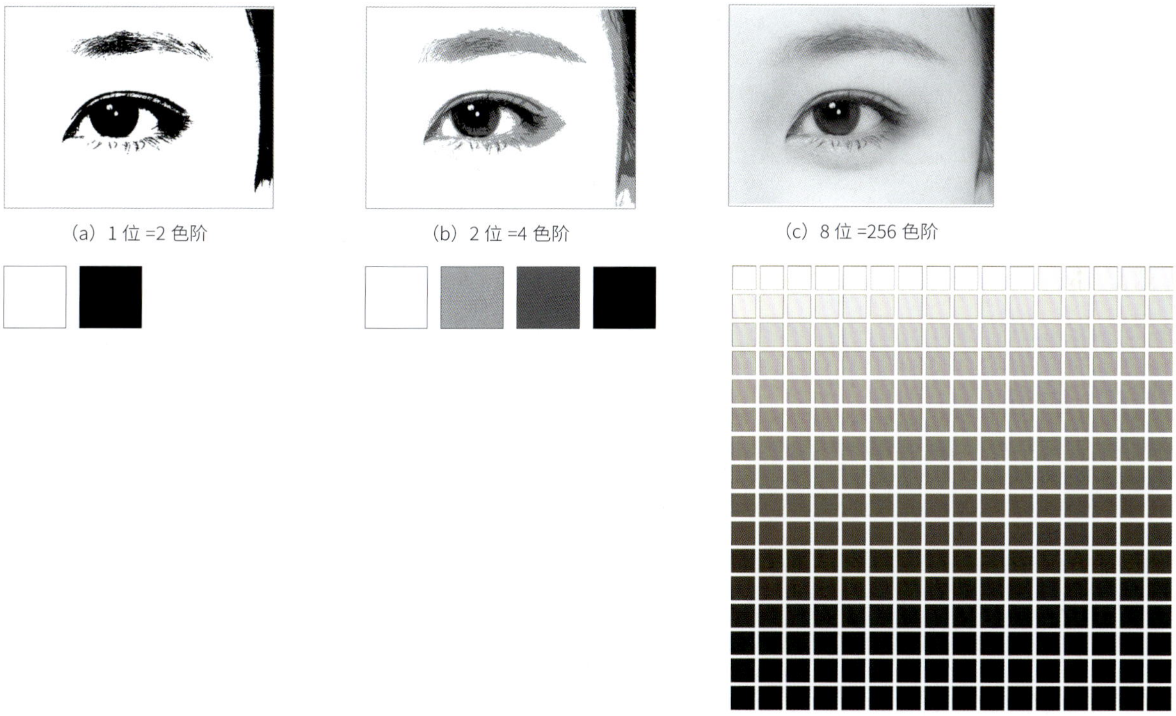

（a）1 位 =2 色阶　（b）2 位 =4 色阶　（c）8 位 =256 色阶

图 2-63　不同位深显示的画面

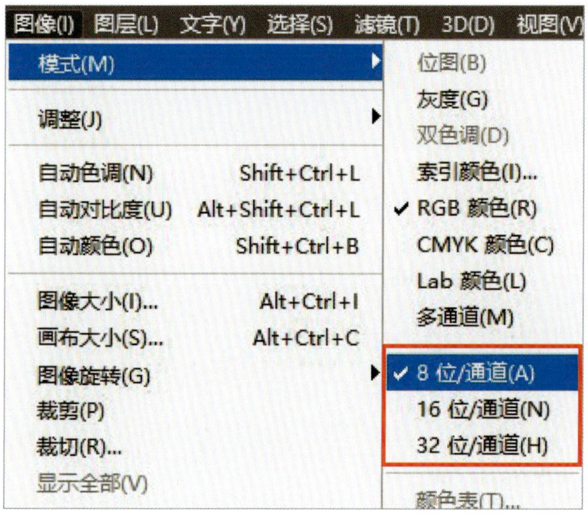

图 2-64　Photoshop 中位深度选择

8 位 / 通道

8 位 RGB 图像每通道有 2 的 8 次方，256 色，3 个通道总颜色值就是 256×256×256 ≈ 1677 万色。

16 位 / 通道

16 位 RGB 图像每通道有 2 的 16 次方，65000 色，3 个通道总颜色值已经是天文数字，颜色非常丰富。

32 位 / 通道

32 位 RGB 图像每个通道有 2 的 32 次方，这意味着该图像几乎拥有无数可能的颜色，比 16 位 / 通道的图像色彩更加庞大。

RAW 格式可以转化成 16 位图像，为图像提供了更加丰富的颜色信息和色彩调整的宽容度，尤其在高光、阴影以及色彩过渡方面，比 8 位图像具有明显优势（图 2-65）。如果条件允许，推荐使用 16 位处理图像。需要注意，JPEG 格式只能存储 8 位图像，如要存储 16 位图像，可以存储 PSD、TIFF 格式。

（a）8 位图像的色阶调整

通过曲线调整，对蓝天进行了强化调整。观察直方图会发现，色阶出现不平滑过渡，层次缺失，色调分级呈现“梳状”结构。

（b）16 位图像的色阶调整

与图（a）同样的曲线调整，对蓝天进行了同样的处理。观察直方图发现，色阶过度平滑，层次细腻，色调过渡自然

图 2-65　不同位深度图像的色阶调整图

（三）图像大小

数码照片文件大小与拍摄时相机设置的图像格式和图像质量有关。通过图像编辑软件可以进行图像大小的修改，例如，在 Photoshop 中将图片存储为 JPEG 格式时，就会弹出 JPEG 选项窗口（图 2-66），通过不同品质的设置，如最佳、高、中、低或直接输入数值，也可以拖动下方文件大小滑块，改变图像大小，减小文件的体积和容量，而图像原有的宽、高尺寸以及分辨率都不会改变，代价是会牺牲图像的质量，如图像细节、颜色层次等会有所损失。

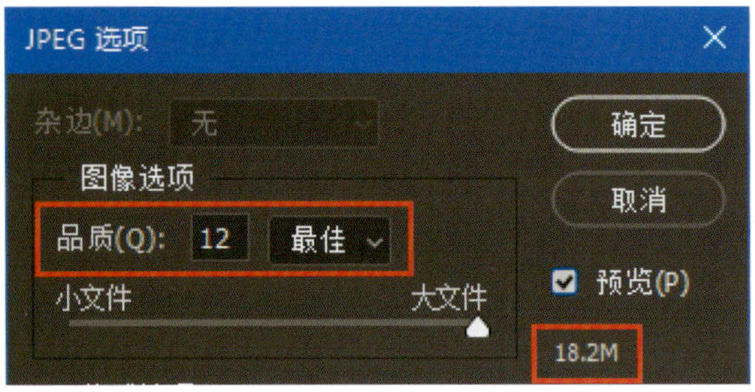

（a）品质 12、最佳，文件为 18.2M

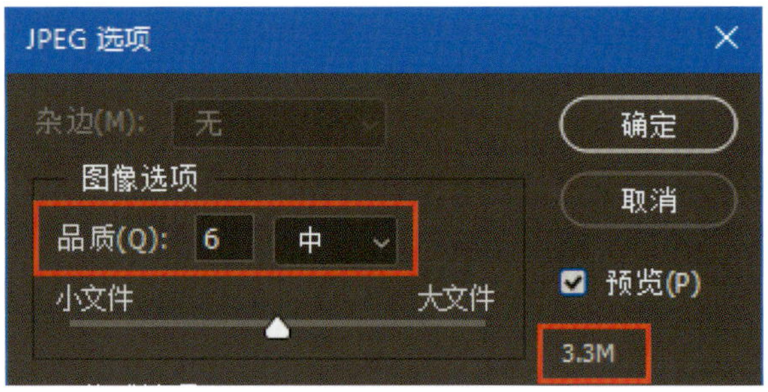

（b）品质 6、中，文件为 3.3M

图 2-66　不同的品质选择，图像大小发生变化

图像数据量大小的计算公式

图像数据量大小 = 图像中的像素总数 × 通道数 × 图像位深度 ÷8÷1024÷1024，单位为 MB 或 M。

例如，一张彩色数码照片，RGB 格式，8 位，分辨率为 4500 像素 ×2100 像素，那么这张彩色数码照片的图像数据量是多少？

代入公式：4500×2100×3×8÷8÷1024÷1024，约等于 27.0M，与图 2-67 中所标注“图像大小”一致。

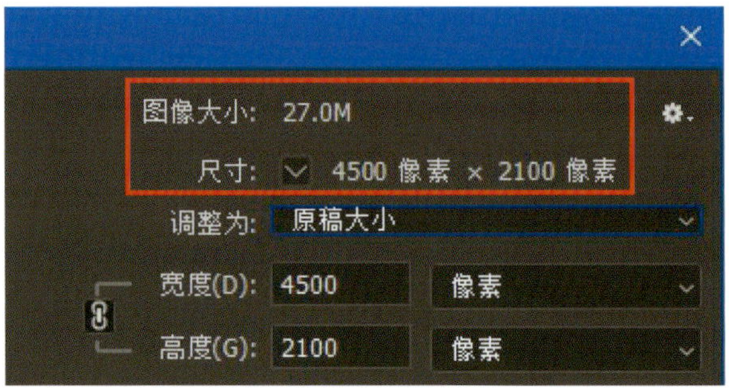

图 2-67　图像数据量大小计算方式

三、打开图像

如何正确打开图像？首先，需要确认所使用的软件是否支持打开图像的类型和格式；其次，软件是否具有兼容色彩管理功能，这一点至关重要，因为这涉及打开图像的色彩信息能否正确加载和显示。

（一）色彩配置文件的处理

精确、一致的色彩管理要求所有的颜色设备具有准确符合 ICC 规范的配置文件。例如，当一张数码图像在不同显示器中显示不同颜色时，可能因无法确认准确的颜色而令人困惑。应利用准确的配置文件，使导入图像的程序能够校正任何设备差别并显示图像的实际颜色。

（二）颜色设置

颜色设置是 Photoshop 的色彩管理和控制中心，主要有两个功能：一是为各种色彩模式的图像确立默认的设备色彩特性文件；二是将颜色设置的结果映射到“图像”>“模式”菜单下的各种色彩模式的数据转换。因此，正确设置 Photoshop 的色彩是数码照片高质量制作和输出的前提。

开启 Photoshop，执行“编辑”>“颜色设置”命令，在打开的颜色设置对话框中，共有 5 个参数设置板块，分别为设置、工作空间、色彩管理方案、转换选项和高级控制（图 2-68）。

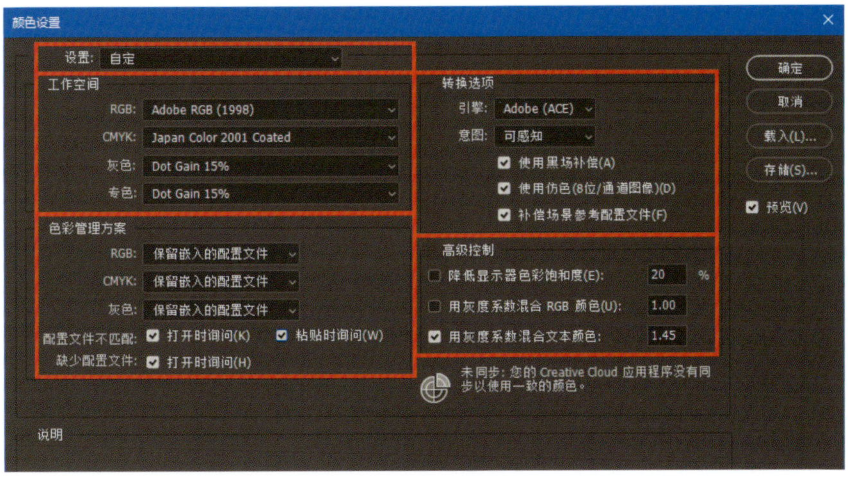

图 2-68　颜色设置对话框

1. 设置

在 Photoshop 的颜色设置对话框中，设置是整个颜色设置的纲目，会影响下面全部的设置。如图 2-69 所示，打开下拉菜单会出现一系列预置好的选项，如果选中任何一项，整个对话框下面的 4 项都会出现与之配套的全部选项。通常预设配置就已足够，可以方便使用预设配置的色彩管理系统，与常见的输出条件匹配。当然，也可以更改预设颜色设置，选择自定，达到特定颜色工作流程的要求。

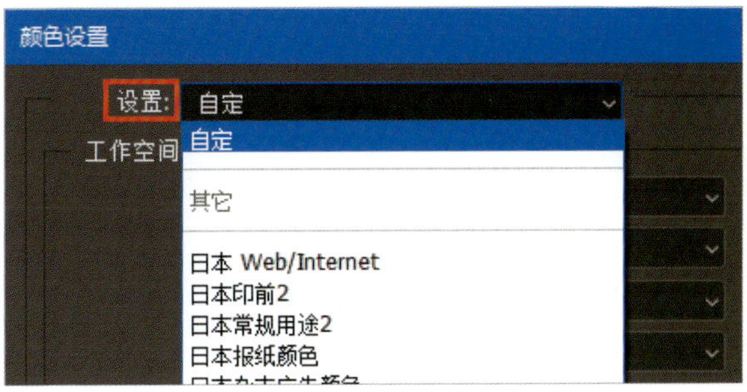

图 2-69　设置窗口选项

2. 工作空间

工作空间是全部 Photoshop 色彩工作的核心，是一种用于定义和编辑 Photoshop 应用程序中的颜色的中间色彩空间。每个颜色模型都有一个与其关联的工作空间配置文件。可在颜色设置对话框中选择工作空间配置文件。

工作空间配置文件的作用是作为使用相关颜色模型的新建文档的源配置文件。例如，如果 Adobe RGB 是当前的 RGB 工作空间配置文件，则所创建的每个新的 RGB 文档都将使用 Adobe RGB 色域内的颜色。工作空间还确定未标记的文档中颜色的外观（图 2-70）。

图 2-70　工作空间设置对话框

(1) RGB

一般来说，最好选择 Adobe RGB 或 sRGB，而不是特定设备的配置文件（如显示器配置文件）。在为 Web 准备图像时，建议使用 sRGB，因为它定义了用于查看 Web 上图像的标准显示器的色彩空间。在处理来自家用数码相机的图像时，sRGB 也是一个不错的选择，因为大多数此类相机都将 sRGB 用作其默认色彩空间。在准备打印文档时，建议使用 Adobe RGB，因为 Adobe RGB 的色域包括一些无法使用 sRGB 定义的可打印颜色（特别是青色和蓝色）。在处理来自专业级数码相机的图像时，Adobe RGB 也是一个重要的选择，因为大多数此类相机都将 Adobe RGB 用作默认色彩空间（图 2-71）。

图 2-71　RGB 工作空间

(2) CMYK

所有 CMYK 工作空间都与设备有关，这意味着它们是基于实际油墨和纸张的组合。由于不同的印刷机和印刷工艺都有指定的配置文件，因此，Adobe 的 CMYK 工作空间是基于标准商业印刷条件，属于一般用途的配置文件，例如 Japan Color 2001 Coated。如果想要获得前后匹配的 CMYK 色彩，应使用印刷机专属配置文件（图 2-72）。

图 2-72　CMYK 工作空间

(3) 灰色

确定应用程序的灰度色彩空间。不同的设置菜单中的预设会影响灰色的选项（图 2-73）。如果选择“日本印前 2”，灰色的默认设置是网点扩大 15%，如果选择“日本 Web/Internet”，那么灰色的默认设置是灰色伽马值 2.2。基本上使用默认设置就可以了，但如果总觉得差一些，可以替换配置文件。

图 2-73　灰色工作空间

(4) 专色

指定显示专色通道和双色调时将使用的网点增大。专色就是特殊颜色的油墨，使用默认设置即可。

3. 色彩管理方案

Photoshop 颜色设置对于 Photoshop 处理打开文件的方式有很大的影响，尤其是色彩管理方案部分的设置选项。色彩管理方案可确定在打开文档或导入图像时应用程序如何处理颜色数据。可以为 RGB 和 CMYK 图像选择不同的方案，同时还可以指定警告消息何时出现。

RGB、CMYK 和灰色：（灰色选项仅适用于 Photoshop）指定在将颜色引入当前工作空间时（无论是通过打开文件，还是将图像导入当前文档）要遵守的方案。从下列选项中选择。

(1) 关

在打开文件和导入图像时，忽略嵌入的颜色配置文件，同时不将工作空间配置文件指定给新文档。如果不想使用任何由原始文档创建者提供的颜色元数据，应选择本选项（图 2-74）。

图 2-74 关

(2) 保留嵌入的配置文件

在打开文件和导入图像时，始终保留嵌入的色彩配置文件，即使颜色配置文件不符合目前的工作空间。对于大多数工作流程，建议使用本选项（默认选项），因为它可以提供一致的色彩管理（图 2-75）。

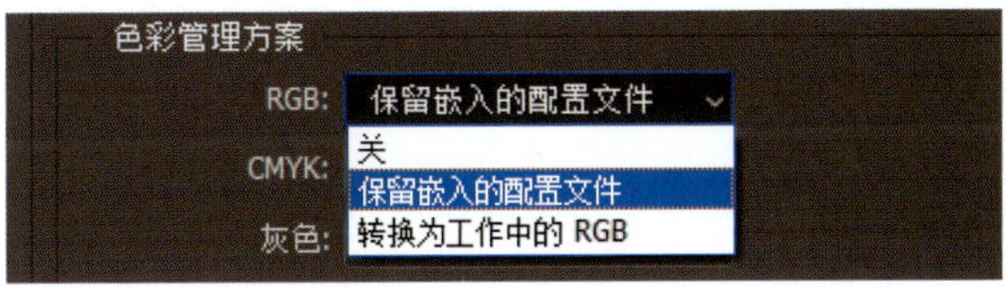

图 2-75 保留嵌入的配置文件

(3) 转换为工作中的 RGB

在打开文件和导入图像时，将颜色转换为当前工作空间的配置文件。如果希望所有的颜色都使用当前工作空间的配置文件，统一工作流程中的色彩，建议使用本选项（图 2-76）。

图 2-76 转换为工作中的 RGB

开始运行色彩管理后，Adobe 应用程序会依据颜色设置对话框中的工作空间选项，自动向新文档分配一个配置文件。没有相关配置文件的文档被认为“未标记”，只包含原始颜色数。处理未标记的文档时，Adobe 应用程序使用当前工作空间配置文件显示和编辑颜色。

如果在 Photoshop 中打开照片时，可能会遇到一些令人困惑的错误提示，例如“嵌入的配置文件不匹配”“配置文件丢失”或“粘贴配置文件不匹配”。这些错误的出现，表明 Adobe 应用程序在尝试加载图片配置文件时遇到了问题，导致它无法获取到必要的色彩相关数据和信息，进而影响图片色彩的正常再现。

如图 2-77 所示，为避免出现文件色彩管理空间不明的情况，应保留嵌入 RGB 配置文件，并且将下方的“配置文件不匹配”“粘贴时询问”以及“缺少配置文件”3 个选项开启。这样当文件在 Photoshop 中打开时，或图片粘贴时，如出现这 3 个方面任何一类问题时，就会有提示消息弹出。

图 2-77 配置文件不匹配与缺少配置文件

(4) 嵌入的配置文件不匹配

如果开启了“打开时询问”，那么每当打开用不同于当前工作空间的配置文件标记的文档时，就会显示一条消息，为用户提供忽略方案的默认特性的选项。如果想根据每个具体情况确保文档的色彩管理是适当的，应选择本选项。

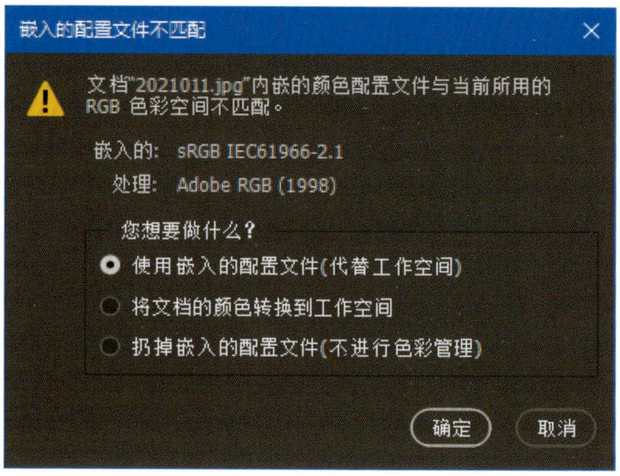

图 2-78　嵌入的配置文件不匹配

如图 2-78 所示，打开图片嵌入的色彩配置文件是 sRGB，而当前的 Photoshop 工作空间是 Adobe RGB，由于彼此的色彩配置文件不一致，因此提示消息就会出现，并询问如何选择。如果想保留原图片色彩外观不变，选择第一个选项“使用嵌入的配置文件（代替工作空间）”，该选项也是默认选项；如果想将图片色彩在当前色彩空间模式下调整，选择第二个选项“将文档的颜色转换到工作空间”；如果选择第三个选项“扔掉嵌入的配置文件（不进行色彩管理）”，Photoshop 将扔掉原有图片的色彩配置文件，而将其数值对应到当前 Photoshop 的工作空间，颜色的外观就会发生变化。

(5) 配置文件丢失

如果开启了“打开时询问”，那么只要在打开未标记的文档时，就会显示一条消息，为用户提供忽略方案的默认特性的选项。如果想根据每个具体情况确保文档的色彩管理是适当的，应选择本选项。

如图 2-79 所示，打开的图片没有嵌入 RGB 配置文件，因此提示消息就会出现，并询问如何选择。首先，如果想获得准确的色彩再现，那么第一个选项“保持原样（不做色彩管理）”可以直接忽略；如果想使用当前 Photoshop 的色彩空间，就选择第二个选项“指定 RGB 模式”，图片就会加载为当前工作空间的配置文件，如 Adobe RGB；如果想使用其他色彩配置文件，就选择第三个选项“指定配置文件”，在其下拉菜单中选择所需的色彩配置文件，如 sRGB。

需要注意，在选择“指定配置文件”加载后，图像的颜色可能会有些不同，甚至变化较大。如遇到这种情况，可尝试加载其他不同的配置文件，以便获得理想的颜色再现。

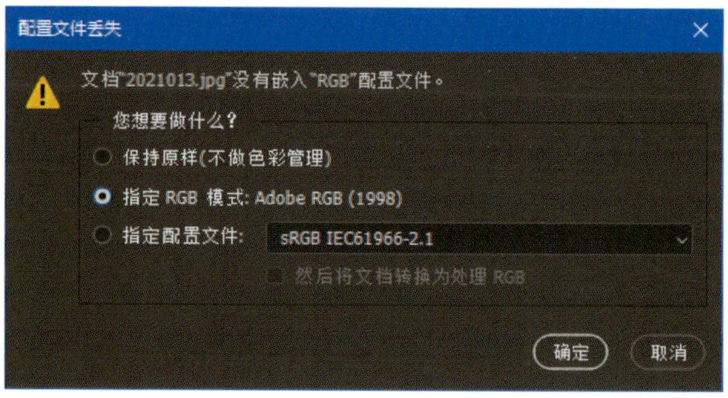

(a) 指定 RGB 模式：Adobe RGB

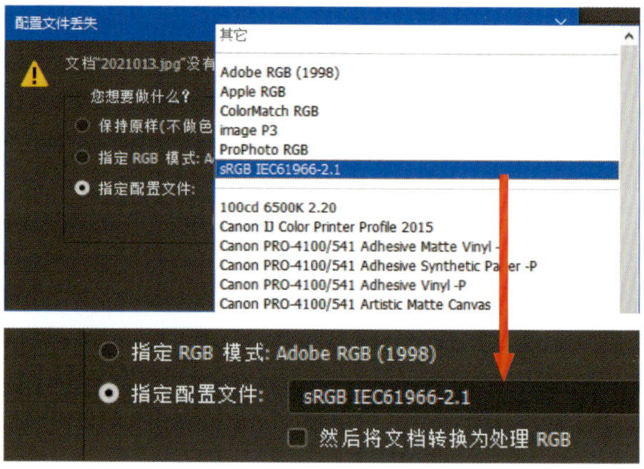

(b) 指定配置文件：sRGB

图 2-79　配置文件丢失

(6) 粘贴配置文件不匹配

如果开启了“打开时询问”，那么只要通过粘贴或拖放在文档中导入颜色时，出现颜色配置文件不匹配的情况，就会显示一条消息，为用户提供忽略方案的默认特性的选项。如果想根据每个具体情况确保粘贴的颜色的色彩管理是适当的，应选择本选项。

如图 2-80 所示，当所粘贴图片的源色彩配置文件是 sRGB，而目标图片的色彩空间是 Adobe RGB 时，提示消息便会弹出来，并询问如何选择。如果选择第一个选项“转换（保留颜色外观）”，被粘贴的图片就会通过数值的转换而保留原来的色彩空间颜色外观，即 sRGB 的颜色不会产生变化；如果选择第二个选项“不转换（保留颜色数）”，被粘贴的图片就会保留原有色彩空间的颜色数值不变而直接替换为目标图片的色彩空间的数值，即原来的 sRGB 数值变成了 Adobe RGB 的数值，此时粘贴的图片颜色外观就会变化。

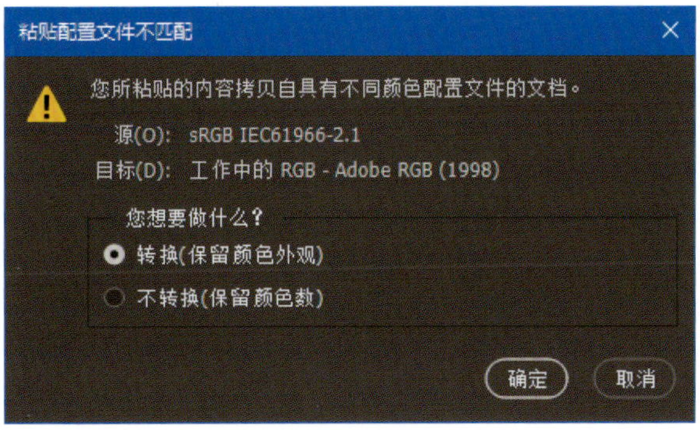

图 2-80　粘贴配置文件不匹配

4. 转换选项

使用颜色转换选项，可以控制当文档从一个色彩空间移动到另一个色彩空间时，应用程序如何处理文档中的颜色。只有在掌握了一定的色彩管理知识和处理能力的时候，才建议更改这些选项。

(1) 引擎

该选项用来指定一种颜色引擎，即选定不同色彩空间转换颜色所用的“颜色管理系统（CMS）”或者“颜色匹配方法（CMM）”，引擎是对系统内软件都能进行色彩管理、功能强大的色彩模块。决定选择这个模块，首先要清楚使用和与之交流的工作平台是什么，假如都在 Adobe 的软件之间使用，首选“Adobe(ACE)”；如果在 Windows 系统工作，可以选“Microsoft ICM”；而全部在苹果系统工作，就可以选“Apple CMM”（图 2-81）。引擎是一个系统级的色彩管理模块，整合了工作平台和应用软件，对大多数用户来说，选择默认的“ Adobe (ACE) ”引擎即可满足所有转换需求。

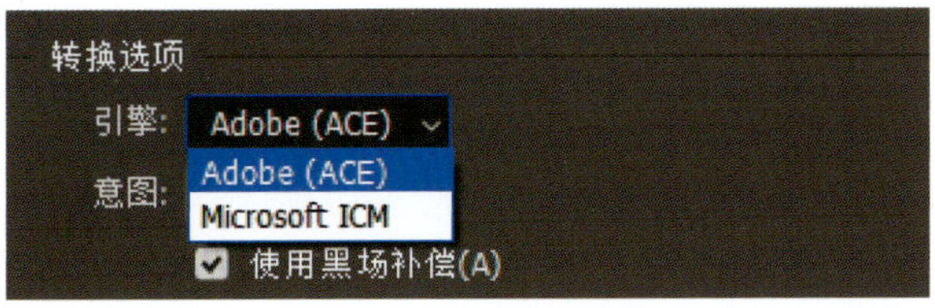

（a）Windows 系统转换引擎

（b）苹果系统转换引擎

图 2-81　颜色转换引擎

(2) 意图

就是匹配方式，具体来说就是从某色彩空间转换为其他色彩空间，对色彩进行匹配的时候所使用的转换方式。如果源设备的色彩空间范围较大，那么色彩就不可能完全在目标设备中被复制，造成部分色彩的损失。而压缩的方法就是用其他相邻的色彩代替，意图就是指定用哪个压缩方案或者替代方案来执行替代。ICC 规定了如下四种变换方式（图 2-82）。

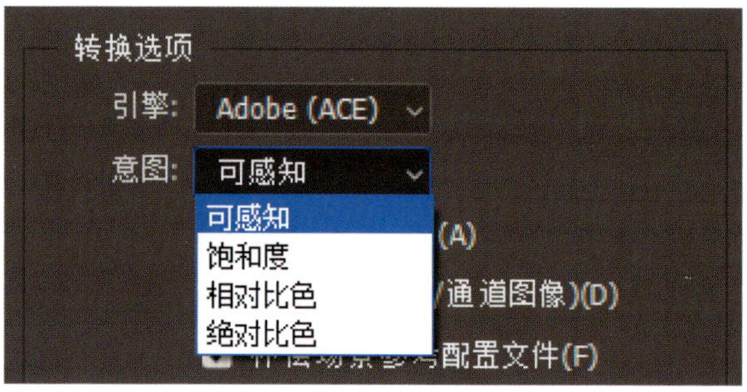

图 2-82　意图

① 可感知

可感知转换方式即在保持所有颜色相互关系不变的基础上，改变源色彩空间中所有的颜色，使所有颜色在整体感觉上保持不变（图 2-83）。注：红色线条范围为大色域；橙色线条范围为小色域。以下其他图例相同。

在从较大色域向较小色域的色彩空间匹配时，可对色彩进行某种方向的整体压缩。届时所有的色彩都会发生变化，亮度、饱和度都会降低。但是因为可以保持色彩相互间的位置关系，所以层次再现很不错，匹配感觉自然，适合高质量的摄影图像的转换。

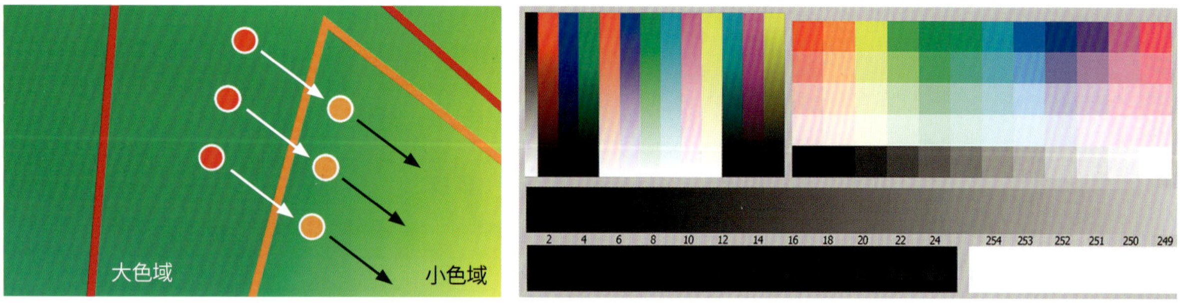

（a）色彩全部位移，但保持了色彩相对关系　（b）色彩感觉相对准确，层次丰富，过渡自然，但亮度、饱和度有所降低

图 2-83　可感知转换意图

② 饱和度

饱和度转换方式力求保持颜色的鲜艳度，较忽略颜色的准确性。它把源色彩空间中最饱和的颜色映射到目标色彩空间最饱和的颜色（图 2-84）。

优先饱和度进行转换时，亮度再现会有些问题。对中性色彩的部分影响不大，但亮部附近的色调会发暗，暗部附近的色调会偏亮。因为饱和度得到强调，适合需要分辨颜色相对关系的用途，如科研图像、商业图表等。

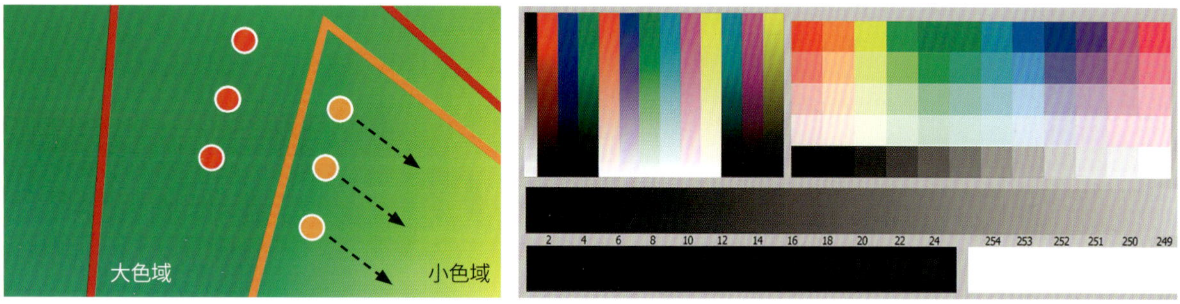

（a）保持色彩的饱和度，忽略颜色的准确性　（b）强调色彩的鲜艳度，但亮部偏暗、暗部偏亮

图 2-84　饱和度转换意图

③ 相对比色

比较源色彩空间和目标色彩空间的白色，并相应转换所有颜色。色域外颜色转换为目标色彩空间中最接近的可重现颜色（图 2-85）。

变换时尽量保持色彩空间的共通部分近似的方式，白色点进行补偿。色彩渐变的再现不是很理想，但色彩匹配更准确（色差更少）。相对比色较“可感知”可保留更多的原始图像颜色，适合高质量的摄影图像的转换或复制。

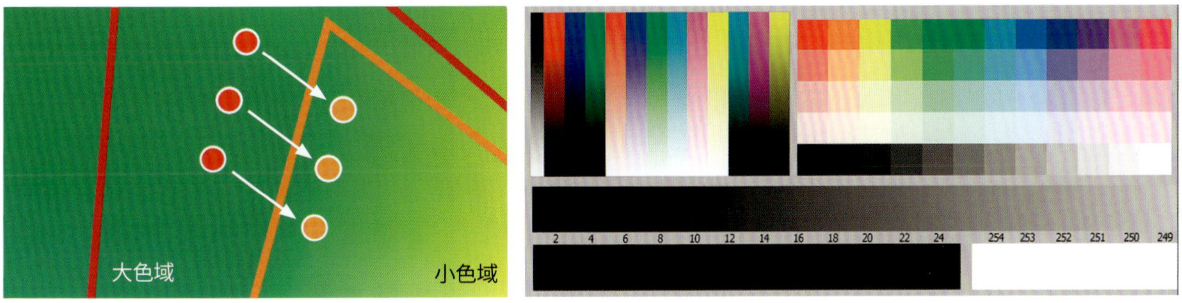

（a）保持色彩共通部分，并模拟色域外的色彩

（b）色彩匹配精确，但色彩渐变、层次有损失

图 2-85　相对比色转换意图

④ 绝对比色

落在目标色彩空间内的颜色不做任何改变，精确匹配源色度值，不进行源色彩空间与目标色彩空间的白点匹配，色域外颜色被舍弃（图 2-86）。

变换时尽量保持色彩空间的共通部分近似的方式，白色点未进行补偿，变换前白色点（色温、纸白）的色彩在变换时不进行补偿，所以变换后白色点会带有一点色相。适合色彩转换复制专色或者一种特定的颜色。

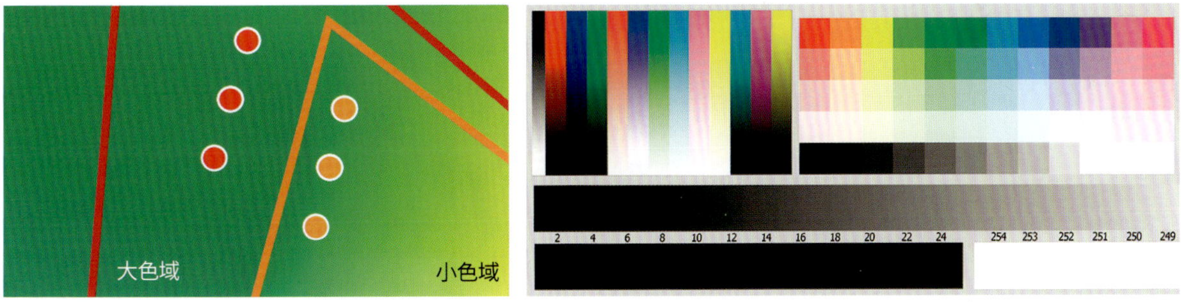

（a）保持色彩共通部分，色域外色彩被舍弃，白色点未补偿

（b）色彩匹配精确，但白色失真，色彩渐变、层次损失严重

图 2-86　绝对比色转换意图

（3）使用黑场补偿

在色彩空间转换时，可以控制调整黑场的差异。确保图像中的阴影细节通过模拟输出设备的完整动态范围得以保留。如果想在印刷时使用黑场补偿（推荐使用），应选择本选项（图 2-87）。

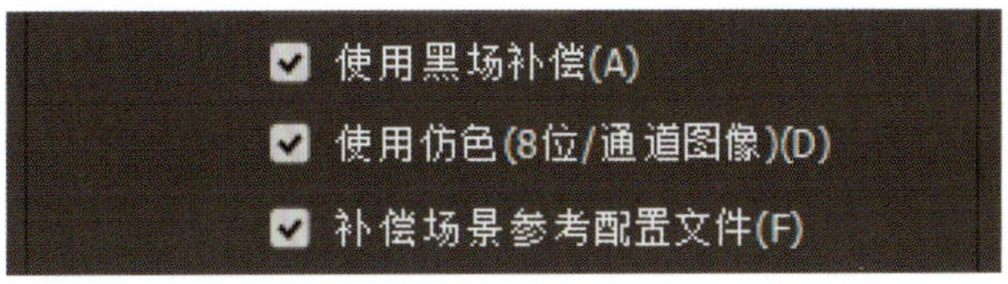

图 2-87　其他“转换选项”

（4）使用仿色

控制在色彩空间之间转换 8 位 / 通道的图像时是否仿色。当选中“使用仿色（8 位 / 通道图像）”选项时，Photoshop 会混合目标色彩空间中的颜色，以模拟源色彩空间中存在而目标色彩空间中不存在的颜色。虽然仿色有助于减少图像的块状或带状外观，但是，当压缩图像用于 Web 时，也可能增加文件的大小（图 2-87）。

(5) 补偿场景参考配置文件

从场景转换到输出配置文件时，应用视频对比度渲染。此选项反映了 After Effects 的默认色彩管理（图 2-87）。

5. 高级控制

(1) 降低显示器色彩饱和度

确定在显示器上显示时是否按指定的色量降低色彩饱和度。启用此项时，有助于以大于显示器色域来显示完整的色域范围。但是，这会使显示器显示与输出不匹配。当取消此项时，图像中不同的颜色可能显示为同一颜色（图 2-88）。

图 2-88　高级控制选项

(2) 用灰度系数混合 RGB 颜色

控制 RGB 颜色如何混合在一起生成复合数据（例如，当使用“正常”模式混合或绘制图层时）。当启用此项时，RGB 颜色在符合指定灰度系数的色彩空间中混合。灰度系数 1.00 被认为是“比色校正”，所产生的边缘应当非常自然。当取消此项时，RGB 颜色直接在文档的色彩空间中混合（图 2-88）。

(3) 用灰度系数混合文本颜色

控制文本图层的混合行为。启用此项时，可使用与文档色彩空间不同的灰度系数设置混合文本图层，默认值为 1.45（图 2-88）。

(三) 指定配置文件和转换为配置文件

这两个命令是有一定区别的，在执行“指定配置文件”时，图像外观会改变，其内部数据却不会变化。因此在将指定的配置文件删除后，文件能够恢复到指定配置文件以前的状态。如果执行“转换为配置文件”，则文件的数据改变，其颜色外观也会有一定程度改变（改变的程度取决于转换前后特性文件的差别和渲染方式），而且将无法回到起初状态。一般是在文件没有特性文件而用户又希望给它嵌入一个配置文件，或者需要将文件的特性文件删除时，使用指定配置文件命令，而需要转换到某个特性文件或给文件分配某个特性文件时，使用转换为配置文件。如图 2-89 所示。

（a）原图配置文件为 sRGB　　（b）将 sRGB 指定为 Adobe RGB　　（c）将 sRGB 转换为 Adobe RGB

图 2-89　指定配置文件和转换为配置文件

将原图 sRGB 配置文件指定为 Adobe RGB，保留原图的 sRGB 数据，但颜色外观发生很大的变化，饱和度增加很多；将原图 sRGB 配置文件转换为 Adobe RGB，原图的 sRGB 数据被改变，但在一定程度上保留原图的外观

四、图像存储的格式

在完成对图像的编辑之后，需要将其及时保存。在保存图像时，可以根据图像文件的用途，选择不同的文件格式进行存储。各种图像文件格式的不同之处在于表示图像数据的方式（像素或矢量），并且它们支持不同的压缩方法和 Photoshop 功能。在任何一种存储命令中，都需要为图像文件选择一种保存格式，掌握每种格式的特征与用途对于选择正确的文件格式来说十分重要。

（一）JPEG

JPEG（Joint Photographic Experts Group）格式最大特色就是文件比较小，它对图像可以进行高倍率的压缩，是目前所有格式中压缩率最高的格式之一，常用于图像预览、互联网平台以及一些超文本文档。由于 JPEG 格式在压缩保存过程中会丢失一些图像数据以减小文件大小，所以保存的图像质量与原图有差别。如果想保存或输出高质量图像时，不推荐使用此格式。JPEG 格式支持 CMYK、RGB 和灰度的颜色模式，但不能保留图层、Alpha 通道和 16 位的图像（存储 16 位图像时会自动压缩成 8 位图像）。

（二）TIFF

TIFF （Tagged Image File Format）是一种通用文件格式，所有的绘画、图像编辑和排版都支持该格式。而且，几乎所有的桌面扫描仪都可以产生 TIFF 图像。该格式支持具有 Alpha 通道的 CMYK、RGB、Lab、索引颜色和灰度图像，以及位图模式图像，并且可以保留图层，具有无损压缩的特点。广泛应用于图像扫描、印刷、摄影和专业图像编辑领域。TIFF 格式文件通常体积较大，会占用更多的设备空间，但其综合性能优秀，是摄影师和设计师使用最多的文件格式。

（三）PSD

PSD（Photoshop Document）是 Photoshop 软件的专用文件格式，可以支持图层、通道、调整图层、蒙版以及其他 Photoshop 特有的元素，是一种非压缩的原始文件保存格式。因此，PSD 文件通常比压缩过的图像格式（如 JPEG 或 PNG）文件体积更大。不过，由于 PSD 格式可以保留所有原始的编辑信息和数据，并且可以随时返回并修改任何部分，而不会损失图像质量，是专业图形设计师和摄影师常用的文件格式，在图像处理中对于尚未制作完成的图像，选用 PSD 格式保存是最佳的选择。

（四）PSB

PSB（Photoshop Big）是 Photoshop 软件用于存储大型文档的一种文件格式。可以处理比标准 PSD 格式更大的文件，支持宽度或高度最大为 30 万像素的高分辨率文档。PSB 与 PSD 格式一样，支持所有 Photoshop 功能（如图层、通道和蒙版等）。目前，如果要打开 PSB 文件，最常见的就是 Adobe Photoshop CC 及更高版本。此外，一些第三方图像编辑软件也可能支持 PSB 格式，但兼容性可能不如 Photoshop 完整。在打开 PSB 文件之前，请确保软件版本支持该文件类型，以免出现无法打开的情况。

（五）PNG

PNG（Portable Network Graphics），便携式网络图形，是一种采用无损压缩算法的位图格式，支持索引、灰度、RGB 三种颜色方案以及 Alpha 通道等特性。其设计目的是试图替代 GIF 和 TIFF 文件格式，同时增加一些 GIF 文件格式所不具备的特性。PNG 可以保存 24 位的彩色图像，压缩比高，生成文件体积小，并且支持透明背景和消除锯齿边缘的功能。

（六）GIF

GIF（Graphics Interchange Format）格式只支持最多 256 种颜色，因此不适合存储高颜色深度的图片。它使用 LZW 压缩方式将文件压缩，占用磁盘空间较小。GIF 格式的一个显著特点是它可以包含简单的动画，通过存储一系列的帧来实现图像的动态效果。此外，GIF 格式还允许设置透明背景，使得图像能够在不同的背景色或图案上无缝融合，因此 GIF 格式广泛应用于互联网和社交媒体。

（七）RAW

如前文所述，是一种未经处理的图像数据格式，它直接从数码相机的图像传感器获取数据。这种格式保存了多种图像信息，如 ISO 的设置、快门速度、光圈值、白平衡等。由于 RAW 格式保留了大量的细节，为后期处理提供了极大的灵活性。不同的相机厂商会有自己特定的 RAW 文件格式，如佳能 CR2、尼康 NEF、索尼 ARW 等。这些格式通常只能通过各自品牌的软件或兼容的第三方软件来读取和编辑。

（八）PDF

PDF（Portable Document Format），便携式文档格式，用于跨平台文档交换。PDF 文件格式支持 RGB、索引颜色、CMYK、灰度、位图和 Lab 颜色模式，并支持保存通道、图层等数据信息。可以保存文本、字体、图形、颜色以及格式设置，确保文件在不同的设备和操作系统上查看时能够保持一致的布局和外观。

（九）EPS

EPS（Encapsulated PostScript），封装式页描述语言，是跨平台的标准格式，主要用于矢量图像和光栅图像的存储。EPS 格式采用 PostScript 语言进行描述，并且可以保存其他一些类型信息，例如多色调曲线、Alpha 通道、分色、剪辑路径和挂网信息等，因此 EPS 格式常用于印刷或打印输出。Photoshop 中的多个 EPS 格式选项可以实现印刷打印的综合控制，在某些情况下甚至优于 TIFF 格式。

（十）AVIF

AVIF（AV1 Image File Format）是一种基于 AV1 视频编解码技术的图像文件格式。并且与现有图像格式（如 WebP、JPEG、PNG 和 GIF）相比具有更好压缩效率、更加丰富的画面细节以及更多功能支持的免版税图像。目前，大多数新版的浏览器，如谷歌、Safari 等均可以打开 AVIF。不过，尽管 AVIF 格式提供了许多优势，但它的普及程度仍然低于传统的图像格式。随着技术的发展和更多软件的支持，AVIF 有望成为未来高效图像传输和存储的重要格式。

第三节　显示器

有很多摄影爱好者可能认为，只要自己拥有一套专业的摄影设备、掌握高超的摄影技术就能拍摄和制作出精彩的照片。但其实这忽略了另一个重要的输出环节，那就是显示器。我们拍摄的每一张数码照片几乎都会通过显示器来进行浏览、管理、编辑，包括图片的上传、下载等，很少有未经显示器观看和处理就直接使用的照片。毫无疑问，显示器是数字摄影系统的重要组成部分和创作工具。因此，显示器的色彩精度、影像画质以及色域范围等性能至关重要。

一、显示器的选择

选择显示器时需要综合考虑尺寸、分辨率、刷新率和响应时间等因素。无论是日常办公、娱乐游戏，还是专业设计，显示器都是不可或缺的一部分。通过深入了解显示器相关的参数和规格，选择合适的显示器将为我们提供更舒适、更高效的视觉体验。

(一) 屏幕类型

显示器面板（屏幕的核心组件，泛指屏幕）的各个类型因为制作工艺的不同，在显示上的区别非常大。不过这种区别在普通人眼中可能不易察觉，认为色彩都是一样的绚丽。真正影响的还是那些从事摄影、设计的工作者。如果需要选购一台显示器，最基本的是要知道这台显示器的面板是否符合自身的要求。

在当今显示设备市场，以 LED 背光为光源的 LCD 屏幕仍然占据主导地位。LCD 面板的种类已成为区分和定位各种显示器的关键因素，目前市面上流行的 LCD 面板主要包括 TN、VA 和 IPS 这三种类型。

1. TN 面板

TN（Twisted Nematic）面板处于显示器低端领域，因上市时间很早，技术成熟，应用广泛，多见于入门级显示器中。在 TN 面板的色彩表现方面，由于采用的是抖动提升到 8 位的方式，所以这种通过 IC 电路计算的色彩在准确性和自然性方面都无法和真实 8 位相比，色彩表现一般；TN 面板可视角度差，在侧面观看屏幕上的画面就会偏色或者变暗（图 2-90）。现在的 TN 面板大都采用了补偿技术，能够让可视角度达到 160°左右；TN 面板属于“软屏”，用手触碰屏幕会出现水波纹现象；而在价格与功耗方面，尤其是超高刷新率及响应速度优于 VA 和 IPS 面板，能够实现较低的延迟和屏幕拖影，受到很多电竞主播和职业选手的喜爱，这也是 TN 面板占据市场绝大多数份额的主要原因（图 2-91）。

图 2-90　TN 面板可视角度差

图 2-91　TN 面板高刷新率，适合电竞领域

2. VA 面板

VA（Vertical Alignment）面板是高端显示器应用较多的面板类型，属于广视角面板。和 TN 面板相比，8 位的面板可以提供 1670 万种色彩和更大可视角度，即该类面板定位高端的前提；VA 面板能够提供更高的对比度以及在静态下相对较高的色彩还原度；VA 面板也属于“软屏”，用手触碰屏幕同样会出现水波纹现象（图 2-92）。

图 2-92　VA 面板（AOC 22B2HN 显示器）

3. IPS 面板

IPS（In-Plane Switching）面板以其出色的静态及动态色彩表现力一度成为电子显示领域最优质的面板。IPS 面板属于硬屏且可视角度高，垂直平面视角能够达到 178°，从不同的角度观看，都不会出现色彩偏差的现象；响应速度快，色彩还原准确，IPS 支持专业的色彩显示方案，如 Adobe RGB、DCI-P3 等，色彩饱和度及还原度很高，适合摄影师或者对颜色表现要求较高的用户；不过由于透光率较低，需要更多的背光灯增加亮度，容易导致漏光现象（图 2-93）。

图 2-93　IPS 面板 (明基 SW240 显示器)

综上所述，TN 面板响应速度快，成本低，但色彩和视角表现较差；VA 面板在色彩和对比度上有所提升，视角也比较宽；而 IPS 面板则提供了最佳的色彩表现和视角宽度，适合专业的图像处理工作，但价格上通常高于 TN 和 VA 面板（表 2-2）。

表 2-2　三种面板的常规特点

面板	响应速度	可视角度	色彩表现	对比度
TN	快	小	低	低
VA	慢	正常	正常	高
IPS	正常	大	好	中

随着显示器行业的发展，每种面板的弱势也在不断被改善，综合性能不断提升，如今的显示器产品种类繁多，面板只是选择显示器时的一个考量标准，更多时候需要考虑个人的工作、娱乐、兴趣等，只有最适合自己的面板类型才是最好的。

(二) 视频端口

视频端口是现代多媒体设备中不可或缺的一部分，它扮演着视频信号传输的重要角色。视频端口通常是指视频播放源设备（如电脑主机、蓝光播放机等）和显示设备（如显示器、投影仪、电视等）连接的接口，通过这些端口，可以将电影、图像等视频信号输出到显示设备上播放。

近年来，随着 4K/8K 超高清显示技术，5G 高速数据传输的快速发展，对视频传输提出了更高的要求。在这样的背景下，优质的视频传输方式不仅能够保证视频信号的稳定传输，还能够提供更高的传输速度，使得视频播放更加流畅、自然。因此，视频传输线在连接主机、显示器及各种电脑外设方面起到举足轻重的作用。

1. VGA

VGA 是模拟信号接口。采用 15 针插针式结构，里面传输分量、同步等信号，是很多老显卡、笔记本和投影仪所使用的接口。由于线材与信号干扰等问题，在高分辨率下字体容易虚。信号线过长，图像还会有模糊和拖尾现象。在数字设备高度发展的今天，VGA 接口已逐渐退出舞台，一些显示器也不再带有 VGA 接口（图 2-94）。

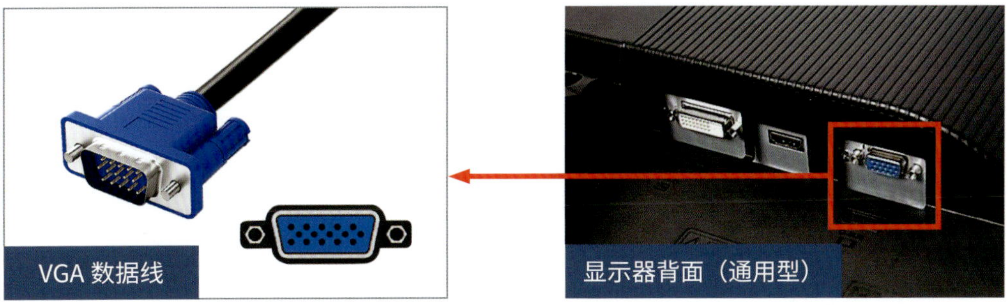

图 2-94 VGA 模拟信号接口与数据线

2. DVI

DVI 是数字信号接口，是 VGA 的升级版。因为中间不需要经过各种转换，可以直接将显卡信号传输给显示器，不发生损耗，可以实现长距离、高质量的数字信号传输。不过，由于其不支持音频信号传输、接口体积过大以及新型接口的竞争等原因，DVI 技术逐渐被市场所淘汰（图 2-95）。

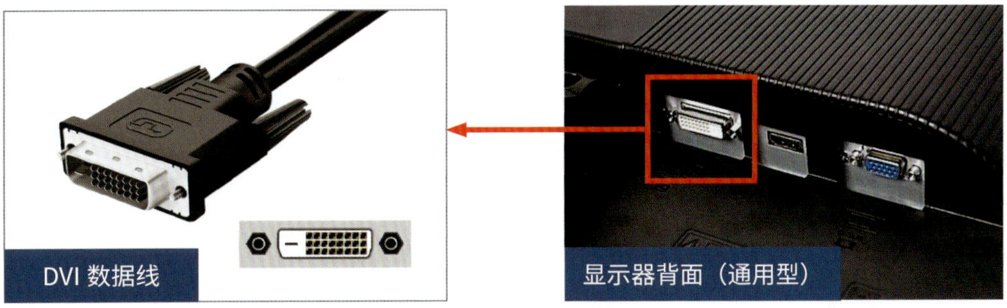

图 2-95 DVI 数字信号接口与数据线

3. HDMI

HDMI 是数字信号接口，同时支持传输视频和音频信号。传输的画质和 DVI 基本相同。相比 DVI 接口，HDMI 接口支持音频的输出，并且具有更高的带宽，它是目前最主流的视频输出接口。HDMI 接口较小，连接方便，速率又高，被广泛应用于电视机、显示器、笔记本电脑等（图 2-96）。

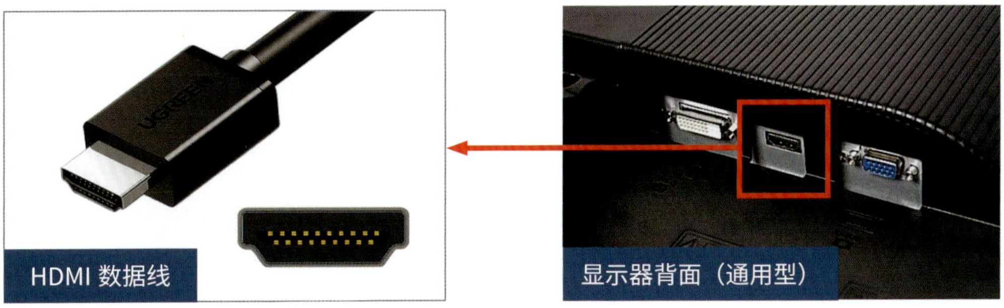

图 2-96 HDMI 数字信号接口与数据线

4. DP

DP 是数字信号接口，与 HDMI 一样，支持传输视频和音频信号，是高清数字显示接口。DP 的主要优势是其出色的抗干扰能力和更宽广的带宽支持，能够提供比 HDMI 更高的分辨率和刷新率，从而带来更为细腻清晰的画面效果。在目前的显示器中几乎都标配了 DP 接口，可以视为 HDMI 接口的升级版，但是其内部数据的传输方式与 DVI 和 HDMI 完全不同。DP 拥有极佳的性能和先进的技术，已经逐渐成为高端显示器必不可少的接口（图 2-97）。

DP 接口还有一种衍生的形式 ——Mini DP 接口，它是由苹果公司推出的，尺寸更为小巧的 DP 接口（雷电或雷雳口）。如今，随着技术的革新，新一代的苹果电脑的 Mini DP 接口已经被 Type-C 接口取而代之（图 2-98）。

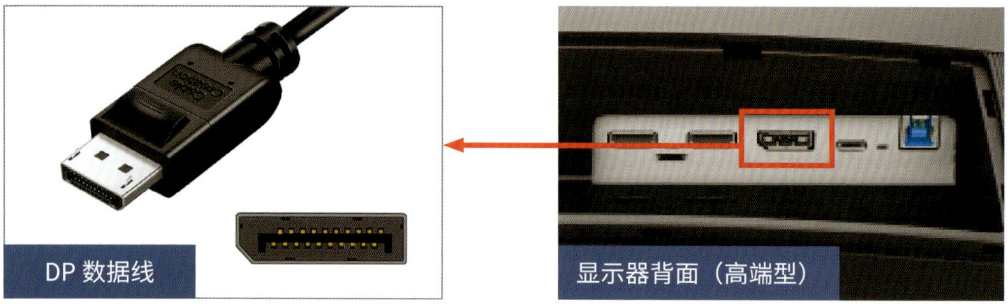

图 2-97　DP 数字信号接口与数据线

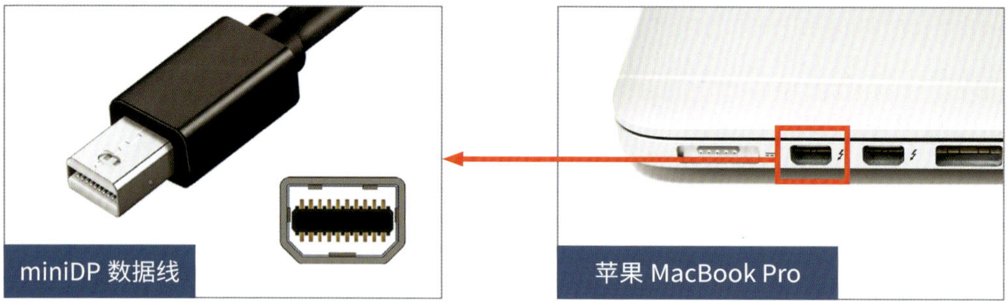

图 2-98　Mini DP 数字信号接口与数据线

5. Type-C

Type-C 是数字信号接口，具有更加纤薄的设计、更快的传输速度（USB3.1 最高 10Gbps）以及更强的电力传输（最高 100W）。Type-C 出色的正反可插接口设计，不会再出现错插或者失误之后导致的部件受损情况。更重要的是，Type-C 接口有着强大的兼容性，能够连接 PC、游戏主机、智能手机、存储设备和拓展坞等电子设备的标准化接口，并实现数据传输和供电的统一。Type-C 是目前发展前景最广的数据接口，已逐渐成为新上市电子产品的优先配置接口（图 2-99）。

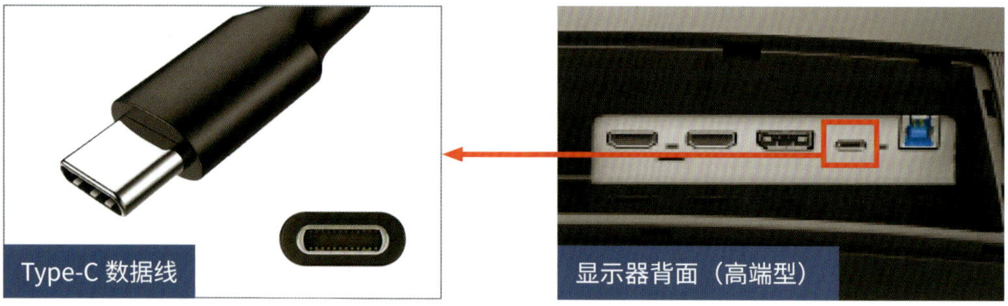

图 2-99　Type-C 数字信号接口与数据线

二、专业显示器

专业显示器是指那些应用于设计绘图、印刷出版、摄影后期、图片处理等领域，具有高品质图像显示效果的显示器。通常，这些专业显示器需要具备宽广的色域、精准的色彩还原和稳定的显示性能等标准，以确保能够满足专业用户和行业对使用显示器苛刻的要求。

(一) 专业显示器的性能

显示器对于作品效果的呈现十分重要，普通显示器无法在色彩稳定性、色彩饱和度、色彩还原准确性等方面提供很好的保障，尤其是在使用专业软件对 RAW 格式照片进行调节时，普通显示器无法很好地体现出微调参数后出现的变化。

1. 广色域

广色域显示器采用先进的显示技术，其卓越的色彩表现力，能够准确还原自然界的真实色彩，支持更广的色域范围，包括 sRGB、Adobe RGB、DCI-P3 等多种色域标准，无论是专业的图像设计、影视后期制作，还是日常的照片浏览、视频观看，广色域显示器都能满足用户对色彩的高标准要求（图 2-100）。

(a) 广色域显示器　　(b) 普通显示器

图 2-100　广色域

2. 色彩深度

一台优秀的专业显示器，必须使用高位深（bit）的广视角面板，bit 值越高，能呈现的色彩也越丰富、颜色过渡更平滑。如 10bit 显示器的显示色数能够达到 10.7 亿，是普通显示器的 64 倍。显示色数是指屏幕上最多显示多少种颜色的数量，毋庸置疑，越多越好（图 2-101）。

(a) 10bit 显示器　　(b) 8bit 显示器

图 2-101　更高的色深度

3. 内建硬件校准功能

硬件校准可以不用改变显卡输出的数据，直接调整显示器中的处理芯片，有效避免色彩信息的缺失和色阶过渡不平滑的现象，并有助于保证图片的一致性而不受显卡图像设置的影响（图 2-102）。

（a）显示器已校准　　（b）显示器未校准

图 2-102　内建硬件校准功能

4. 色彩偏差值

色彩偏差值（色差值），即 ΔE（Delta E），表示显示色彩与实际色彩的差异，数值越小，颜色呈现越准确。当 $\Delta E < 3$ 时，一般人眼不可识别颜色差异。$\Delta E < 3$ 是专业显示器入门的标准（图 2-103）。

（a）显示器色差小　　（b）显示器色差大

图 2-103　更低的色差值

5. 其他方面

（1）多种色彩模式

专业显示器具备丰富的色彩模式选择，包括 Adobe RGB、sRGB、DCI-P3 等，为用户提供多样化的色彩表现和选择。用户根据需要随时切换进行预览，操作方便快捷，让色彩显示更加专业化、个性化，适合不同应用场景和专业领域的特殊要求，工作更加高效（图 2-104）。

图 2-104　显示器具备多种色彩模式

(2) 遮光罩

专业显示器一般都会配有原厂的遮光罩。遮光罩可以有效地减少环境光线（如窗户、灯光以及周围环境的反射光等）对于屏幕色彩产生的不良影响（如屏幕眩光、色彩偏差等），从而确保屏幕上显示的颜色更为精准，而且遮光罩还可以让用户的视线更为集中，在任何环境下都能获得最佳的视觉效果（图2-105）。

图 2-105 显示器遮光罩

(3) 人体工程学支架

可以根据用户的特殊需求，将显示器的屏幕沿枢轴进行转动、倾斜、侧转以及高度的调整。操作简单，灵活自由，为用户提供更好的视觉舒适度和流畅的操作体验（图2-106）。

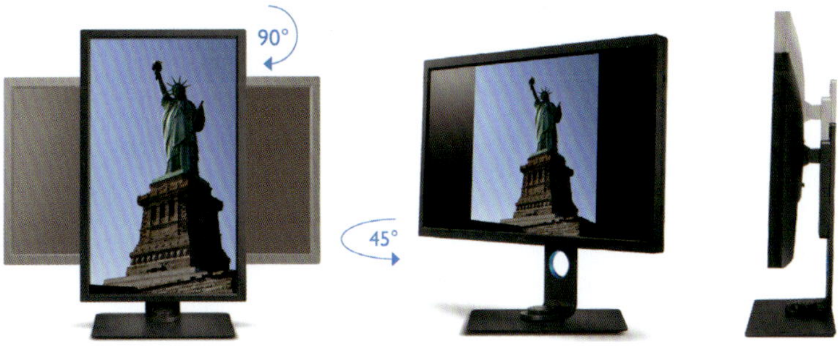

图 2-106 人体工程学支架

（二）专业显示器的选择

在专业显示器的世界里，艺卓和 NEC 无疑是专业显示器市场上最具影响力的品牌。它们以其高品质的产品、出色的色彩准确性、稳定的性能和良好的售后服务而闻名。

1. 高端专业显示器

(1) 艺卓（EIZO）

艺卓是世界领先的高端显示设备制造商，生产多种类型的 LCD/LED 显示器。艺卓的显示器产品具有图像品质高、稳定性强和功能创新等特点，在全世界深受金融交易机构、医院、企业和设计工作室的欢迎。总部位于日本，建立完整的独家分销商网络，已在五十多个国家设立代表机构。

ColorEdge CG 属于艺卓专业绘图显示器系列。显示器设有内置校准传感器，可在指定时间内自动校准显示器。ColorNavigator 7 是艺卓显示器的最新校准和质量控制软件，可对光度、色温和色值进行更精确校对，作为艺卓的旗舰系列型号，适用于对色彩还原有严格要求的出版业、印刷业、设计行业和照片处理等。

推荐型号：艺卓 CG2700x 是 CG 系列新一代 4K 级别的专业显示器，屏幕采用 27 英寸 IPS 面板，分辨率为 3840×2160 像素，覆盖 99% Adobe RGB/98%P3 色域，内置校准传感器以及丰富的数字接口（图 2-107）。

图 2-107 艺卓 CG2700x

（2）NEC

NEC 是专业级显示器品牌，日本电器（NEC Corporation）旗下的子品牌之一。NEC 显示器的产品线涵盖从入门级到高端专业级别，提供不同尺寸、分辨率和功能的全方位产品，同时，还提供了一系列专业的服务和支持。

图 2-108　NEC PA271Q

MultiSync 系列专业显示器体现了其尖端的显示技术和与时俱进的设计。采用 Spectra View 色彩引擎配合 NEC SpectraView II 软件可以对显示器亮度、黑场、色彩空间模式、白点色温以及 Gamma 曲线等进行精确的色彩调节，轻松快捷实现专业色彩管理。适用于图像处理、设计、印刷、医疗等。

推荐型号：NEC PA271Q 是 PA 系列的专业显示器，屏幕采用 27 英寸 IPS 面板，分辨率为 2560×1440 像素，覆盖 98.5%Adobe RGB 色域，配有硬件校准功能以及丰富的数字接口（图 2-108）。

2. 其他专业显示器

尽管艺卓和 NEC 在市场上占据主导地位，但其他显示器品牌，如戴尔（Dell）、明基（BenQ）、苹果（Apple）等品牌也提供了一系列高性能的显示器。这些品牌通过不断创新和改进，使显示器在色彩准确度、分辨率和刷新率等方面都有着出色的表现，同时，较高的性价比以及优质的服务等，也为用户提供了更多的选择。随着技术的进步和消费者需求的多样化，市场竞争越发激烈，其他品牌通过创新和差异化策略来增强自身的市场竞争力。

（1）明基（BenQ）

明基电通产品服务横跨 3C（计算机、通信以及消费电子）领域，为全球享有盛名的数字时尚科技领导企业。拥有产品设计、视觉科技以及移动科技三大核心竞争，产品涵盖数字媒体、计算机系统及周边、网络通信及 3C 数字整合等领域，包括数字投影机、液晶显示器、数码相机、台式电脑、笔记本电脑、液晶电视、电脑周边产品等多元化的产品线。

推荐型号：明基 SW272U 是最新推出的 4K 级别的专业显示器，屏幕采用 27 英寸 IPS 面板，分辨率为 3840×2160 像素，获得 TUV 认证 Fine-coating panel 抗反射面板，覆盖 99% Adobe RGB/99% P3 色域，配有硬件校准功能以及丰富的数字接口（图 2-109）。

图 2-109　明基 SW272U

（2）戴尔（Dell）

戴尔是世界 500 强企业，全球最知名的品牌之一，是企业首选的 IT 整体解决方案及服务供应商，也是全球最大的电子商务网站之一，并支持各种语言。戴尔总部位于美国得克萨斯州朗德罗克，以生产、设计、销售家用以及办公室电脑而闻名，同时涉足高端电脑市场，生产与销售服务器、数据储存设备、网络设备等。

推荐型号：戴尔 UP 2720Q 是 UP 系列 4K 级别的专业显示器，屏幕采用 27 英寸 IPS 面板，分辨率为 3840×2160 像素，覆盖 99% Adobe RGB/98%P3 色域，内置色度计校准功能以及丰富的数字接口（图 2-110）。

图 2-110　戴尔 UP2720Q

第三章　了解和掌握数字打印

当整个世界都在走向数字化的时候，特别是摄影作品，为何我们仍执着于选择打印？其实答案很简单，一幅精心打印的摄影作品，借助其纸张特有的色调和质感、在不同环境和光线的渲染下，可以呈现出卓越的影像品质、独特的艺术魅力和厚重的文化气息。这种实体的互动和真实的体验，相对于在屏幕上观看电子图像，更具有非凡的意义。因此，将艺术作品打印出来，不仅仅是一种展示方式，更是对艺术的珍视与尊重。

传统暗房的沿革

暗房是胶卷相机时期冲洗照片的场所，是将曝光后的感光材料（如胶卷或相纸），通过显影、定影等化学冲洗方式获得照片的一种工艺。从1826年法国人尼埃普斯的第一张照片《窗外》诞生以来（图3-1），感光材料的发展已近两百年，其中银盐感光材料具有感光度高、影调层次丰富、成像稳定的优点，是传统摄影领域中使用的最主要的成像材料。在漫长的摄影发展历程中，每一幅优秀的摄影作品都伴随精湛的暗房技术，如亚当斯、韦斯顿、尤尔斯曼等摄影大师们的作品就充分体现了传统暗房极高的工艺水平，他们是这一领域最具代表性的人物。

图3-1《窗外》尼埃普斯 1826年

伴随着数码相机的普及以及网络时代的到来，无论是摄影家的艺术创作，还是普通民众的生活娱乐，数码摄影早已蔚然成风，成为当下最流行的文化现象之一。数码图片的大量涌现以及迅速传播（将福柯所讲的“形象的狂欢”真正带有了全民意义）。

数码摄影的即时呈现和在线分享功能，使其在便捷性上远超传统暗房技术。此外，传统摄影中使用的感光材料在生产与冲印过程中不仅耗费了珍贵的金属资源，还带来了环境污染问题。因此，随着科技的发展，传统暗房在现代摄影领域的地位已经逐渐被边缘化。然而，暗房不仅仅是冲洗照片的地方，还承载着深厚的历史底蕴和独特的艺术价值。作为摄影发展史的见证者和引领者，暗房在摄影领域中占据着举足轻重的地位，并对人类文化和社会进步产生不可估量的推动作用。尽管现代科技日新月异，但暗房的魅力依然持久而不衰，不仅传统的银盐照片依旧深受喜爱，连蓝晒、范戴克、铂金等古典印相工艺也因其独有的艺术韵味和迷人的复古气息而备受青睐。随着数字技术的介入，传统暗房工艺释放出新的创造力和生命力，例如传统的铂金照片属于“接触印相”法，即底片与成品照片的尺寸完全一样，只有那些清晰、层次丰富的大尺寸底片才能被铂金相纸完美地诠释，这也是为什么大画幅相机在摄影师中非常受欢迎的原因。现在，通过数字技术，艺术家们已经摆脱了传统底片尺寸的束缚，将调整好的数字图像高质量地输出到专用胶片（中间片）上，从而印制出各种尺寸的铂金照片。特别是大幅面的铂金照片。能够呈现出令人惊叹的极致影像，极大地提升了摄影艺术创作的空间和艺术价值，这是现代科技与传统工艺完美结合的体现。

总之，改变的只是时间，只要胶片时代没有终结，暗房仍然是摄影者心中的一片圣地。

暗房

暗房，又称暗室，顾名思义，室内须严格避光，只允许在安全灯下操作，以防止感光材料意外曝光；室内须保持一定的温度（20°C为佳），因感光材料对冲洗药液的温度变化非常敏感，不同的温差会对成像影响很大；暗房一般装有水源及排水设备，并有良好的通风设备；还需要将印放工序与显影、定影工艺分开，做到干湿分离，以防感光材料受潮而损害感光性能（图3-2）。

图3-2 传统暗房工艺

第一节　数码照片的输出方式

随着时代的发展、科技的进步，影像的数字化使摄影作品的呈现方式上实现质的飞跃，相比传统暗房的印放工艺，如今的数码冲印、数码打印以及数码印刷等现代输出方式，不仅操作简便，印放效率高，而且在画质上也达到了令人惊叹的水平。同时，多样化的介质选择也极大地拓宽了图像的应用范围和表现形式。数码影像输出技术的日臻完善，使其逐渐发展成为一种全新的艺术形式。

一、数码冲印

数码冲印（冲洗和扩印一体设备）技术属于感光业尖端的技术，由数字输入、图像处理、图像输出三部分组成。数码冲印是一种高速度、低成本、高质量制作数码照片的方法（图 3-3）。

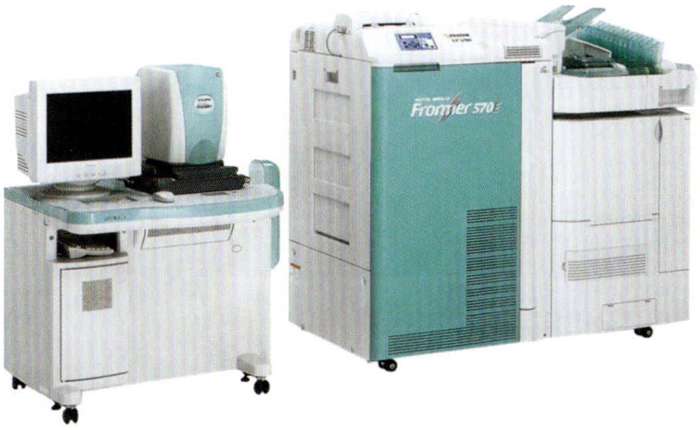

图 3-3　数码冲印机

数字输入可以分为两种：第一种是传统底片、反转片、成品照片等通过数码冲印机的扫描系统，扫描成数字图像输入冲印机连接的电脑中。数码冲印机（图 3-3）通常都配有高性能、独立式的工业级扫描仪，如富士（FUJIFILM）SP3000、诺日士（NORITSU）HS1800 等经典扫描设备，曾以出色的扫描速度和色彩处理效果引领时代潮流。如今，尽管它们已逐渐退出历史舞台，但在广大的摄影爱好者中仍具有独特的地位和价值（图 3-4）。第二种是将记录有数码相机拍摄照片的 SM、CF 卡等存储介质，以及软盘、U 盘、MD、光碟等直接读入电脑中。

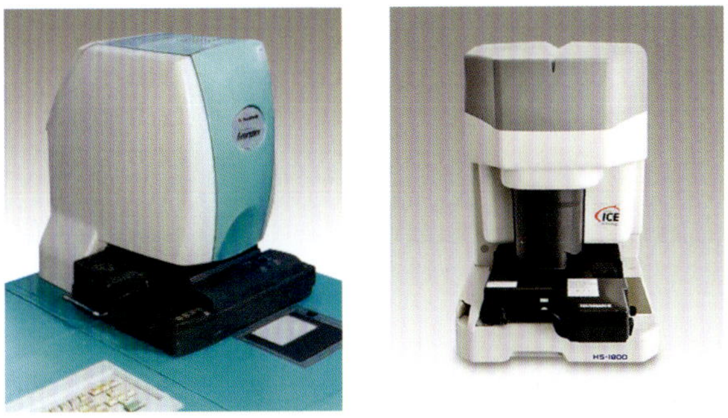

（a）富士 SP3000　　（b）诺日士 HS1800

图 3-4　工业级扫描仪

数字化图像输入电脑后，可以使用与数码冲印机搭配的图形软件进行处理，如富士 Image Intelligence ™，可以对图像自动补偿光线不足、逆光、高对比度、曝光不足与过度等。还能更自然地再现肤色，更准确地再现脸部表情。自动图像修正技术的使用大大减少调整时间，同时保证顾客满意的优质照片。

图像输出阶段分为曝光和冲印两个系统。传统冲印是将底片上的影像通过扩印镜头投射到相纸表面，完成对相纸的曝光，然后经过化学冲洗工艺输出彩色照片；数码冲印是将数码图像通过红、绿、蓝三色激光或 LED 光纤等方式在计算机的控制下，完成对相纸的曝光，然后与传统冲印一样，经过化学冲洗工艺输出彩色照片。由于数码冲印无论图像的采集方式、还是曝光系统，技术更先进，效率更高，图像的品质更优秀，满足大众审美和市场需求，因此数码冲印已全面取代传统冲印。

从总体性能的表现来看，数码冲印是一种高速度、低成本、高质量制作数码照片的方法，如富士魔术手 LP5700R 数码冲印机（图 3-5），4R 尺寸（6 英寸，102mm×152mm）照片处理速度可高达每小时 2040 张，不到 2 秒钟一张，并且照片光滑靓丽，色彩鲜艳。这种超强的能力可处理大批量印制订单，用户无须长久等待。在过去相当长的一段时期，数码冲印一直都是人们获取照片的主要途径。不过，因为数码冲印仍然采用传统银盐感光相纸作为输出介质，相纸种类单一，几乎没有可选余地；照片的耐光性和保存性也会受到化学工艺的影响而变化。

通常彩色相纸保存时间至多几十年，而且还取决于存储环境及条件。因为相纸中的聚乙烯膜会随着时间的推移而发生破裂或氧化，导致照片褪色而难以长久保存；数码冲印机输出照片的尺寸比较有限，标准输出宽度为 12 英寸（305mm），大多不超过 24 英寸（610mm）；数码冲印机通常造价不菲、维护成本比较高；数码冲印与传统暗房同样面临原材料的应用、加工成本以及环保等问题。

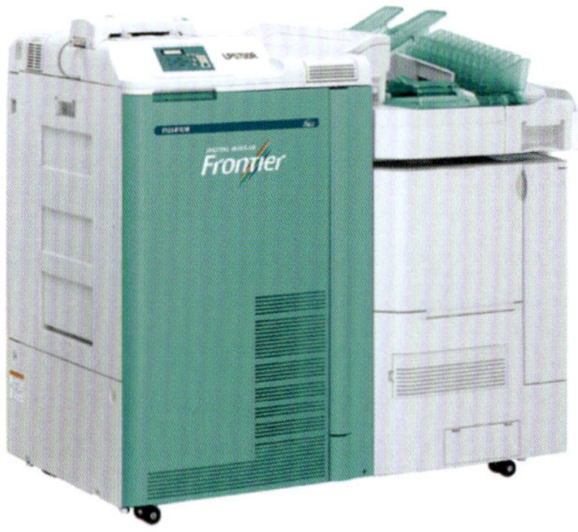

图 3-5　富士 LP5700R 数码冲印机

从传统冲印到数码冲印的几十年，冲印技术经历了不断革新和完善。然而，这些改进主要集中在图像的采集和曝光方式上，而对于输出端的化学冲洗相纸的工艺并没有本质改变。因此，尽管数码冲印技术在输出效率、照片质量和成本方面与其他输出方式相比，仍具有一定的市场竞争优势，但难以满足当下摄影师对于照片更高质量、更多元化的需求。目前，数码冲印主要应用于广告公司、婚纱影楼，以及其他影像行业的批量化生产和线上冲印服务。

二、数码打印

现在市场上的打印机种类繁多，每种打印机的打印方式不同，用途也不一样。最初的打印机原本只是一种办公用具，如针式打印机、激光打印机等，是日常办公和事务处理中较常见的设备。随着时代进步，打印机性能也飞速发展，不仅分辨率高，色彩丰富，而且适用范围和用途也更加广泛，涉及印刷、广告、设计、艺术、装饰等多个行业。如今在数码相机、智能手机普及的同时，打印机因其杰出性能、便捷操作性和亲民价格等受到大众青睐，让个人打印照片成为可能，照片打印逐渐走入家庭，成为陶冶情操、自娱自乐的生活方式。

（一）喷墨打印

喷墨打印机将数码图像通过打印机驱动，将不同颜色的墨水经喷头变成无数的细小微滴喷到打印纸上形成画面（图 3-6）。

相对于数码冲印，喷墨打印不仅具有更高的打印分辨率、更多种类的打印介质，更重要的是用户可以从信号源开始对打印机的墨量、墨点、色彩的匹配以及纸张的选择等精确控制，所以喷墨打印可以使照片达到理想状态，超过传统暗房、数码冲印的品质，而且在相同数据控制下，无论何时都可以利用打印机制作数十张，甚至上百张色彩完全相同的照片，这几乎是传统暗房无法做到的。

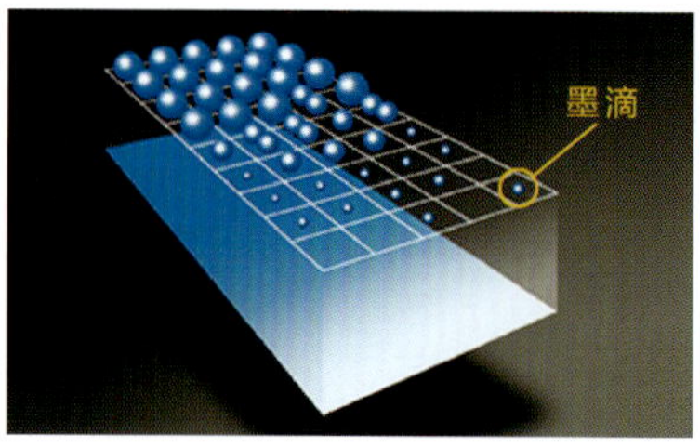

图 3-6　画面由大小不同的墨滴组成

图 3-7　A4 幅面喷墨打印机

喷墨打印机按打印质量和用途可分为民用型和专业型。民用型喷墨打印机分为四色打印机和六色打印机，打印介质主要以盒装的平张纸为主，打印幅面多为 A4 尺寸（210mm×297mm），是最常见的文档打印尺寸之一（图 3-7），个别机型可以打印 A3 尺寸（297mm×420mm），盒装纸通常都具有包装精美、纸张平整、即打即用、易于存放等特点，如果打印的画面尺寸与平张纸尺寸相匹配，可以实现免裁切，避免照片在裁切时意外造成画面损伤（图 3-8）。

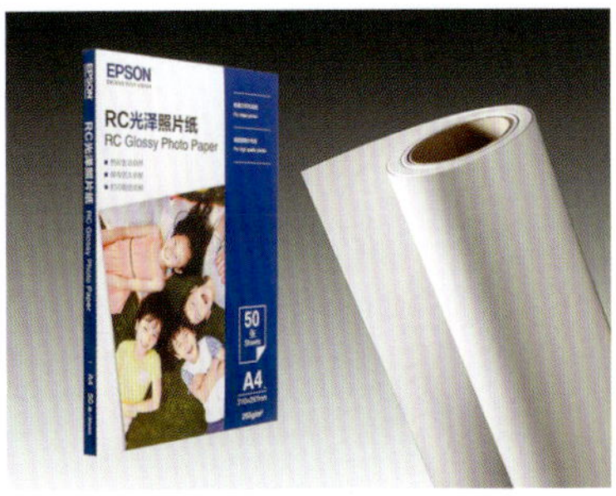

图 3-8　平张纸与卷装纸

四色喷墨打印机主要以 CMYK（青色、品红色、黄色、黑色）四种染料墨水为主，个别机型的黑色还会单独采用颜料墨水，以保证黑白文档类型的打印文件有较长的保存时间。四色喷墨打印机使用成本较低，色彩效果一般，适合打印彩色文件、商务办公和普通家庭用户。六色喷墨打印机通常是在原有四色墨水的基础上，增加了 LC（淡青色）和 LM（淡品红色）的墨水，打印的照片精度高、颗粒细腻、色彩丰富，可以媲美数码冲印照片。染料墨水不足之处是打印的照片保存性较低，容易受到环境条件的影响（如紫外线、氧化等）而变化。

专业型喷墨打印机幅宽基本上都在 A2 尺寸（420mm×594mm）以上，也称大幅面打印机，根据应用领域可分为影像级（注重品质）和工业级（注重效率）。大幅面打印机主要以打印卷纸为主，以影像级大幅面打印机为例，常见的卷纸打印幅宽分别为 610mm（24 英寸）、914mm（36 英寸）及 1118mm（44 英寸）。目前市面上以 1118mm 幅宽的打印机较普遍，如爱普生 P9580、P10080、佳能 PRO-541 等打印机型号。个别机型甚至可以打印更宽的幅面，满足市场不同需求，如佳能 PRO-561 大幅面打印机，打印幅宽可达 1524mm（60 英寸）；而爱普生 P20080 大幅面打印机，打印幅宽更是达到 1625mm（64 英寸）（图 3-9）。大幅面打印机的墨水颜色数多达 8 色、10 色，甚至 12 色，通过增加打印机墨水的颜色种类，进一步扩展了打印颜色的色域范围，可以打印出非常丰富的色彩和层次，使之更接近人眼的视觉感受。此外，为了获得更高品质的输出质量，影像级大幅面打印机还采用稳定性高、保存性好且不易褪色的颜料墨水，极大地延长了照片的寿命和保存年限。

如今，喷墨打印工艺不仅成为专业摄影输出高品质照片的首选，也成为照片收藏的标准之一。

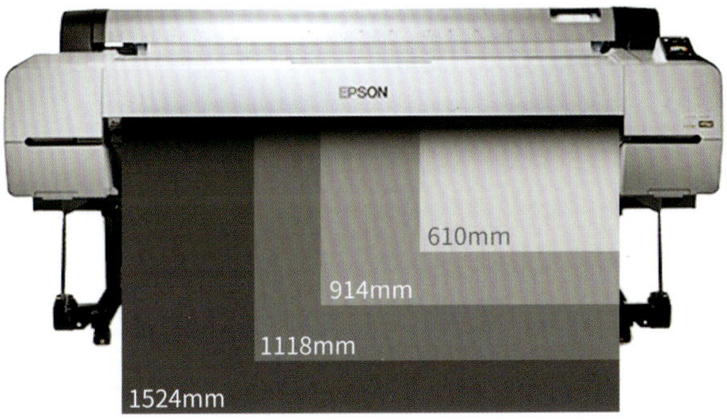

图 3-9　大幅面打印机的打印幅宽

1. 目前主流大幅面喷墨打印机简介

(1) 爱普生 SureColor P9580 大幅面喷墨打印机（图 3-10）

图 3-10　爱普生 SureColor P9580 大幅面喷墨打印机

打印机特点：

新开发 12 色墨水，保证大色域和更平滑的过渡；
新打印头技术拥有 9600 个喷嘴，较前代机型提速约 2.3 倍 (A1)；
新功能黑色增强图层使作品暗部细节更加丰富；
新防尘构造大大提升全机身封闭性，以及稳定的输出；
双检修口设计，提供轻松便捷的后期维护体验；
新装配双缓冲墨仓，确保在低墨量时也能不宕机持续输出。

打印机规格：

最高分辨率：2400 × 1200dpi
最小墨滴：3.5pL
输出速度：B0 光面照片纸 219 秒（经济模式）、285 秒（普通模式）
喷头技术：PrecisionCore MicroTFP 微压电打印头
墨水：12 色“活的色彩 PRO”颜料墨水系统，即粗面黑、照片黑、灰、淡灰、青、淡青、黄、鲜洋红、淡鲜洋红、绿、橙、紫罗兰
幅面：1118mm

① 高品质高生产力并存

新研发 2.64 英寸 PrecisionCore Micro TFP 打印头，拥有 9600 个喷嘴（每色 800 个喷嘴），在保证品质的同时使得速度有了飞跃的提升。打印头宽度是前代的 2.64 倍，喷嘴数量是前代的约 2.6 倍（图 3-11）。大尺寸喷头增大了打印介质的面积，直接提升了打印速度。12 个打印芯片错位排列，专用的粗面黑和照片黑通道无须切换。专用的通道令生产流程更快，消除了在粗面和照片介质之间切换时的墨水切换喷嘴验证技术。仅有 3.5 pL（皮升）的小墨滴，喷嘴精度和墨点放置能力，可以获得非常细腻的画面品质。

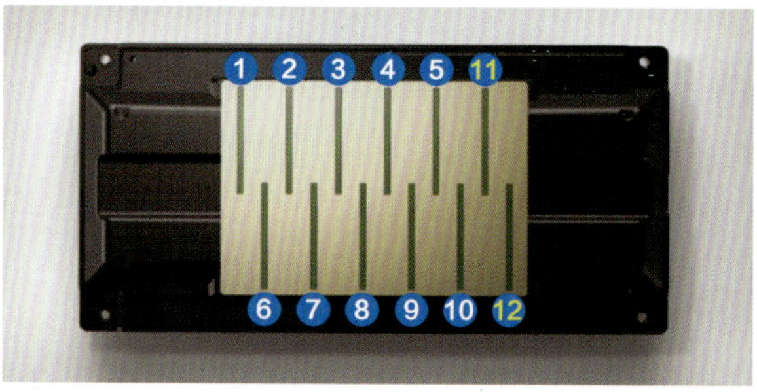

图 3-11　爱普生 PrecisionCore TFP 微压电打印头

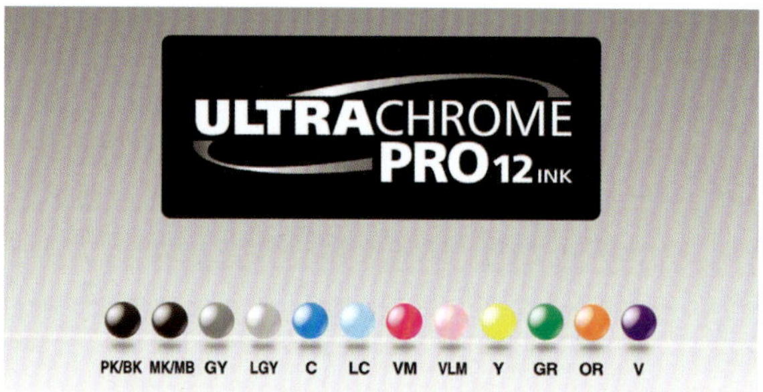

图 3-12　12 色“活的色彩 PRO”颜料墨水系统

② 爱普生新一代 12 色颜料墨水“活的色彩 PRO”

更宽的色域，带来更丰富的颜色层次和真实的细节还原。配备粗面黑 / 照片黑，在深色区域灰阶过渡时不会被压缩，展现画面透视效果以及行业领先的打印持久性（图 3-12）。完全符合摄影家与专业摄影师对于色彩的深度、专业的需求。在光泽照片上可以实现更高的 D-max 值（最大密度值）。

③ 黑色增强功能可实现最佳的黑色密度

使用浅灰色墨水经过打印机精密计算在暗部覆盖，此功能可略微平复暗部已喷出墨水之间的高度差，并具有优化表面光泽的新功能（图 3-13）。可实现更好的黑色密度以及暗部细节的表现，带来更加细腻的过渡。并减少“汤金效应”（该现象是反射光产生不寻常的颜色）和光泽差异。可以在视觉上减轻环境和光源的影响，以传达作品本身的美感。

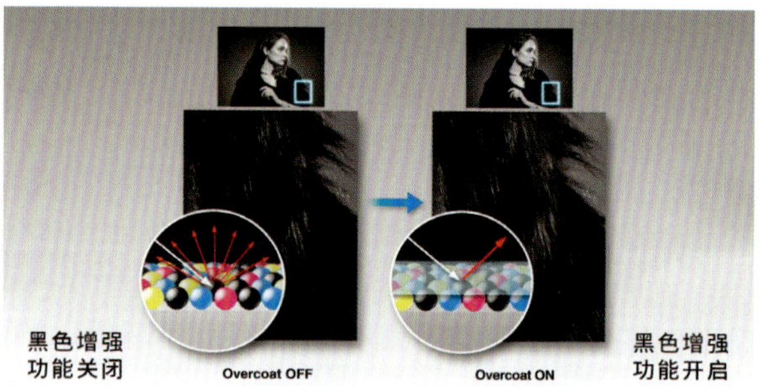

图 3-13　黑色增强功能

图 3-14　新防尘构造

④ 新防尘构造，输出更稳定

先进的防尘结构设计，有效抑制灰尘侵入，创建无尘打印环境（图 3-14）。从而减少打印头堵头次数，打印机始终保持最佳运行状态。无论是照片、文档还是图表，高品质图像质量始终如一。

(2) 佳能 PRO-541 大幅面喷墨打印机（图 3-15）

图 3-15　佳能 PRO-541 大幅面喷墨打印机

打印机特点：

更高影像输出品质的旗舰机型；

12 通道一体式打印头，拥有 18432 个喷嘴，可获得更高的打印质量；

晶亮色墨水，提高暗部的表现和整体的光泽度；

配备二级墨仓，可在不停机状态下更换墨盒；

喷头未喷射补偿，输出画质保障，提高打印头寿命；

丰富的打印解决方案与管理软件，令打印更高效。

打印机规格：

最高分辨率：2400 × 1200dpi

最小墨滴：4pL

输出速度：A0 普通纸（快速 Q5）约 102 秒、光面照片纸（标准）约 336 秒

喷头技术：12 通道一体式打印头

墨水：12 色 LUCIA PRO 颜料墨水系统，即粗面黑、照片黑、灰、淡灰、青、浅青、黄、品红、浅品红、红、蓝、晶亮

幅面：1118mm

① 新一代高精度打印头

PRO 系列搭载的 12 通道一体、集成式、高密度喷孔打印头（图 3-16），在 1.28 英寸的宽度内高度集成了 18432 个喷孔；如此高的喷孔密度，可以帮助设备在高速打印的同时获得更高的打印质量。

连续输出时，即使个别喷孔停止工作，也能通过打印机本身所具有的喷孔补偿功能，减少断墨现象的发生。

图 3-16　12 通道一体式打印头

② Chroma Optimizer（晶亮色）墨水

晶亮色墨水可以增强暗部表现力，具有更高的图像清晰度和均匀的光泽度，并减少“烫金效应”，尤其是在打印高反光表面的照片纸和硫化钡艺术纸时。此外，这种墨水还可以增强表面耐刮蹭性能，有助于减少指纹和划痕（图 3-17）。

(a) 使用晶亮色墨水

(b) 无晶亮色墨水

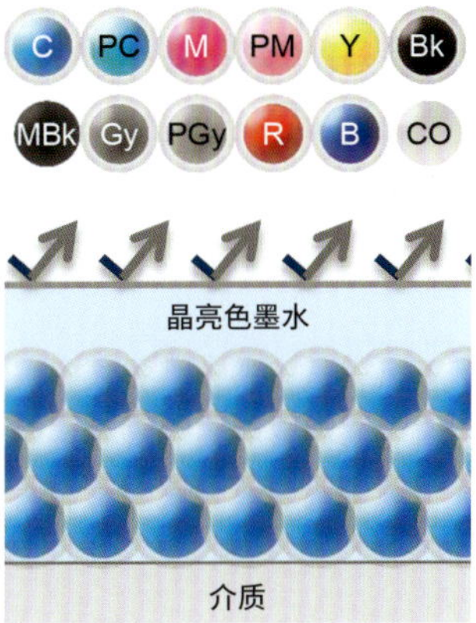

(c) 晶亮色墨水呈色方式

图 3-17　晶亮色墨水

③ 喷孔喷射检测与未喷射补偿

为了确保出色的打印效果和延长打印头的使用寿命，打印机通过传感器装置，定期检查喷嘴工作状态，在必要时自动进行喷孔清洁。如清洁后仍不能达到预期要求，将会使用其他喷嘴进行补偿喷射。这样既可以预防错误打印的发生、保证高画质输出效果，又可以提高打印头的耐久性（图 3-18）。

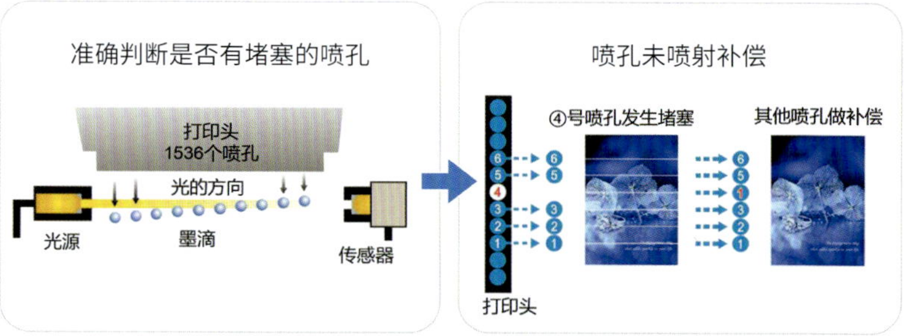

(a) (b)

图 3-18 喷孔喷射检测与未喷射补偿

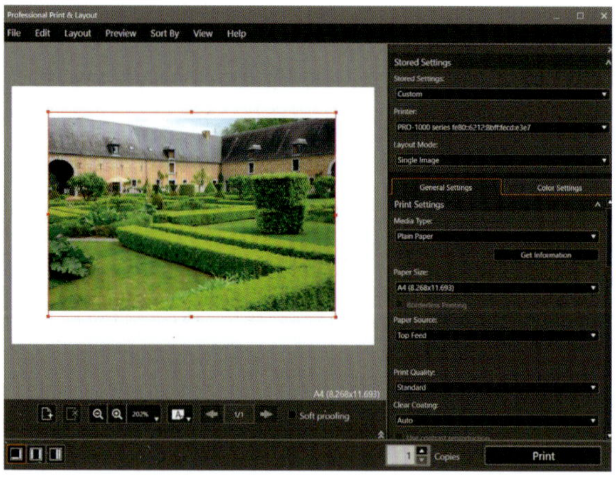

图 3-19 Professional Print & Layout V1.1 打印软件

④ Professional Print & Layout V1.1 打印软件

满足专业摄影师和 PFP 用户的图像打印应用

解锁全新打印体验，轻松单击即可操作；内置排版与自动拼图功能，让照片焕发新生；Exif（数码相机拍摄数据）信息一键打印；添加个性化水印与图案；更有软打样服务；与佳能相机无缝连接，带来出色的高品质图像输出，让美好瞬间永恒保存（图 3-19）。

⑤ 多功能纸路系统

支持自动纸张（包括艺术纸）安装功能；高效双纸路进纸设计，提升工作效率；可大幅度减少用户更换介质所需时间；同时可作为收纸单元，为后续的工作流程做准备（图 3-20）。

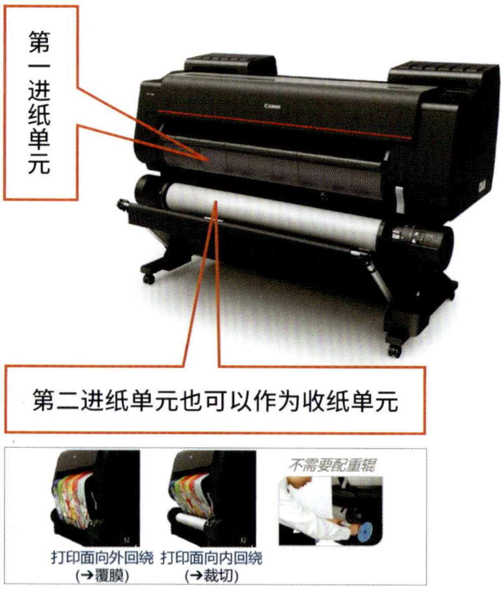

图 3-20 多功能纸路系统

(3) 爱普生 SureColor P20080 大幅面喷墨打印机（图 3-21）

图 3-21　爱普生 SureColor P20080 大幅面喷墨打印机

打印机特点：

先进一代 2.64 英寸 PrecisionCore MicroTFP 微压电喷头；

4 级黑色“活的色彩 PRO” 颜料墨水；

全新的介质供给系统可靠性 / 便捷性；

支持多种介质处理方式。

打印机规格：

最高分辨率：2400×1200dpi

最小墨滴：3.5pL

输出速度：A1 光面照片纸 180 秒（超优质）、336 秒（超级照片）

喷头技术：PrecisionCore MicroTFP 微压电打印头

墨水：10 色“活的色彩 PRO” 颜料墨水系统，即粗面黑、照片黑、深灰、灰、浅灰、青、淡青、黄、鲜洋红、淡鲜洋红

幅面：1625mm

① 2.64 英寸 PrecisionCore Micro TFP 微压电打印头

2.64 英寸宽打印头，直接提升打印速度，综合产能是前一代产品的 3.9 倍；改进墨滴形状，直径 20 微米的精确圆形喷嘴保证形喷射出精准的球型墨滴；改进墨滴定位精度，减少墨滴喷射时，对相邻喷嘴或喷嘴列的干扰；智能墨滴变换技术，可喷射 3 种不同体积的墨滴，提供更平滑的色阶过渡，同时保证文字边缘细节的精准再现（图 3-22）。

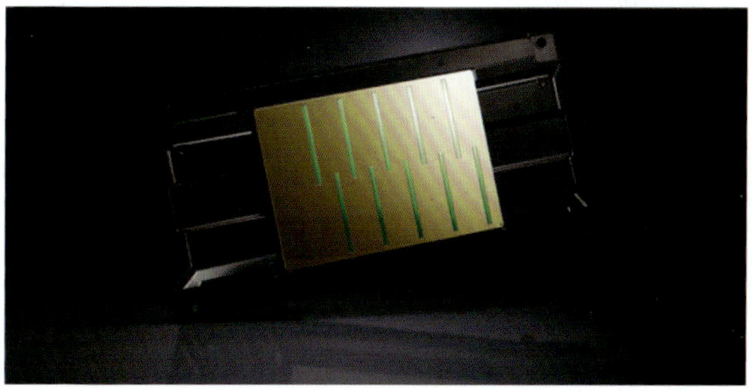

图 3-22　爱普生 PrecisionCore Micro TFP 微压电打印头

② 4 级黑色的“活的色彩 PRO”颜料墨水

爱普生新一代墨水使用 4 级墨水技术，可以再现更平滑的灰阶过渡。无论是彩色或黑白区域，都可以进一步消除颗粒感，在人像摄影和时尚摄影中展示更优异的肤色区域细节、面部轮廓和发丝结合的爱普生 VSDT 技术，4 级黑色墨水和 3 级墨滴尺寸缔造了 13 级灰色过渡图层，从而实现优异的过渡效果（图 3-23）。

图 3-23　4 级黑色墨水

2. 艺术微喷

爱普生艺术微喷是指使用爱普生大幅面打印机、爱普生专业颜料墨水，通过微喷技术打印艺术作品的过程。爱普生作为打印机和影像解决方案的领先品牌，其艺术微喷技术以高精度、色域宽广、色彩还原准确以及耐候性强和保存持久著称，被广泛用于专业的艺术复制、摄影打印以及高端艺术品的制作。

现在，艺术微喷以其卓越的打印品质和先进的理念广受赞誉，已经为众多艺术家、展览机构、专业画廊以及博物馆认可，并成为收藏级艺术品复制的一个重要标准。

爱普生艺术微喷®已获得商标认证。

（二）热升华打印

热升华打印机利用热能将打印机内部的色带上的颜料转印到打印介质上（图 3-24），每种颜色的浓淡由打印头的温度变化控制，可以实现 256 级等级。因为颜料是通过升华为气相施加到纸张上的，因此，三种基色（黄色、品红色、青色）相互融合可以形成连续的色阶（属于连续调），使照片颜色得到平滑过渡（图 3-25），比喷墨打印机的墨滴效果（属于半色调）更精细。热升华打印机还会在打印照片结束前，在照片表面覆上一层透明膜，该膜可以起到防氧化变色、防水、防指纹等作用，可以长时间保存照片，这一点也优于喷墨打印机。

家用型热升华打印机造型时尚、体形小巧，携带方便，不用担心像喷墨打印机那样有废墨溢出污染，而且打印品质、操作性、兼容性，可以说是数码周边设备的最佳拍档，如自带热点 Wi-Fi、兼容各类品牌手机、平板电脑直连，支持 SD 卡、U 盘等（图 3-26）。

图 3-24　热升华打印机色带

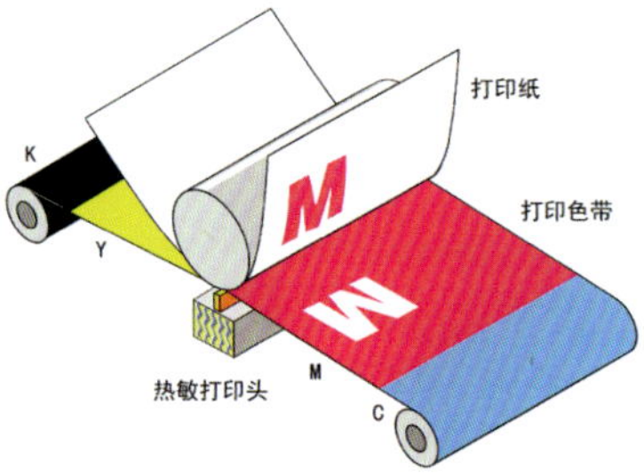

图 3-25　热升华打印机打印原理

图 3-26　热升华打印机易操作

热升华打印的照片通常尺寸都比较小，多为 4R 尺寸，并且要专用色带和专用相纸，通用性一般，打印成本也相应较高；热升华打印机在打印照片时，需要经过三次打印过程，也就是打印头要分别将三基色色带上的颜料依次打印在相纸上，相对较慢；热升华打印机对环境的要求比较苛刻，尤其是对灰尘特别敏感，如果有灰尘进入打印头或者色带，很可能严重影响打印质量；热升华打印机工作时的温度很高，如果长时间连续工作，可能会由于散热不良而影响色彩的准确度。需要注意，热升华打印的图像、文字会在用过的色带上留下潜影，如果打印的内容属于个人隐私、机密资料等，建议保存好色带，并在用完后销毁。

连续调与半色调

连续调图像通常指在一幅图像上，其由淡到浓或由浅到深的色调变化是以单位面积成像物质颗粒密度来构成的，其深浅、浓淡呈现无极变化，如底片、冲印照片、画稿。

半色调通常是指经过特殊加工后的印刷品上的由浅到深或由淡到浓的色调变化是由网点大小来表现的，由于网点在空间上有一定距离而呈离散型分布，并且由于加网的级数有一定限制，图像层次变化不像连续调图像实现无级变化，所以称为半色调图像，如印刷、喷墨打印的图像等（图 3-27）。

(a) 热升华打印机打印的照片，属于连续调　(b) 喷墨打印机打印的照片，属于半色调

图 3-27　连续调与半色调

(三)弱溶剂打印与 HP Latex 打印

1. 弱溶剂打印

弱溶剂打印是使用特定的弱溶剂墨水进行打印的技术。弱溶剂墨水是一种环保型的有机溶剂，不溶于水，具有极强的附着力和耐候性，且墨水中只含有少量的有害化学成分，气味微弱，对环境和人体健康的危害较小。弱溶剂打印效果十分出色，不仅图像清晰、色彩鲜明，而且持久稳定，适用于多种打印介质，包括纸张、塑料、布料、皮革和其他柔性材料。非常适合制作户外广告牌、横幅、贴纸和其他耐用型打印产品。弱溶剂打印机主要采用爱普生打印头，代表厂家主要有爱普生、罗兰（Roland）、御牧（Mimaki）、武藤（Mutoh）公司。

最新一代弱溶剂打印机型号为爱普生 SureColor S80680，该机配备有 10 色墨水，可实现高品质的输出。用户根据业务需要，在银色墨水和白色墨水配置之间切换，也可以选择使用清洗墨水，以降低使用成本并对墨路系统提供保护。爱普生 PrecisionCore TFP 微压电打印头错位排列，提供高速输出的技术保证，为追求更高品质的用户提供优质的解决方案。爱普生“活的色彩 GS3 RED”溶剂墨水不含有害化学物质，减少对人体和自然环境的损害。无论是广告影像的输出机构，还是使用广告影像的最终用户，均可以放心工作和使用。由于在 CMYK 色系外增加了 LC（淡青）、LM（淡品红）、LK（淡黑）色以及橙色和红色两种专色，使打印色域得到更进一步的拓展，可以获得更鲜艳的色彩和更平滑的色彩过渡，适合输出具有影像质量的广告作品、装饰画、室内墙纸等。另外，该机还增设了包括可选的白色和银色两种墨水，作为其他墨水基底色打印，这意味着不用将打印介质局限在白色材料（图 3-28）。

图 3-28　利用爱普生 SureColor S80680 白墨打印技术，可以将图案打印在任何彩色或透明的材料上

爱普生 SureColor S80680 弱溶剂打印机（图 3-29）

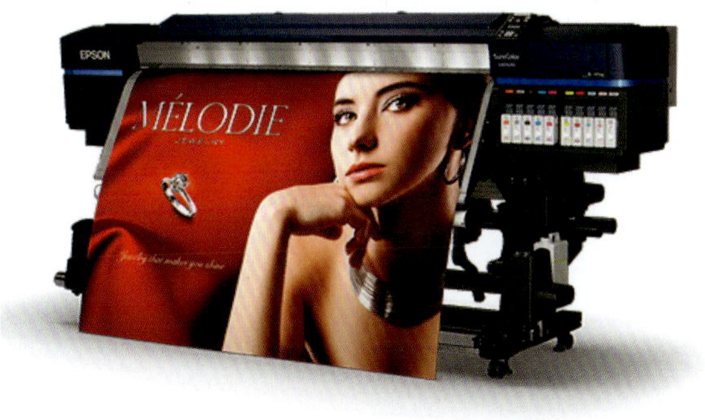

图 3-29　爱普生 SureColor S80680 弱溶剂打印机

打印机特点：

爱普生“活的色彩 GS3”/“活的色彩 GS3 RED”溶剂墨水；

PrecisionCore TFP 微压电喷头能提供更稳定和更可靠的打印；

全新硬件结构，使用和维护更便捷；

专业的应用方案；

权威机构的安全认证。

打印机规格：

最高分辨率：1440×1440dpi

最小墨滴：4.2pL

输出速度：26.8m²/h，标准精度

喷头技术：PrecisionCore TFP 微压电打印头

墨水：10 色“活的色彩 GS3 RED”溶剂墨水系统，即黑、淡黑、青、淡青、黄、洋红、淡洋红、橙、红、白（银）

幅面：1625mm

2.HP latex 打印

HP Latex 打印技术为惠普（HP）公司首创，利用墨水中的乳胶成分加热后融化，再次冷却在介质表面固定墨水中颜料成分的特性，实现画面打印（图 3-30）。无论是打印过程中，还是打印完成的成品，都没有任何的异味。HP Latex 打印机内预设有常见打印材料的 ICC 色彩配置文件，包含 PP 纸、车贴、灯箱片、墙纸以及纺织品等，种类非常丰富，涵盖范围广，方便用户直接选择和调用，无须自制的 ICC 色彩配置文件便可打印出相当理想的打印品，一定程度上降低了运营成本；如对打印品有严格要求的话，HP Latex 打印机还内置 i1 分光光度计，用户可以创建自定义的 ICC 色彩配置文件，确保打印品色彩还原准确。HP Latex 打印机墨水为 7 种，其中 6 色（青、浅青、品红、浅品红、黄、黑）为颜料墨水，另一个为 HP Latex Optimizer 固化液。注：在惠普最新型号 HP Latex 800W 打印机上新增了白色墨水（图 3-31）。

（1）HP Latex 375 打印机（图 3-30）

图 3-30　HP Latex 375 打印机

打印机特点：

HP Latex 打印技术；

在内置 i1 分光光度计的协助下，创建自定义 ICC 的色彩配置文件，确保打印品色彩还原准确；

HP Latex Optimizer 对印件表面的颜料进行快速的固化处理，可在不同承载物上获得图像清晰、效果一致的打印品；

墨水绿色环保，符合严格的健康和环境标准；

借助 3 升墨盒，降低成本，增加无人值守打印。

打印机规格：

最高分辨率：1200×1200dpi

喷头技术：HP Latex 打印技术，2112 个喷嘴

输出速度：17m²/h，室内高质量打印（8 次打印）

墨水：7 色 Latex 墨水系统，即黑、青、浅青、浅品红、品红、黄和 HP Latex Optimizer 固化液

墨水容量：3L/ 盒

幅面：1625mm

（2）HP Latex 800W 打印机（图 3-31）

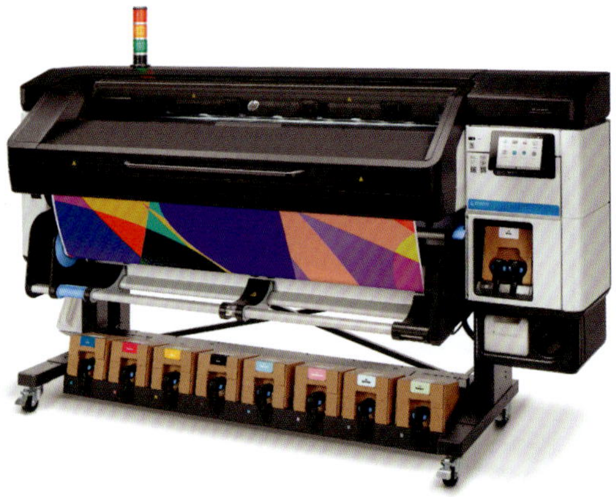

图 3-31　HP Latex 800W 打印机

打印机特点：

沿承前代 HP Latex 优秀特点，并新增白色墨水，拓展了应用领域；

生产速度提升 90%；

无纸轴设计，轻松应对生产型介质安装；

可抬起固化模块，简单操作；

色域提升 15%。

打印机规格：

最高分辨率：1200×1200dpi

喷头技术：HP Latex 打印技术

输出速度：25m²/h

墨水：9 色 Latex 墨水系统，即黑、青、浅青、浅品红、品红、黄、白、HP Latex Optimizer 固化液和 HP Latex Overcoat

墨水容量：3L/ 盒

幅面：1625mm

(3) HP Latex 行业应用

与爱普生弱溶剂打印机一样，HP Latex 打印机适合各种类型介质打印，最突出的优势是墨水绿色环保，拥有专业的环保认证，可广泛应用于装修装饰、壁纸壁画、广告宣传等环保要求极高的行业，如医院、餐厅、学校和健身房等（图 3-32）。

(a) 室外和活动横幅　(b) 售点广告海报　(c) 车身图案

(d) 灯箱片　(e) 纺织品　(f) 装饰应用

图 3-32　HP Latex 行业应用

3. 爱普生弱溶剂打印与 HP Latex 打印如何根据应用进行选择

两者虽然在打印方式上有着显著不同，但在实际应用中，似乎都具有相似的打印能力和广泛的应用领域，要客观评价这两种技术的优劣并不容易。它们各自拥有独特的优势和局限性，选择哪种技术取决于具体的应用需求和行业标准。

(1) 环保

HP Latex 墨水绿色环保，无毒无异味，符合健康生活的标准，避免了弱溶剂、UV 和 UV 凝胶墨水带来的风险，且不影响性能，在以人为本、倡导环保的理念下，环保产品将是未来的趋势。虽然目前的弱溶剂墨水也相应达到了一定的环保要求，但墨水本身的化学性质无法改变，在打印过程中仍然需要注意通风和安全措施，以保护工作人员的健康。因此，未来它们的应用限制可能会增加。

(2) 打印品质

与 HP Latex 相比，爱普生弱溶剂打印机拥有 10 种色彩丰富的墨水，并采用先进的微压电喷头技术，无疑具有更高的色彩表现和细腻的影像品质。

(3) 打印载体

HP Latex 墨水与材料的亲和性非常理想，墨层轻薄，可保持材料原有的色泽与质感，且不受材料类型约束，有涂层和无涂层的材料均可打印，应用领域更加宽广。弱溶剂墨水在某些材质上也可以做到免涂层打印，但是干燥时间较长，并且针对一些光滑的或特殊材质的表面，仅凭墨水着色也是无能为力的，墨水会堆积在一起不能清楚地成像。所以，弱溶剂打印要想获得理想的打印效果，就需要使用带有弱溶剂涂层的材料，这也间接降低了材料选择的种类和应用范围。

(4) 操作体验

HP Latex 是通过加热乳胶成分使颜料熔化黏附在基材上，对高温有些敏感的材料，如纸张、丝绸、棉麻以及背胶类型的材料等。在打印过程中，处于高温烘焙下的材料会出现褶皱、扭曲、缩水等现象，会直接影响打印品的质量，也容易刮伤打印头，操作过程需密切关注和严格把控。而弱溶剂打印也会通过一定的加热方式协助打印材料快干，但通常温度都在 30 ～ 50°C，基本不会对材料造成不良影响。弱溶剂打印头造价不菲，在日常的工作、维护和保养方面都非常重要。否则如果打印机长时间不用，溶剂挥发后墨水中的少量化学成分会黏附在细小的墨路内，造成打印机堵头。

三、数码印刷

虽然传统胶印无论在印刷速度、印刷品质与设备性能方面都达到了相当高的程度（图 3-33），但在商业高度发展、提倡个性化经营服务的今天，采用按需印刷的客户不断增多，印数与品种成为变量，在不降低品质的前提下，灵活性成为另一项衡量市场竞争力的重要指标。传统印刷行业的落后与相对薄弱的服务环节，促使人们对数字印刷的需求不断增加。

图 3-33　传统印刷机

数字印刷，这一新兴技术正在改变我们对印刷的传统认知。它标志着印刷技术从传统的模拟方式向数字化和网络化的转变，是印刷技术发展历程中的一次重要转折。

数字印刷系统的构建主要由印前系统和数码印刷机组成，摆脱了传统印刷制版等烦琐工序，直接将图像和文字转化为数码信息，通过计算机进行处理和输出。这种方式的最大优势在于其简便快捷，且无印品数量限制。

数字印刷的类型繁多，包括喷墨、磁性、电凝聚、静电成像等。每种类型都有其独特的成像原理和优势。其中，静电成像技术应用最广泛。其成像过程是：首先在涂有光导体的滚筒式感光鼓上均匀充电，然后利用由计算机控制的激光束曝光，受光部分的电荷消失，未受光部分仍保持电荷，通过吸附感光鼓上与电荷极性相反的墨粉或液体色剂，从而在承印物上形成图像。

在众多数字印刷技术中，HP Indigo 液体电子成像（LEP）技术独树一帜。这种由惠普公司推出的技术，采用了独特的带电液体墨水、配合高清激光头，不仅实现了超越胶印的印刷品质，还将打印分辨率加倍，能够更好地呈现照片和高端作业的细节。此外，HP Indigo LEP 技术还能在各种承印物上进行打印，包括有涂层 / 无涂层材料、合成材料、镀金属材料和彩色介质，满足了各类商业印刷和包装作业的需求。

目前市场比较流行的高端机型为 HP Indigo 12000 数字印刷机（现已推出 100K、15K 机型），具有极佳的印刷品质、高效的生产率和广泛的商业适用性（图 3-34）。HP Indigo 12000 数字印刷机革命性的高清激光头技术 HDLA 将分辨率提升 1 倍，以 1600dpi 输入精度设立印刷质量新基准， B2 幅面彩页能达到每小时 4600 张，创新的 7 色通道突破了传统四色印刷色域的瓶颈，实现了更加宽广的色域，可覆盖高达 98% 的潘通色域，画面颗粒细腻、层次丰富，色彩过渡极为平滑，拥有了如照片级水准的印刷效果。HP Indigo 高清数字印刷技术在满足顾客需求的基础上，能够进一步提升印刷品质，为专业影像和高端商业打印应用领域提供了更多的解决方案（图 3-35）。

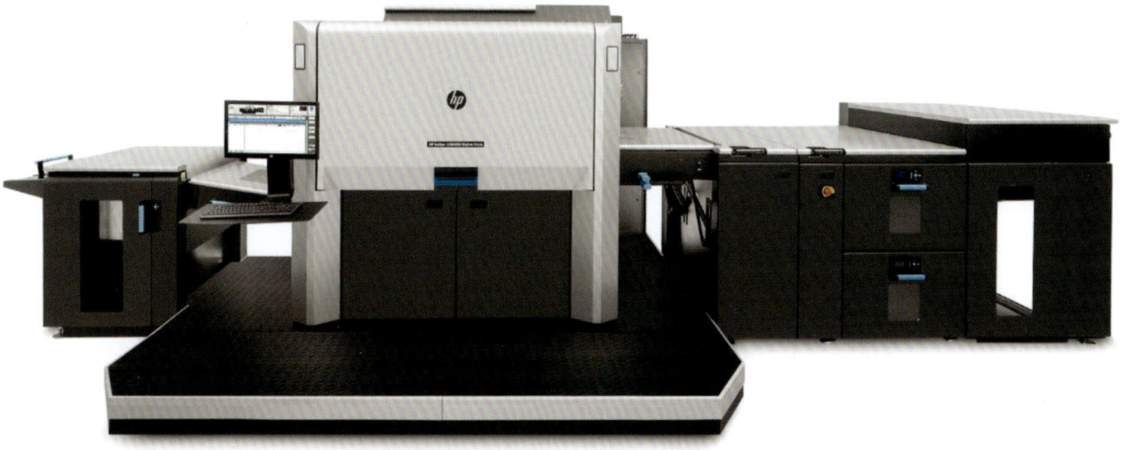

图 3-34　HP Indigo 12000 数字印刷机

图 3-35　数字印刷机适用于多种商业应用

综上所述，数字印刷技术的发展趋势呈现出高速、高效、个性化、环保、智能化和跨媒体融合等特点。这些趋势不仅将推动数字印刷技术的不断创新和发展，也将为整个印刷行业带来深远的影响和变革。对于企业和个人来说，了解并把握这些发展趋势，将有助于在激烈的市场竞争中保持领先地位并实现可持续发展。

第二节　喷墨打印工艺

喷墨打印机不仅具有分辨率高、色彩范围宽广、介质种类丰富以及更大的幅面等特点，而且当使用颜料墨水配合纯棉无酸艺术纸进行打印时，照片保存的年限更长，甚至可超过百年。因此，喷墨打印已经成为高质量摄影作品专业输出的首选方式，其卓越的表现也成为摄影作品收藏的标准之一。喷墨打印机是目前专业图像领域应用最广泛的高品质图像输出设备。

一、喷墨打印机的类型

喷墨打印机是一种常见的打印设备，它通过喷射微小的墨水滴在纸张或其他适合的材料上形成图像。无论何种类型的喷墨打印机，其核心技术都是喷墨技术，通过精确控制墨水的喷射位置和数量，实现高精度、高质量的打印效果。

根据其工作原理和设计结构的不同，喷墨打印主要分为热发泡喷墨打印技术和微压电喷墨打印技术两大类型。

(一) 热发泡喷墨打印技术

热发泡喷墨打印技术的核心部件是热发泡打印头，是通过电脉冲加热元件对墨水仓加热，使仓内的墨水受热气化并产生蒸气泡，气泡膨胀所产生的压力将墨水“挤出”喷嘴，形成喷向打印介质的墨滴（图 3-36）。

热发泡喷墨打印机具有较高的打印速度和分辨率，适用于照片、广告以及图文打印等。代表产品为佳能、惠普（图 3-37）。

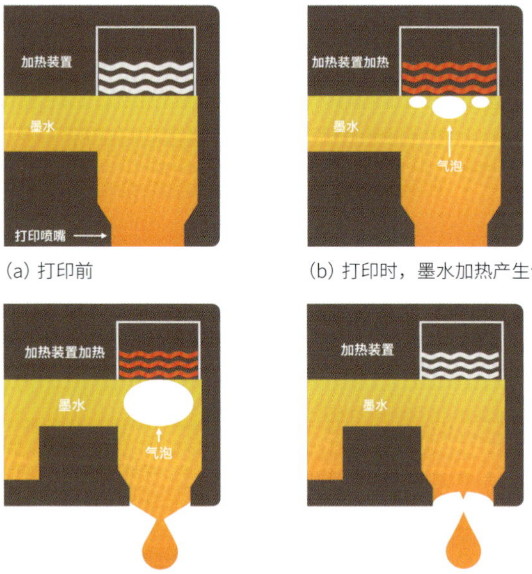

(a) 打印前　(b) 打印时，墨水加热产生气泡

(c) 气泡膨胀，墨水被“挤出”　(d) 打印结束，加热停止

图 3-36　热发泡喷墨打印的原理

1. 热发泡喷墨打印的优点

热发泡打印头具有更小的墨滴以及整合的电路循环技术，喷出墨滴的频率更高，可产生更丰富的调和色，过渡自然、层次更细腻；热发泡打印头低操作频率、高喷嘴数和单一打印次数的分辨率，实现高速打印，提高工作效率；热发泡打印头通常价格较低，并且多数为分体成组结构设计，可单独更换其中有问题的喷头，拆卸与安装都很方便，也相对节约了打印头的成本。

2. 热发泡喷墨打印的不足

热发泡打印头长期处于高温、高压状态下工作，打印头易损坏、寿命短，从而造成成本增加和维护不便；墨水在打印头高温的环境下需要保持一定的化学稳定性，色彩不能有任何变化，这对于墨水的研发和革新都是一项严峻的挑战；墨滴是通过打印头中气泡的膨胀挤压而喷射的，导致墨滴的方向性、形状、体积不易精确控制，会在一定程度上影响打印质量。

图 3-37　热发泡喷墨打印机：佳能、惠普

3. 佳能 FINE 打印头技术解析

FINE（Full-photolithography Inkjet Nozzle Engineering）技术的全称为全程光刻喷墨喷嘴技术，来源于佳能先进的半导体制造技术，通过使微小墨滴精确打印到介质表面，形成拥有优秀打印品质和打印速度的 FINE 打印头技术。目前 FINE 技术实现了墨滴最小仅 1pL，更多的喷嘴数带来更真实的色彩再现、更鲜明的对比度和更丰富的层次感，同时还能减少颗粒感并提高锐度表现（图 3-38）。

图 3-38　佳能 FINE 打印头

（二）微压电喷墨打印技术

微压电喷墨打印技术的核心部件是微压电打印头，是将许多小的压电陶瓷放置到打印头喷嘴附近，利用它在电压作用下会发生形变的原理，适时地把电压加到它的上面，压电陶瓷随之产生伸缩并挤压仓内墨水，将墨水“挤出”喷嘴，形成喷向打印介质的墨滴（图 3-39）。

微压电喷墨打印机具有极高的打印分辨率，适用于高品质图像的打印。代表产品为爱普生（图 3-40）。

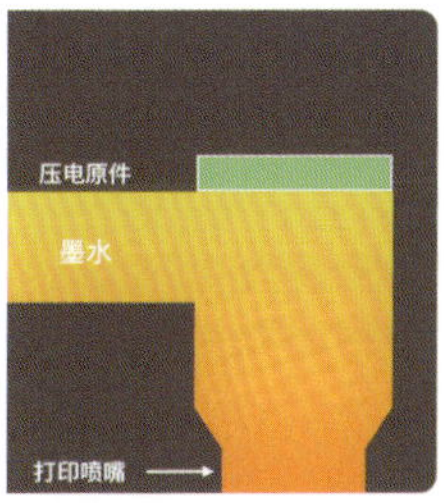

(a) 打印前

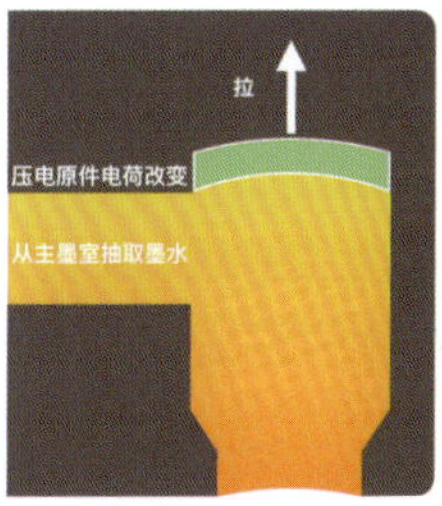

(b) 打印时，压电原件电荷改变产生形变

(c) 通过形变，墨水被“挤出”

(d) 打印结束，压电单元恢复

图 3-39　微压电喷墨打印原理

1. 微压电喷墨打印的优点

微压电打印头在喷墨过程中无须加热、功耗低、极大地延长了打印头的使用寿命，减少了用户使用成本；微压电打印头没有加热单元，结构设计更合理，打印头可以增添更多的喷嘴并整合一体，在保持墨滴分布均匀的同时，有效提高打印速度；微压电打印头通过调节电压来控制喷墨，可以精确控制墨滴的大小、形状和方向，以获得极高的打印精度，使图像达到细腻逼真的效果；墨水处于常温状态下工作，墨水成分不会受高温影响而发生化学变化，性能更稳定，打印头对墨水的适应性更高，可以配置更优质的墨水或特殊墨水。

图 3-40　微压电喷墨打印机：爱普生

2. 微压电喷墨打印的不足

由于微压电打印头的喷嘴是整合一体的，喷头如果堵塞，疏通、维护或更换费用比较高，而且不易操作，甚至可能会导致整台打印机都需要维修。

热发泡喷墨打印技术与微压电喷墨打印技术，虽然在工作原理和打印方式上存在差异，但在打印领域中，却都能凭借各自独特的技术特点引领着潮流。而且，两者之间在竞争中相互学习、相互借鉴，共同推动了喷墨打印机的发展。佳能的 FINE 打印头技术和惠普的 TIJ 打印技术，以及爱普生的微压电打印技术，都在不断地改进和创新，为用户提供更优质、更高效的打印体验。未来，随着科技的进步和消费者需求的不断提高，这两种技术将继续在喷墨打印机领域发挥重要作用，推动打印技术向更高水平迈进。

二、喷墨打印机的墨水

打印机的墨水直接关系到照片的品质。优秀的墨水不仅能够呈现完美的色彩和宽广的色域，更对照片的保存性能起到至关重要的作用。在选择墨水时，应根据打印材料的性质和打印需求来确定合适的墨水类型，以获得最佳的打印效果。

(一)墨水颜色种类

理论上，青（C）、品红（M）、黄（Y）是色料的三原色，不仅可以混合出丰富的色彩，等量混合还可以产生黑色。但实际上，由于受到打印机墨水纯度的影响（颜色提纯过程存在一定限制），CMY 这三种颜色等量混合得到的并不是纯黑色，于是加入了黑色（K），便形成了 CMYK 四色，这是印刷的基本色彩模式，四色喷墨打印机正是基于此色彩模式工作的。

图 3-41　四色喷墨打印机

虽然，四色喷墨打印机已经能够正常打印彩色照片，但是由于 CMYK 技术的局限性，导致所表现的色彩总是差强人意，如色相并不连续、层次损失、高光区颗粒明显等问题，难以满足专业影像输出的要求。如果只是办公打印彩色文件，或是在家打印生活照片，那么四色喷墨打印机可以满足用户的需求（图 3-41）。

为了改善单一墨滴无法呈现出更多级别的色阶，所以照片级喷墨打印机在原有四色 CMYK 墨水系统中引入了淡青色（LC）和淡品红色（LM）两种墨水，形成了六色喷墨打印机（图 3-42）。这样的墨水配色方案一直都作为彩色照片打印机呈色的核心基础。

六色喷墨打印机在照片的色彩准确性、色调平衡以及色彩饱和度等方面都有了明显的提升，尤其是色彩过渡和明暗层次上更加平滑自然，对人物肤色等细腻的颜色表现力也得到增强。如今，其他新型六色喷墨打印机采用的是在四色墨水的基础上，增加了灰色和专色墨水（如佳能 PIXMA G580）。新增的灰色墨水可以加强暗部色彩对比度，使画面更具立体感，并且可以有效防止色偏，提高颜色的稳定性。新增的专色墨水可扩大色域范围，提高色彩饱和度，使照片色彩更加生动。六色打印机已经接近专业水平的打印质量，适合高质量照片打印和图形打印的场合。

图 3-42　六色喷墨打印机

与四色打印机相比，六色打印机不仅仅是多出了两种颜色的墨水，其打印系统也进行了升级，因此，六色打印机的造价较高，也增加了打印成本。而专业的大幅面打印机，不仅保留了六色的优势，还进一步扩展了颜色种类，如八色、十色甚至十二色，每一种色彩都拥有无限可能，为用户带来更广泛的色域和更丰富的色彩体验。

(二)供墨方式

供墨系统能够为喷头持续、稳定地供墨，是喷头能够良好工作的基础，尤其是在高速工作状态下，稳定是关键。不稳定的供墨状态可能在打印工作中出现缺墨、滴墨、断线、喷头堵塞等现象，导致打印质量下降，并增加废品率和维护成本，甚至可能还会出现漏墨而污染打印机、烧坏主板等严重后果。供墨方式是供墨系统的重要组成部分，简单来讲，就是指墨水存储的方式。喷墨打印机按供墨方式分为墨盒式和墨仓式。

1. 墨盒式喷墨打印机

墨盒式喷墨打印机的独立墨盒可直接装入使用，即插即用，更换非常方便（图 3-43）；墨盒内部为避光的真空环境，墨水性能优异且保存持久；桌面喷墨打印机的墨盒容积较小，墨水含量比较少，通常只有十几毫升，打印的次数少一些；墨盒属于一次性耗材，不支持加墨，当墨盒内的墨水用完之后，需要购买新墨盒进行更换；墨盒价格较高，当打印量较大时，可能会频繁更换墨盒，造成打印成本增加。大幅面喷墨打印机通常因打印量较大、墨水消耗较快，多采用大容量墨盒，容积在 700mL 左右，可以不用频繁更换墨盒，有效提升了工作效率，降低了打印成本（图 3-44）。

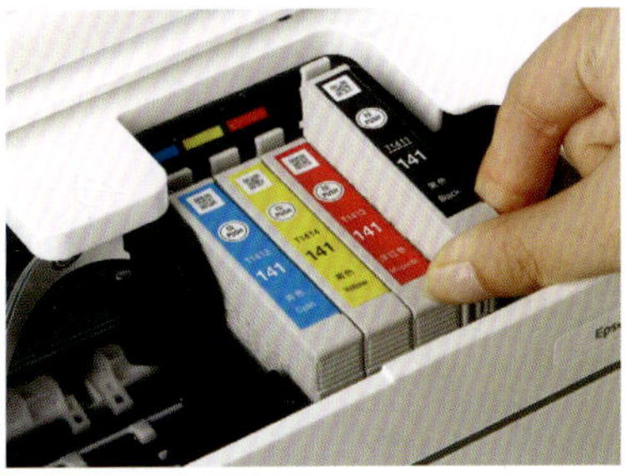

图 3-43　墨盒式喷墨打印机

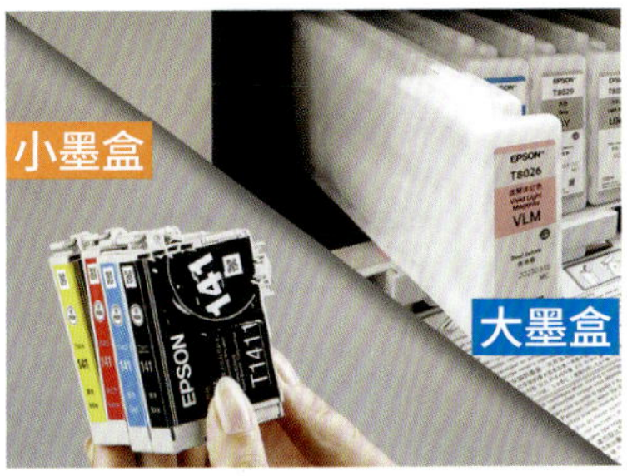

图 3-44　墨盒容积大小

2. 墨仓式喷墨打印机

墨仓式喷墨打印机采用内置一体化墨水仓设计，将墨仓设计于机器内部，在美观、节省空间的同时，能更直观地察看墨水剩余状态（图 3-45）；墨仓式喷墨打印机通常都配有超大容量的墨仓，另配有大容量的瓶装墨水，用户可以自行加墨补充，可实现单套耗材超高打印量和超低打印成本；每种颜色墨水的瓶口与打印机加墨仓注墨口都有单独的对应卡槽，颜色不同，卡槽也不同，有效防止了灌错墨水的可能，而且墨水插入墨仓后，墨水因重力作用自动灌注，加满后加注自动停止，不用担心会溢出（图 3-46）；墨仓中的墨水并非处于真空存储环境，若长期不用，残留的空气会对墨水产生影响，打印头也容易堵头；另外，在补充新墨水时，新旧墨水的混合使用可能导致性能下降、颜色出现偏差。

图 3-45　墨仓式喷墨打印机

图 3-46　墨仓按需供墨

（三）墨水类型

墨水作为打印机应用中一个不可缺少的部分，在输出质量上起着重要的作用。当然，打印机作为一个系统，其打印效果的优劣并非仅由墨水决定，而是多种因素共同作用的结果。尽管优质墨水对于打印效果至关重要，但它不是唯一决定因素。除了墨水质量外，还需考虑打印机的工作状态、驱动程序设置、纸张类型以及图像文件的质量等因素。只有当所有这些条件均达到理想状态时，优质的墨水才能确保照片的完美打印效果。

喷墨打印机墨水主要成分为色料、溶剂和添加剂，是通过色料和溶剂按一定比例混合而成。喷墨打印机的墨水按色料分为两类：染料墨水和颜料墨水。不同的墨水类型对打印效果有着不同的影响。

1. 染料墨水

染料墨水是分子级全溶解的墨水，属于完全的复合溶液，墨水外观呈透明液体，类似盐水等 [图 3-47(a)]。染料墨水渗入打印纸涂层内部的网状间隙，与涂层中的聚合物相结合形成色彩。

(1) 染料墨水的优点

染料为单分子结构，一般直径是 1 ～ 2nm，远小于打印头喷嘴直径，因此打印过程墨水流畅性好，打印头堵塞的概率很小 [图 3-48(a)]；微小的墨滴极易被材料吸收并渗入涂层内部呈色，保留原有纸张表面的质感和光泽 [图 3-49(a)]，打印出来的照片光滑靓丽、色彩鲜艳 [图 3-50(a)]；染料墨水生产工艺简单，加上染料成本价格低，打印成本也相对较低。

(2) 染料墨水的不足

染料为单分子结构，稳定性较差，照片受潮或遇水时色彩容易晕染；受到紫外线、臭氧等因素的破坏也会逐渐失去颜色，耐候性差，不宜长久保存 [图 3-51(a)]。

染料墨水打印具有较高的性价比，不仅满足大众基本审美和图像品质的要求，同时也迎合市场需求，有利于打印机的推广和普及。如果对染料墨水的耐候性能有所顾虑，可以在打印好的照片表面进行淋膜、覆膜或塑封等处理，一定程度上也能起到防水、耐氧化等作用，延长照片保存时间。目前染料墨水普遍应用在中低端喷墨打印领域，适合商业办公、广告图文、家庭生活等普通照片的打印。

2. 颜料墨水

颜料墨水是将不溶于水的固体颜料研磨成十分细小的颗粒，借助于分散剂使其在水中悬浮。墨水外观呈悬浮或分散液体，类似速溶咖啡、奶茶等 [图 3-47(b)]。与染料墨水的呈色原理不同，颜料墨水的颗粒是附着在打印纸涂层表面而形成色彩。

(1) 颜料墨水的优点

颜料是固态颗粒，由数十倍染料分子组成的分子团，外围有树脂层包裹 [图 3-48(b)]。颜料墨水打印的照片稳定性高，不易受到外界环境变化影响，耐水、耐紫外线，不易晕染和褪色，保存相对较长 [图 3-51(b)]；对纸张的适应性好，薄纸、无涂层纸皆可打印。

(2) 颜料墨水的不足

由于颜料墨水颗粒较大，打印的画面颗粒感明显，色彩饱和度相对较低，而且墨水是附在纸张表面呈色，光泽度也有损失，尤其是在光面纸上打印时，颜料墨水会覆盖纸张表面原有光泽 [图 3-49(b)]，打印出来的照片色彩看上去不够明亮和通透 [图 3-50(b)]；颜料墨水的生产工艺较复杂，价格不菲，打印成本偏高。目前颜料墨水主要应用在高端喷墨打印领域，适合摄影作品、画册制作、展览装饰以及收藏等高质量照片的打印。

随着影像行业不断发展，专业输出成为影像创作的重要一环，成品输出的价值对每一位摄影师都至关重要。为了满足客户对于高质量打印的需求，打印机的墨水也不断地推陈出新，其性能更加稳定，表现更加优秀。这两种不同的打印机墨水在相互借鉴、影响中共同进步、迅速发展，墨水彼此之间的差异也逐渐减小。新一代的颜料墨水不仅具有良好的耐候性，同时又提高了如染料墨水般的色彩光泽度和鲜艳度。而染料墨水在保持了较高性价比的前提下，也逐渐提升了墨水的耐候性，使其具有更好的稳定性，延长了照片的保存时间。这种趋势表明，未来的打印机墨水将会更加注重性能与稳定性的平衡，这不仅推动了影像艺术的进步，也为每一位摄影师带来了更多的创作可能。

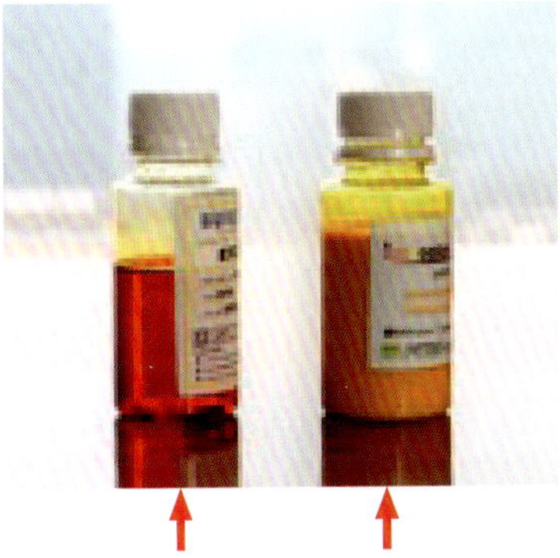

(a) 染料墨水　(b) 颜料墨水

图 3-47　染料墨水与颜料墨水外观对比

图（a）：黄色染料墨水，外观呈透明液体

图（b）：黄色颜料墨水，外观呈悬浮液体

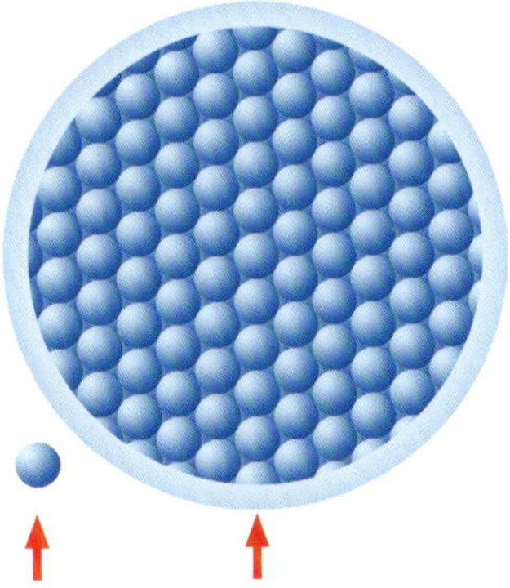

(a) 染料颗粒　(b) 颜料颗粒

图 3-48　染料墨水与颜料墨水颗粒对比

图（a）：染料墨水颗粒，单分子结构，体积非常小，易溶于水

图（b）：颜料墨水颗粒，分子团结构，体积较大，外层被树脂膜包裹，不易溶于水

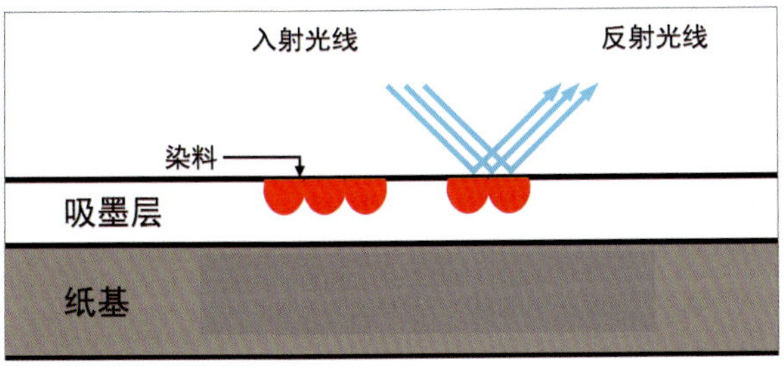

(a) 染料墨水呈色方式

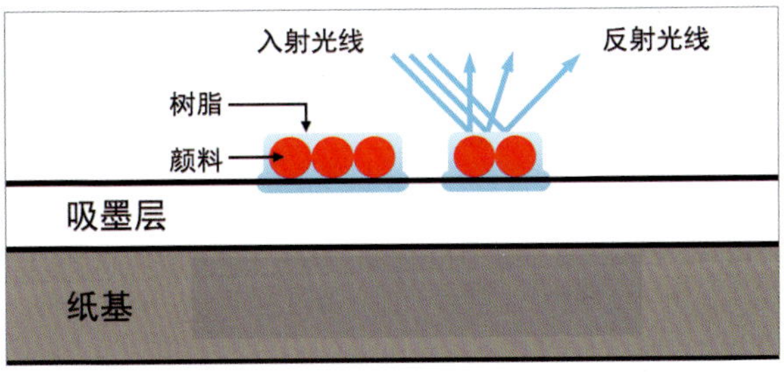

(b) 颜料墨水呈色方式

图 3-49　染料墨水与颜料墨水呈色方式对比

使用不同墨水在相纸上打印时，其呈色原理不同

图（a）：染料墨水颗粒细小，墨水可以轻松“渗入”相纸吸墨层的内部，因此保留了相纸表面原有的光泽，使画面色彩光鲜艳丽

图（b）：颜料墨水颗粒较大，会有较多的墨水颗粒 “附着”在相纸的表面，未能完全渗入相纸的吸墨层中，因此墨水会覆盖相纸表面的光泽，造成画面色彩不均匀，同时表面不耐刮擦

(a) 染料墨水打印照片

(b) 颜料墨水打印照片

图 3-50　染料墨水与颜料墨水的打印效果对比

相同的相纸（RC 高光相纸），使用不同类型墨水打印

图（a）：使用染料墨水打印的照片，照片表面光滑靓丽、颗粒细腻、色彩鲜艳

图（b）：使用颜料墨水打印的照片，照片表面光泽暗淡，亮度、色彩饱和度与反差相对偏低，因此使用颜料墨水在光泽类型的相纸上打印的效果有些不太理想

（a）染料墨水打印　　（b）颜料墨水打印

图 3-51　染料墨水与颜料墨水的耐候性对比

相同的相纸，使用不同类型墨水打印，在相同的环境下进行耐候性测试

图（a）：使用国产染料墨水打印的照片，随着时间的推移逐渐开始褪色，一段时间后，照片的色彩已经严重失真

图（b）：使用原装颜料墨水打印的照片，依旧鲜艳如初，几乎没有发生任何变化

通过测试，见证了颜料墨水超强的稳定性。这也是为何高端图像输出都会采用颜料墨水打印的原因。

注：由于测试的染料墨水为国产兼容墨水，而非原装的染料墨水，品质很难保证，因此照片褪色现象可能比较明显。不过，即使是原装的染料墨水，其保存性仍与颜料墨水存在一定的差距。

3. 兼容墨水

毫无疑问，原装墨水具有极佳的打印品质、良好的工作状态以及长久的保存性，因此在专业的商用打印领域几乎是标准配置。但是，针对广大的普通民众来说，尤其是日常打印量较大的用户，如广告设计、数码印刷、建筑行业等，出图频率较高，成品要求也不高，因此，墨水的损耗、打印的成本才是用户更关注的焦点，如果都使用原装墨水去打印就会显得过于奢侈，也完全没有必要。所以，选择质量相对出色、价格比原装墨水便宜许多的兼容墨水，成为用户追求高性价比的一个不错选择。除了兼容墨水，厂家一般还能提供兼容墨盒或连续供墨系统，可以进行填充墨水使用。兼容墨水一般采用塑料瓶装墨水（或袋装），并对应不同品牌打印机型号（图 3-52），如爱普生、佳能、惠普等打印机。正规的此类兼容产品都带有详细的说明书和相应的填充工具，用户可自行将墨水注入用过的原厂墨盒或兼容墨盒中反复使用（图 3-53）。从种类上看，目前的兼容墨水覆盖了各大厂商品牌的几乎全部型号的打印机。对于只是进行一般图文打印或普通照片而言，正规厂家的兼容墨水有一定质量保证。

图 3-52　兼容墨水（替代墨水）

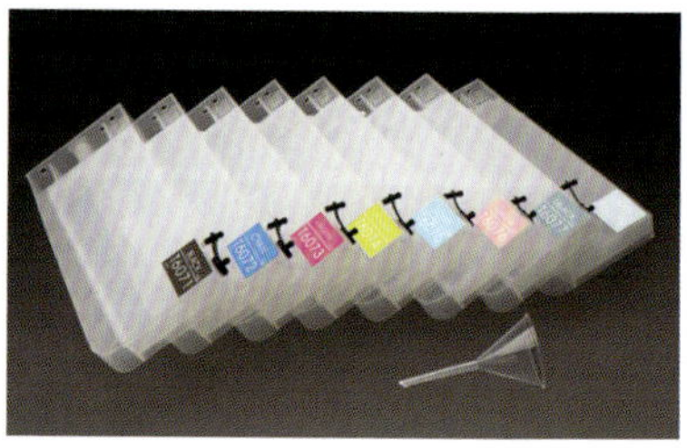

图 3-53　兼容墨盒

随着打印需求的不断增长，兼容墨水市场也呈现出了繁荣的景象。市面上的兼容墨水种类繁多，从几块钱到几十块不等，但是，这些兼容墨水的质量却参差不齐，使用过程中存在一定风险，原本是为了降低成本而选择兼容墨水输出照片，结果很有可能会事与愿违，在实际应用过程中产生更多的打印质量和设备维护的问题。

为了提升打印效果和质量，原装墨水的开发和生产都是专门针对打印机原装喷头进行的，其墨水表面张力、黏度、pH 值等各项指标都经过大量测试，达到了近乎完美的适配度。相比之下，兼容墨水由于受到生产工艺和成本的限制，在综合性能上与原装墨水存在一定差异，无法实现与喷头的完美匹配。这会导致墨水流畅性不佳、喷嘴易堵塞，甚至可能损坏打印头，从而增加了维护和更换的成本；原装墨水在色彩纯度和耐光、耐氧化性方面都有严格的控制标准，能够确保打印照片的色彩品质和长期保存性。而兼容墨水的色纯度和稳定性较差，不仅会影响照片品质，还可能出现快速变色或褪色的现象；在使用兼容墨水进行打印时，颜色也会有些偏差，甚至出现严重的色彩失真。这是因为更改了墨水类型后，打印机的驱动设置可能不再适用。用户需要不断调整或重新创建 ICC 色彩配置文件，才能获得比较准确的色彩还原。

连续供墨系统（连供），是一种用于打印机的墨水供应方式，它允许打印机在打印过程中持续不断地供应墨水，从而提高打印效率和减少墨水浪费，满足用户在大量打印任务中的需求。连供系统需要对打印机进行改装，增加外部墨水瓶并通过导管与打印机内部的墨盒连接，以实现墨水的持续供应。连供曾经是家用打印机最经济的打印方式，但随着墨仓式喷墨打印机的普及与推广，迎合了大众与市场需求。因此，连供系统退出打印的舞台将是大势所趋（图 3-54）。

(a) 墨仓式喷墨打印机，配原装墨水　　(b) 改装的连续供墨系统，配兼容墨水

图 3-54　墨仓式喷墨打印机与连供式喷墨打印机

另外，如果在使用原装墨水正常打印状态下发生故障，只要该产品仍在保修期内，均可享受免费更换、维修、调试等服务，这无疑是厂商提供的具有实用价值的服务，不仅减小打印机用户的维护成本，而且解决用户的后顾之忧，因为对于打印机所出现的故障，请专业的人员进行维修更令人放心。

在当今社会经济发展，人们消费水平及审美观念提升的背景下，选择使用原装墨水进行打印已成为趋势。这种打印方式不仅显著提升打印文件的质量，帮助人们实现完美画质的追求，同时也体现了对艺术创作的深度尊重。

三、喷墨打印纸张

纸张也是打印系统重要的组成部分，是数码影像经过一系列规范的操作之后，最终成品、艺术价值体现的承载物，其重要性不言而喻。纸张是由木浆、棉花或其他自然纤维中的纤维素制造而成。喷墨打印的纸张无论含有何种成分，通常都是经过极高水准的提纯以保证优异品质。

(一) 为何要选用喷墨打印纸张

喷墨打印机以墨滴喷洒的形式进行打印，一般常用的普通纸张都属于无涂层纸，如办公用纸、复印纸等。这类纸张通常克重较低，纸基纤薄，表面没有涂层，结构空隙较大，墨滴滴落在纸张上会沿着纸张纤维迅速扩散，导致图像边缘轮廓模糊，出现“毛边”、清晰度和色彩饱和度偏低等现象。尤其当打印的墨量较大，墨滴积累到一定程度时，还会渗透到纸张的背面，造成纸张起皱、变形、扭曲等问题，轻者浪费纸张，重者可能会刮擦打印头、损伤打印设备等（图 3-55）。

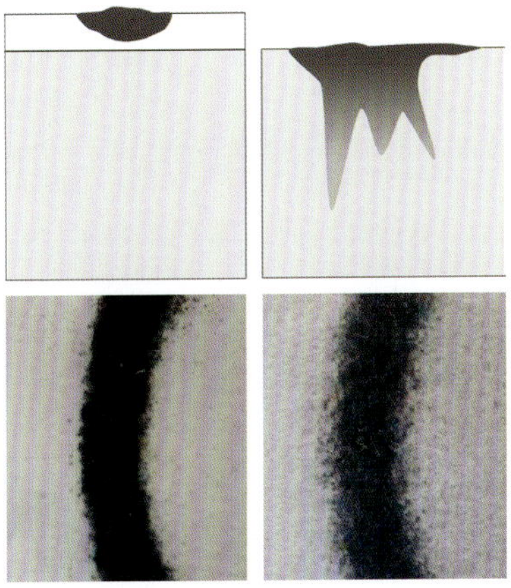

(a) 有涂层纸　　(b) 无涂层纸

图 3-55　不同纸张的吸墨表现

在传统绘画领域所使用的艺术纸，如水彩纸、版画纸、宣纸等，虽然不属于喷墨打印使用的纸张，但是这种艺术纸无论在制造工艺，还是在色彩的表现效果上都展示出了其独特性，与我们日常生活中常见的普通纸张有着本质的区别。尤其一些高端的艺术纸，如法国阿诗（Arches）、丽芙（Rives BFK）、英国森马实（Somerset）等知名艺术纸品牌，纸基多采用木、棉两种纤维。还有木棉混合、棉麻混合、机制棉浆、再生纸浆等混合材料。这些艺术纸表面纹理自然，色调中性柔和，质感表现极佳（图 3-56）。虽然传统的艺术纸张未经涂层处理，但这并不妨碍艺术家们利用喷墨打印方式进行创作。不过，由于大多数打印机驱动程序中预设的纸张类型都是针对有涂层纸张，并没有专门针对非涂层纸张的设置。所以，通常需要借助第三方 Rip（栅格图像处理器）软件对纸张进行线性化处理，并创建定制的 ICC 文件，从而实现更准确的色彩和密度控制。为了能够获得高质量的打印照片，提供给喷墨打印机使用的纸张基本上都是带有涂层的喷墨打印纸。

图 3-56　康颂传统水彩纸

喷墨打印纸表面覆有涂层，涂层是专门设计用于增强纸张性能的，例如可以快速吸收和固化墨水，防止墨水扩散和渗透到纸基中，并呈现稳定的图像；涂层纸张表面平整光滑，具有一定的白度，可以展现更好的图像质量、更加宽广的色域等；涂层还可以改变纸张的表面光洁度，使其具有高光、无光泽或介于两者之间，使其产生不同的质感和表现效果。

涂层的成分会根据用途和性能要求而有所不同，包括氧化铝、二氧化硅、黏土、二氧化钛和各种聚合物等。无论是哪种类型的打印纸，其涂层的设计和制造都是为了提供最佳的打印效果和使用体验（图 3-57）。

(a) 彩喷纸（有涂层）　　(b) 普通纸（无涂层）

图 3-57　有涂层与无涂层纸张打印效果对比

使用相同的打印机，染料墨水打印。

图（a）：95g 彩喷纸（有涂层），打印的画面颗粒细腻、清晰度高，色彩鲜艳

图（b）：80g 普通纸（无涂层），打印的画面颗粒较粗、清晰度低，色彩灰暗

（二）喷墨打印纸张的分类

喷墨打印纸张主要包括彩喷纸、相纸和艺术纸三大类。彩喷纸（也称防水纸）广泛用于商务办公、广告宣传、设计图纸等领域。相纸通常用于打印高质量照片，具有较高的光泽度和良好的防水性能，是影像市场以及家庭用户使用广泛的纸张。艺术纸主要用于展现纹理和质感的作品、艺术品复制以及收藏等。本章主要阐述与影像品质相关的喷墨打印相纸与艺术纸。

喷墨打印的相纸是一种特殊的纸张，专门设计用于打印照片。市场上喷墨打印相纸的品牌数以百计，产品也五花八门，但生产方式和工艺决定了相纸性能的根本区别。

总的来说，喷墨打印相纸主要分为三种：铸涂相纸、膨润型相纸和微孔型相纸。

1. 铸涂相纸

铸涂相纸也称铸涂高光相纸或高光相纸，属于高光型纸张。涂层采用微米级的二氧化硅，利用铸涂方式，经高亮度镀铬热缸碾压而成（图 3-58）。涂层表面光滑平整，具有一定的防水性，光泽度和白度都可以达到传统相纸的水平。铸涂相纸制造工艺相对简单，价格适中，配合染料墨水，可以打印出色域宽广、色彩非常艳丽的影像。

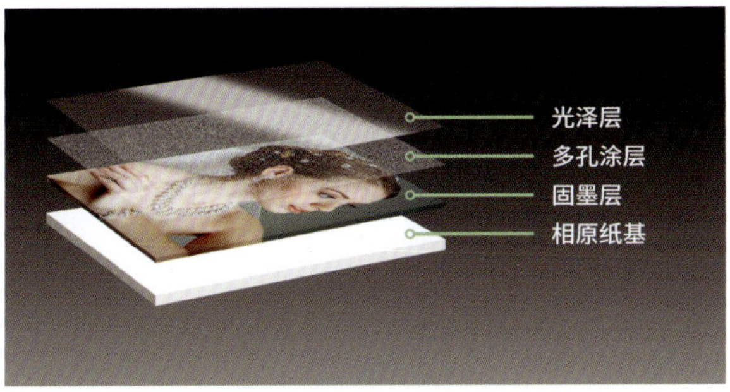

图 3-58　铸涂相纸结构

铸涂相纸的纸基是相原纸，整体防水性能较弱，在打印墨量特别大时，或者浸水后照片会变形、起皱，即使晾干后也不可恢复。铸涂相纸通用性一般，对颜料墨水的吸墨性较差，会造成画面颗粒粗糙、清晰度低下、光泽暗淡等现象（图 3-59），而用染料墨水打印虽然画质不错，但保存性相对较弱，图像色彩容易产生偏色或衰退的现象，不宜长久地保存。铸涂相纸主要用在低端的照片打印，民用影像市场普及率非常高。

（a）颜料墨水打印铸涂高光相纸　　（b）颜料墨水打印 RC 高光相纸

图 3-59　颜料墨水打印铸涂高光相纸

使用佳能 PRO-541 打印机和原装颜料墨水分别打印铸涂高光相纸和 RC 高光相纸，从照片的外观上看似乎很相似，但在其性能方面的表现差距较大，如照片质感、色彩饱和度、颗粒度等。尤其是颗粒度，由于铸涂高光相纸对颜料墨水的吸收较差而产生的颗粒感相当明显

注：相原纸是指未经涂层或只经过基本涂层处理的基础纸张材料（图 3-60），用于喷墨打印机的照片打印。它通常具有较高的平滑度和良好的吸墨性，能够确保打印出的图片色彩鲜明、细节丰富。

图 3-60　相原纸表面

80g 相原纸，放大 30 倍，表面未加工处理

相原纸的纸基通常由木材纤维制成，经过精细加工处理，以达到适合打印的厚度、重量和强度。在生产过程中，可能会添加一些化学添加剂以改善纸张的性能，例如增加其抗张强度、改善干燥速度或提高图像的耐久性等。另外，相原纸不具备防水性能，即便表面经过涂层处理，其防水效果仍然有限。

2. 膨润型相纸

膨润型相纸也称不防水 RC 相纸，分为高光、半高光（绒面）两种类型，是以聚乙烯醇（PVA）为主成膜物，将其涂布于 RC 纸基上形成膨润型涂层（图 3-61）。当墨滴喷射在涂层表面时，聚合物吸收水分膨胀，由于聚合物膨胀速度有限，导致干燥速度慢。膨润型相纸表面平滑光亮、打印的色彩鲜艳靓丽。不过，因其吸墨性差、干燥慢，并且不能防水，打印完后需要覆膜处理，这不仅增加后期的工序，提高了成本，而且还影响照片的质感。另外，膨润型相纸不吸收颜料，只适用于染料墨水打印，通用性一般，对照片的保存性有一定的影响。膨润型相纸属于低端产品，主要用于广告、影楼等行业的打印输出。

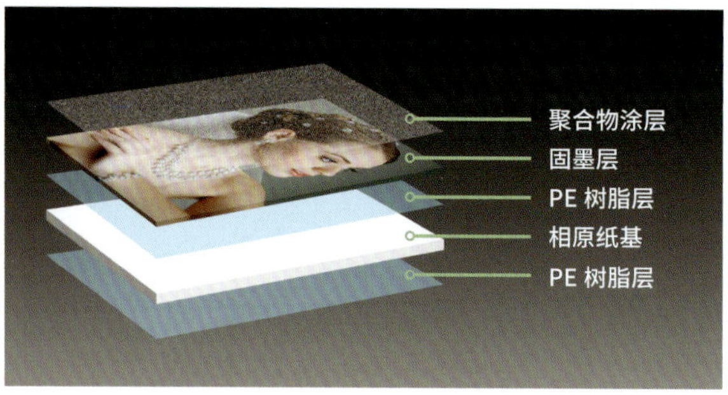

图 3-61　膨润型相纸结构

注：RC 是英文 Resin Coated 的缩写，其意思是树脂涂布或者树脂淋膜，就是在相原纸的两面都淋膜一层树脂，这样就解决相原纸基的防水和挺度的问题，目前淋膜的树脂主要是 PE（聚乙烯），通常把 RC 纸基生产出的相纸称为 RC 相纸。

3. 微孔型相纸

微孔型相纸也称 RC 相纸或防水相纸，也分高光、半高光（绒面）两种类型，是采用纳米级的无机材料，形成极细微的无机 - 有机复合微粒，涂布于 RC 纸基上的微孔结构涂层（图 3-62）。墨水打印上去后，马上被类似蜂巢的微孔结构所吸收，防水、干燥很快。由于也采用 RC 纸基，因此防水效果出色，即使将打印好的相纸放在水中浸泡都不会影响成像效果。微孔型相纸不仅表面光滑白净，打印的色彩鲜艳靓丽，保存持久，而且对打印的墨水通用性强，适用于颜料墨水和染料墨水打印。RC 相纸是相纸中的高端产品，技术含量非常高，无论是相纸性能、图像品质、保存性，还是照片质感，都可以与传统银盐冲印照片相媲美，主要适用于展览、广告、装饰、影楼等专业图像应用领域。

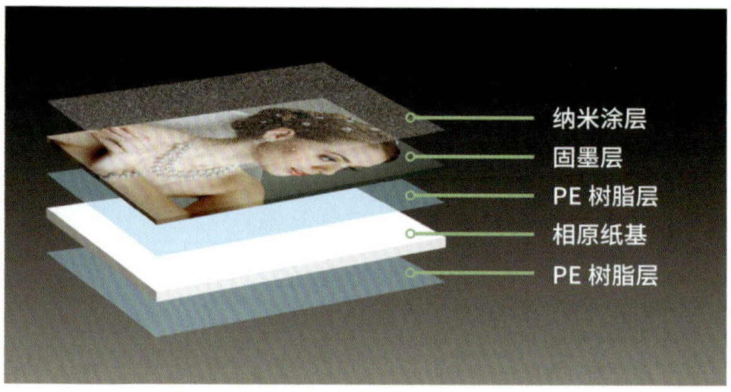

图 3-62　微孔型（RC）相纸结构

RC 相纸属于高端纸张制造技术，国内能够生产 RC 相纸的企业屈指可数，且产品在质量上也与国外产品有很大的差距。市面上的 RC 相纸大部分为 OEM（原始设备制造商）品牌，或者是国外进口纸的代理、分销等，导致 RC 相纸的价格相对较高。尽管如此，RC 相纸以其出色的打印品质在中高端市场中的份额依然相当可观。

喷墨打印相纸在销售的方式上，总体来说可以分为三类：打印机原厂相纸、通用品牌相纸（分进口和国产两种品牌）以及无标相纸（即业内俗称“白包”）。前两者相纸皆有精美外包装，采用纸盒或塑料袋装，价格较高，后者没有外包装，相纸直接装在透明的塑料袋中，贴上标签直接出售，通常价格较低。

4. 艺术纸

普通喷墨打印纸（如彩喷纸、铸涂相纸以及 RC 相纸等），纸浆含有木质素，纸张会随着时间的推移而容易变黄，从而影响图像的色彩和保存效果。而喷墨打印的艺术纸，纸浆质量要求较高，多为纯木浆，长纤维较多，含有 α- 纤维素等，有助于提高纸张的强度和耐久性。有些高端的艺术纸还会采用 100% 纯棉制成。由纯棉纸打印而成的摄影作品，画质卓越，质感强烈，不仅展现出了独特的艺术魅力，而且具有高度的稳定性、超长的保存性、作品不易褪色等特点，满足了博物馆和画廊收藏级别的需求，使摄影作品提升至更高的社会地位和艺术价值。

艺术纸按涂层工艺分为两种，一种为光泽艺术纸，常见于硫化钡艺术纸。这种类型纸张质地坚挺、表面平滑或带有细微纹理，并拥有独特的光泽，具有宽广的色域、深度的着色，既能表现凝重的深黑，又可以提供极佳的影像清晰度，是黑白与彩色摄影作品的完美之选（图 3-63）。另外一种为无光泽艺术纸，这种类型纸张质地柔和，表面通常具有自然白净的色调且无反光，多为纯棉纸基。按纸张表面质感分为平滑面和纹理面两种：平滑面艺术纸具有精细平滑的表面和优雅的质感；纹理面艺术纸的表面则拥有精致的自然纹理和强烈的质感。无光泽艺术纸适合各类风格的影像，无论黑白还是彩色，或是进行艺术品复制，令人印象深刻（图 3-64）。

图 3-63　硫化钡艺术纸（光泽型）

图 3-64　摄影纯棉艺术纸（无光泽型）

从实际应用角度看，艺术纸还可以分为经济型艺术纸和收藏级艺术纸。经济型（或者称为展览级）艺术纸一般以纯木浆、木纤维纸基为主，非纯棉或木棉混合，多为无光泽型艺术纸。纸张表面也分平滑和纹理两种类型，克重相对较低，如市面较为流行的增强粗面纸、蚀刻艺术纸等，应用题材广泛、打印作品精美，以及价格合理且具有较高的性价比，在一定程度上满足了大众对影像品质和艺术效果的追求。收藏级艺术纸多通常价格价格昂贵，多以纯棉为纸基，具有不含酸、不含木质素、保存持久等特点，适合打印高质量的摄影作品、美术复制品和数字艺术纸质作品，广泛适用于博物馆、大型展览、艺术画廊等专业领域。

艺术纸代表品牌：哈内姆勒（Hahnenmuhle）艺术纸、康颂（Canson）艺术纸等。

（1）哈内姆勒艺术纸

图 3-65　哈内姆勒艺术纸

世界上只有少数公司拥有如此悠久而辉煌的历史，且能传承至今。始创于 1584 年的哈内姆勒是德国最古老的艺术纸制造商。纸张经典高雅，品种极其丰富。如今，哈内姆勒将经典艺术纸与特殊喷墨涂层相结合，能够呈现出无与伦比的卓越影像和艺术气息，让摄影师和数字艺术家们能够享受到哈内姆勒的高端产品所带来的美妙体验（图 3-65）。

（2）康颂艺术纸

图 3-66　康颂艺术纸

法国康颂始创于 1557 年，特有的精美纸张承载了许多文化，是世界美术市场的领导者。精湛的造纸工艺，将创新和传统完美结合，四百多年中一直积极推动世界艺术、文化发展并与之紧密相连（图 3-66）。

（三）喷墨打印纸张的选择

根据不同艺术作品的风格，选择适合的纸张进行打印，将会带来令人期待的一种体验。然而，这并不是一个很轻松的过程，特别是在面对纷繁复杂的纸张分类方式时，可能会令人感到困惑。那么，该如何选择喷墨打印机的纸张？

1. 选择打印机原厂纸张

喷墨打印机制造商也销售自己的纸张系列，通常称为“原厂纸”或“原装纸”。其实原厂纸是由指定的纸张供应商提供纸品，并贴牌售卖，也就是“OEM”。使用原厂纸张的优势在于当你对市场上品类繁多的喷墨打印纸张无所适从时，选择原厂纸不失为一种简单有效、安全稳妥的方法。一般情况下，使用原厂纸张打印的照片不仅画面清晰、色彩还原逼真，而且打印过程也非常流畅，走纸精确，性能稳定，很少出现打印头剐蹭和堵头现象。与使用原装墨水的道理一样，这是因为打印机驱动的设置都是根据原厂纸张的特性进行设计和匹配的，几乎可以呈现最为理想的打印状态和最佳的画面效果。如图 3-67 所示，“高级光面照片纸 II”既是佳能原装照片纸的品名，也是佳能打印机驱动程序中的介质类型名称，选择与设置简单快捷，打印质量也有所保障。

介质名称 <型号>	打印机驱动程序中的介质类型
高级光面照片纸 II <PP-201/PP-301>	高级光面照片纸 II
优质专业照片纸 <PT-101>	Photo Paper Pro Platinum
专业绒面照片纸 <LU-101>	Photo Paper Pro Luster
亚高光泽照片纸 <SG-201>	亚高光泽照片纸
光面照相纸 “Everyday Use” <GP-501/GP-508>	光面照相纸
光面照相纸 <GP-701>	光面照相纸
无光泽照片纸 <MP-101>	Matte Photo Paper

（a）佳能打印机驱动纸张设置

（b）佳能原装照片纸：高级光面照片纸 II

图 3-67　佳能原厂纸与打印机驱动的纸张设置

2. 选择第三方纸张

第三方纸张，也就是非原厂纸张。通常打印机厂商不推荐用户使用非原厂纸张，其原因与墨水相同，官方宣称选择第三方纸张打印会影响打印机的性能和使用寿命，也会导致打印结果的质量无法预测。其实本质上主要是担心影响打印机原厂纸张的销售，这完全可以理解，毕竟耗材才是打印机厂商最主要的盈利模式。原厂纸张确实有其独特的优势，这是用户普遍认同的。然而，就像打印机原装墨水一样，原厂纸张偏高的价格也同样增加了打印成本，尤其是在中低端打印市场，为了降低成本，用户更倾向于选择性价比更高的第三方耗材。对于专业用户来说，可能会选择如哈内姆勒或康颂等高端品牌的艺术纸。所以，使用第三方纸张打印已成为一种常态。然而，要想在第三方纸张上打印出高质量的照片并不容易，单纯依赖打印机的驱动设置是不够的。许多第三方纸张厂商会在官网上免费提供与纸张相对应的打印机 ICC 色彩配置文件，并附有详细的使用指南，包括安装步骤、打印机驱动设置等（图 3-68）。用户只需按照指南操作，即可通过 Photoshop 或 Lightroom 等软件调用 ICC 色彩配置文件进行打印，从而获得满意的色彩效果。

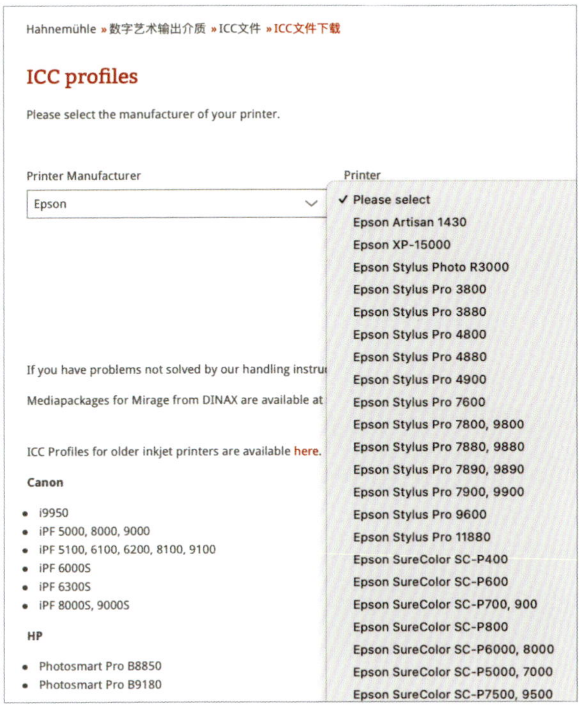

图 3-68　哈内姆勒官网 ICC 文件下载

需要注意，在使用第三方纸张 ICC 色彩配置文件时，要将打印机驱动中的色彩管理选项关闭。（关于打印工作流程参见第五章）

由于官网上提供的 ICC 色彩配置文件是在特定的打印条件下制作的，但这些条件往往与普通用户的实际打印环境存在差异，并不具有普遍意义，所得到的只是一种色彩大致接近的色彩匹配方案。如果条件允许，建议用户最好还是自己通过校色仪来完成 ICC 色彩配置文件的制作，虽然操作有些复杂，但却可以得到针对性更强、精确度更高的 ICC 配置文件，色彩表现也更趋于完美。（关于打印机和纸张 ICC 制作流程参见第四章）

另外，特性文件并不是一成不变的色彩解决方法，任何呈色设备都会随着时间的推移而变化，即使是使用原厂纸张打印，也不能保证一定能获得理想的打印效果。因为打印机驱动中最初设定的纸张选项和 ICC 可能已经过时，不再适用于当前的设备状态。如果不进行校准和更新，打印的色彩就可能出现偏差，无法准确还原源文件的色彩。

(四) 纸张的其他特性

1. 荧光增白剂

荧光增白剂（OBA）是一种吸收人眼不可见的紫外光，将其反射出可见的蓝色或蓝紫色光的有机化合物，广泛用于造纸、纺织、涂料和洗涤剂等行业。增白剂会让纸张显得更白、更亮，或略带偏蓝色调。通常为了保证纸张有一个理想的表现效果，在纸基或涂层中多少都会含有一定成分的增白剂（图 3-69）。针对增白剂这一特性，当在含有增白剂的介质上输出作品的时候，就必须针对纸张的明度和蓝色调进行补偿。由于增白剂属于慢性挥发物质，会随着时间的推移而慢慢消散，纸张也会逐渐地发黄，这一现象也让很多摄影师所诟病。根据爱普生的说法，其所有标准纸张都含有荧光增白剂，以改善白度并抑制纸张的泛黄。如果对含有增白剂成分的纸张有顾虑的话，可以选择不含增白剂成分的纸张，如以硫化钡为主的光泽纸和“天然纸浆”的无光泽纸作为替代品。

(a) 在 D65 标准光源灯下观看，纸张色调正常　　(b) 在紫外线灯下观看，纸张有反光的代表含有荧光增白剂

图 3-69　含有荧光增白剂的纸张特征

2. 纸张亮度

纸张的亮度，在描述纸张时容易与白度相混淆，实际上两者是不同的概念，在测量的原理上有着根本区别。亮度和白度都是纸张的一项重要的外观性能和光学性能。亮度测量是纸张在特定光源下，对波长 457nm 蓝光内反射率的度量。一般认为，纸张的亮度越高，白度也会越高，但事实上并非如此，在不同的光源照明条件和纸张制造工艺上，纸张的亮度与白度之间并不总是正相关的。

亮度是评价纸张明暗程度时使用的一个重要性能指标。通常以 1 ～ 100 的等级评定，数值越高、纸张亮度也越高，例如，95 亮度的纸张要比 85 亮度的纸张更亮一些，其中 100 亮度是最亮的。这种亮度的差异会直接影响我们对纸张颜色的感知。当使用特定的蓝光测量这种反射会忽略更长的波长，包括绿色和红色。因此，两种亮度相同的纸张在视觉上可能看起来非常不同，即使它们的“亮度”是相同的（图 3-70）。利用荧光增白剂可以提高纸张的亮度，当然也会随着时间的推移而逐渐减弱。高亮度的纸张可增加画面的反差、提高阅读性等，不过，高亮度的纸张也会对人眼产生过度刺激，长时间观看会引起视觉疲劳。

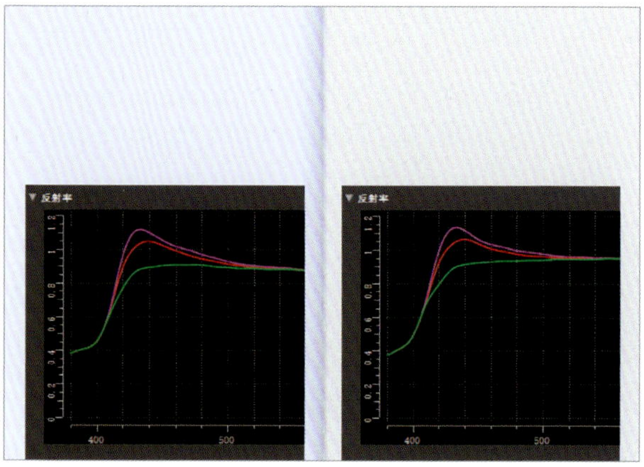

（a）RC 高光相纸　　（b）硫化钡艺术纸

图 3-70　亮度接近的两款纸，视觉感受却不同（白度不同）

3. 纸张白度

纸张白度，表示纸张洁净程度的物理量。测量的是纸张在可见光谱范围内漫反射全部波长的光，理想的白度标准是对于全部可见光谱的全反射，与人眼的感觉密切相关。在造纸工业中常使用 CIE 白度表示纸张白度。

图 3-71　纸张白度对比

四款纸张从上至下依次为：RC 相纸、硫化钡艺术纸、摄影纯棉艺术纸和宣纸

纸张的颜色，概括来说就是在什么光谱位置吸收或反射多少光能量。例如，如果白光（全光谱光源）照在纸张上，我们看到的仍然是白色，说明这张纸反射了所有入射光；如果看到的是黄色，说明这张纸吸收了其他所有色光而只反射了黄光。大多数的白纸的反射率在 50% ～ 90% 之间，在其他不同波长位置的反射率在 20% ～ 30% 之间。

纸张的亮度与白度分别有各自的评价标准。纸张白度如有偏差，便会产生不同的色调、反差和色域等。影响纸张白度的因素主要与纸浆的白度、木质素的含量、各种填料、水以及储存条件等有关（图 3-71）。

4. 纸张的重量与厚度

纸张的重量是用每平方米（m^2）克重（GSM）表示，也就是说一张 300GSM 的纸表示 $1m^2$ 这种纸张的总重量为 300g。艺术纸的重量一般在 250 ～ 400GSM 之间。通常纸张越重，纸张也越厚。较重的纸张能够在不起皱的情况下吸收更多的墨水，产生更大的深色密度和色彩饱和度，尽管这是以纸张适用性为代价的。如果纸张太重，适用性就会下降，无法通过打印机的滚筒进纸。当然，现在很多喷墨打印机具有后进纸器，允许更厚的纸张直接送入而不会弯曲。对于纸张的重量和厚度来说，不同的打印机型号都会使用特定厚度范围的纸张（并且标注打印的最大厚度）。在打印机驱动中，每一种打印纸类型都有对应的纸张厚度，打印机会自动调整导纸间距（打印头与打印纸之间的距离），以获得最佳打印效果。如果使用第三方打印纸张，需要咨询打印纸经销商，或查看与打印纸相关的文档，以了解纸张厚度的信息。尽量选择接近打印机驱动中的纸张类型，或者自行测量纸张厚度，然后进行自定义纸张设置，手动输入纸张厚度。

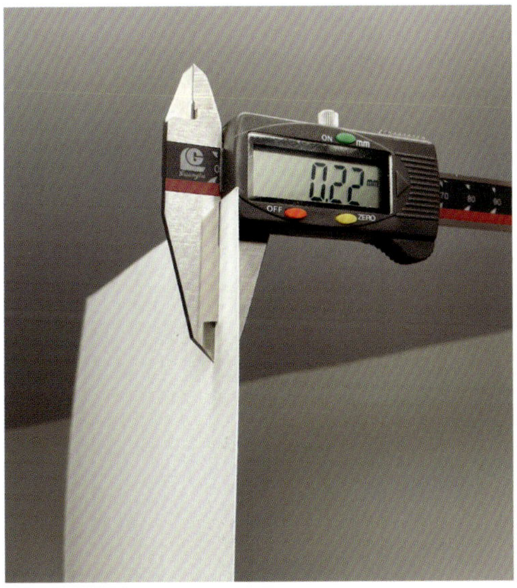

图 3-72 使用游标卡尺测量纸张厚度

导纸间距设置可以降低打印输出的颗粒感和剐蹭痕迹，以及在打印位置和颜色差异，从而确保每一幅作品都能达到色彩协调、定位精准的完美状态。纸张的厚度可以使用游标卡尺测量（图 3-72），通常单位为 mm。然而，纸张的厚度并不总是与其密度成正比。有些纸张虽然厚重，但密度却不高，因此实际重量和手感可能与预期并不一致。优质的纸张是重量与厚度的完美平衡。克重大以及较厚重的艺术纸，不仅具有一定的挺度、平整度高，同时打印的画面质量也很出色；而轻薄的纸张在打印的时候，墨量一大很容易出现褶皱等情况，在输出大幅面作品的时候问题尤其严重，直接影响走纸精度，或刮擦打印头。对于纸张的重量和厚度要特别重视，不可随意设置，尽可能在打印机驱动中选择与使用的纸张相匹配的纸张类型选项，不仅可以确保打印过程稳定流畅，还能延长打印机的使用寿命，从而实现更高的打印效率和更佳的打印体验（图 3-73）。

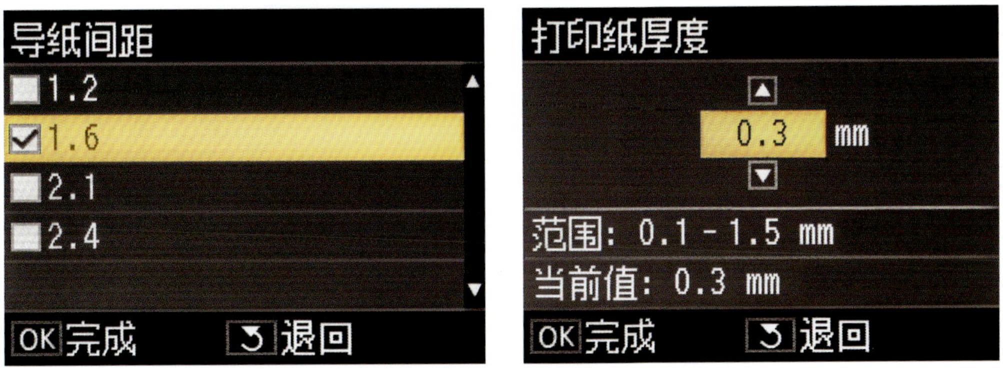

(a) 导纸间距　　(b) 打印纸厚度

图 3-73 导纸间距与打印纸厚度

图（a）：导纸间距设置选项，以爱普生 P20080 打印机为例，导纸间距设置选项数值越小，打印头越靠近纸张表面，墨滴越微小，画质越清晰，但当打印纸张偏薄或不平整时，过小的间距很容易增加打印头剐蹭纸张的风险，建议将导纸间距设置稍微大一些，增加打印头与纸张的距离。不过，如果导纸间距设置过大，可能会出现打印的线条增粗或画面模糊的现象。

图（b）：打印纸厚度的设置选项，打印机会根据自定义纸张厚度设置打印头高度

（五）纸张的尺寸

现代的纸张制成后都会以国际标准裁成一定的尺寸，规定以A0、A1、A2、A3或B0、B1、B2、B3等标记来表示纸张的幅面规格，通常是用幅宽×长度表示。如常用的A4纸，幅面规格为210mm×297mm。目前打印机都是以纸张的幅宽（纸张的短边）进行标注的，如最普及的A4打印机为210mm的纸张，A3打印机为297mm的纸张（图3-74）。专业级喷墨打印机幅宽基本上都在A2以上，也称大幅面打印机，多数以打印卷装纸张为主。常见幅宽为610mm、914mm、1118mm，最大幅宽可达1524mm。

图3-74　A3打印机及打印纸张

纸张尺寸通常按照一定的比例相互关联，使得在裁剪或缩放时，纸张的比例得以保持。在国际标准ISO 216中定义了A系列纸张尺寸，例如，A0纸张的尺寸是841mm×1189mm。A系列纸张的特点是每个尺寸的纸张都是前一个尺寸的一半，即当A0纸张沿其最长边对折时，得到的就是两张A1纸张（594mm×841mm），如果再次将A1纸张沿其最长边对折，得到的就是四张A2纸张，以此类推，便可确定A3、A4等纸张尺寸（图3-75）。

这种尺寸体系的好处是无论纸张如何缩放，其长宽比始终保持为$\sqrt{2}$：1（约为1：1.414），这使得纸张在复制和缩放时非常方便，因为可以保持内容的比例不变。此外，由于A系列纸张的尺寸是基于二分法的，所以在实际使用中，可以很容易地通过切割得到所需尺寸的纸张。

除A系列之外，还有B系列和C系列纸张尺寸，它们的规格也是基于相同的几何原理，但通常用于特定的应用场合，如B系列纸张用于海报和绘图，C系列则用于信封（图3-76）。

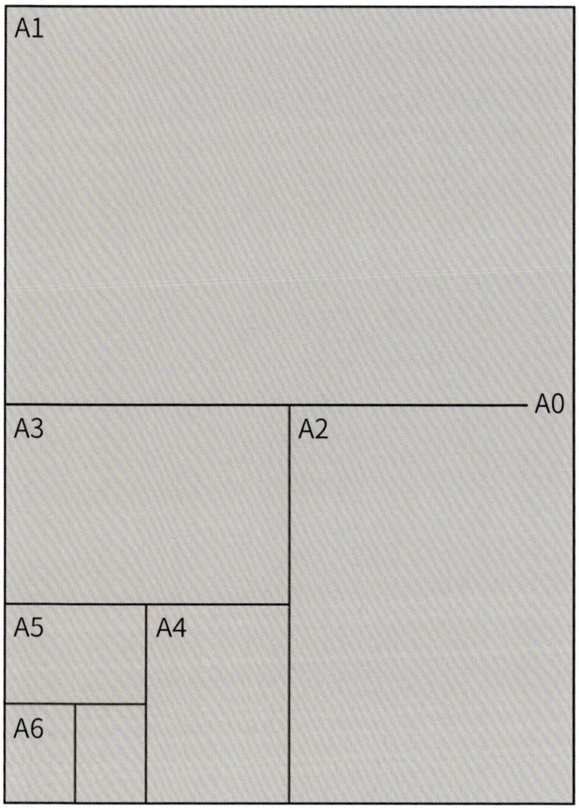

图3-75　A系列纸张划分

A 系列

规格	尺寸（mm）	规格	尺寸（mm）
A0	841×1189	A4	210×297
A1	594×841	A5	148×210
A2	420×594	A6	105×148
A3	297×420	A7	74×105

（a）A系列纸张规格

B 系列

规格	尺寸（mm）	规格	尺寸（mm）
B0	1000×1414	B4	250×353
B1	707×1000	B5	176×250
B2	500×707	B6	125×176
B3	353×500	B7	88×125

（b）B系列纸张规格

图3-76　A系列与B系列纸张规格

第四章　准备工作（预处理）

古语有云："工欲善其事，必先利其器"，形容做事要做好充分的准备。当我们对现用的流程系统进行色彩管理时，首先要做的第一件事就是要校准设备。校准设备的目的是让设备参与到色彩管理流程中，使其处于一个可以控制的最佳工作状态。这里指的设备是一个抽象的概念，它不仅包含在流程中使用的各种硬件设备，还包括观察环境的匹配以及后序打印流程的稳定性。

第一节　建立标准化的观看环境

色彩管理的过程是一个对颜色进行准确评判的过程，例如，同一张打印好的照片，如果因为环境光的不同而迫使人眼对同一张照片产生不同的色彩感受，这就无法保证这张照片的色彩再现的准确性和稳定性。另外，照明条件下的周围环境因素也会影响人眼对色彩的视觉感受。因此，要想让显示器显示的色彩与打印出的照片一致，首先要做的，其实是一项很朴实的工作——确认环境光（图 4-1）。

（a）偏冷色调的环境

（b）偏暖色调的环境

图 4-1　不同环境光

一、色温

色温是表示光线中包含颜色成分的一个计量单位。从理论上说，一个标准黑体（理想中的绝对黑色物体）在连续加热的过程中会发出不同颜色的光，逐渐由黑色变成红色、再变成黄色，然后是白色，最后发出蓝色光。当加热到一定的温度，黑体发出的光所含的光谱成分，就称为这一温度下的色温，单位为“K”（开尔文）。色温越高，色彩就越偏蓝，色温越低，色彩就越偏红。色温在摄影摄像、出版印刷、灯光照明以及各种显示设备等领域具有重要意义（图 4-2）。

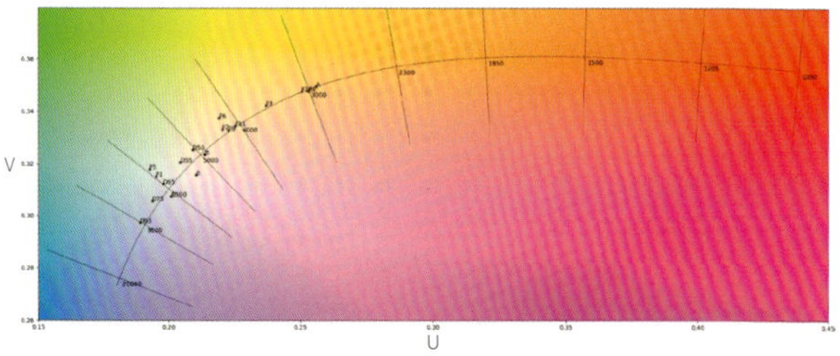

图 4-2　不同色温黑体在 CIE1960UCS 色域放射的轨迹

如果某一光源发出的光与某一温度下黑体发出的光所含的光谱成分相同，就称为多少 K 色温。例如，正午阳光的色温为 5500K，呈现白色；白炽灯的色温为 3000K 左右，呈现黄橙色；而晴朗无云蓝天的色温为 9000K，呈现蓝青色。需要注意，色温代表着光谱色颜色的温度，而非光源实际的物理温度（图 4-3）。

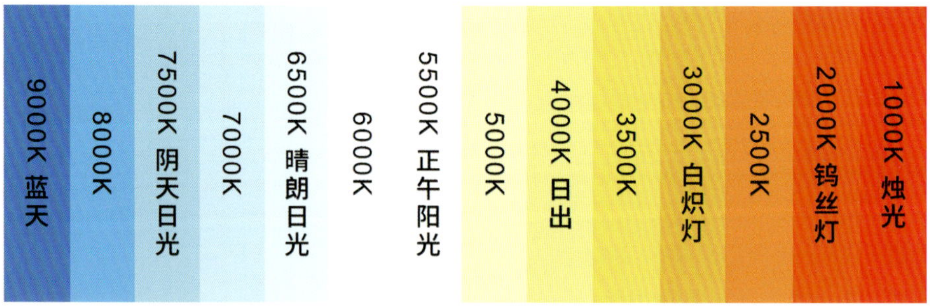

图 4-3　色温参考图

二、观看照片的环境光

(一) 打印场所的环境光

判断打印出的照片色彩是否正确，打印场所的环境光非常重要，一定要避免环境光过亮、过暗或者光线有色偏。例如，在室内昏暗泛黄的白炽灯下打印，虽然环境的光线柔和温馨，令心情轻松愉悦，但这样的环境光下是无法对色彩做出正确判断的；而太阳光照射下的光线环境很不稳定，光线状态受季节、时间、天气的影响很大。

在色彩管理系统下，我们需要的是亮度稳定且能正确判断色彩的照明环境。因此较之自然光，质量有保证的室内照明才是最佳选择——光线亮度适宜，还要能让我们看到照片原本的色彩。遵循标准的观察条件是十分重要的事情，它不仅能够保证颜色再现的准确性，而且能保证颜色的前后一致性。

合格的环境光必须能让人看出照片原本的色调。推荐使用用于色彩评估的荧光灯，如 D50、D65 的标准光源。这两种光源都是依据自然界平均昼光的色温作为基准，十分接近自然光源的光谱成分，可以提升对颜色观察的准确性。通常能够使用标准光源的场所基本上都属于与色彩相关的专业机构，如印刷、印染、广告等。而普通家庭的光源环境相对来说可能比较复杂，光源在色温、种类、数量以及灯体的大小等方面都很难实现标准和统一，毕竟这是日常起居生活为主的场所。因此，如果需要在家里打印的话，推荐使用日光色（三基色）荧光灯。荧光灯发光面积大、光照均匀且很稳定，色温通常在 5000 ～ 6500K，相当于标准光源的 D50 或 D65。可以说该范围内的荧光灯都适合在打印时使用，是一种相对理想的照明光源。需要注意，荧光灯也有很多不同色温种类，不建议使用市面上常见的暖白色、冷白色等荧光灯，不容易正确判断色彩。

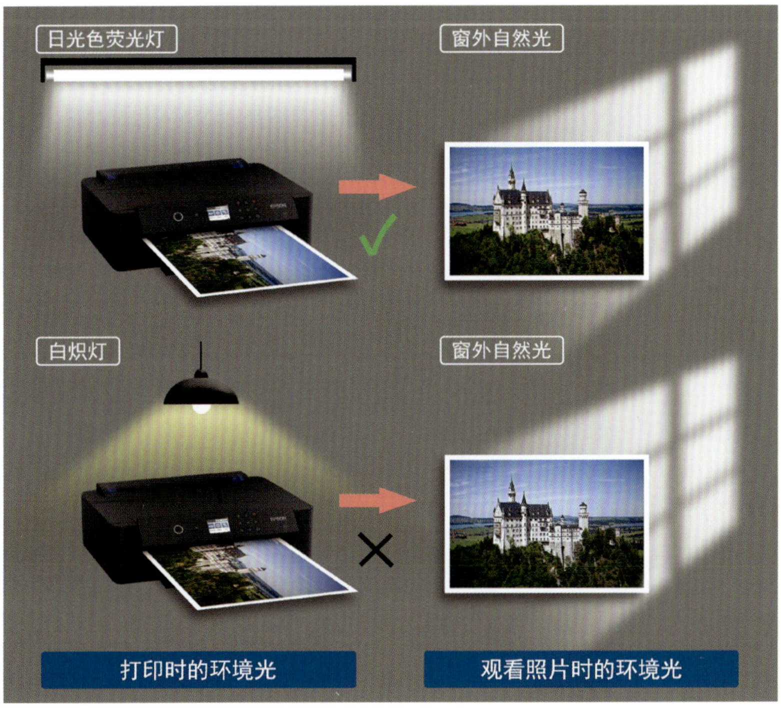

图 4-4 打印与观看照片的环境光对比

如图 4-4 所示，以日光色荧光灯（色温为 6500K）为打印时的环境光，与观看照片时的环境光（窗外自然光）的色温相似，因此，在打印时的环境光下观看照片的色彩与在观看照片时的环境光下观看的照片色彩基本上是一致的。以暖色调的白炽灯（色温为 3000K）为打印时的环境光，与观看照片时的环境光（窗外自然光）的色温相差较大，在此打印环境光下是无法正确判断照片色彩的，会产生错误的色彩调整，最终导致打印的照片在实际观看照片环境光下观看，照片的色彩有明显的色偏（通常会偏蓝青色）。

其实想要判断色彩是否准确，环境光与显示器的校准都非常重要。因为我们需要在该光线环境中判断打印品的色调、饱和度等要素是否都让人满意。只有具备了能够正确判断显示色彩的照明环境以及经过校准的显示器，后面所讲的色彩匹配、色彩管理才能实现。当然，即使不进行这两项工作，在打印照片时也需要一个能够正确判断色彩的照明环境。

(二)展示场所的环境光

在判断照片效果时，一个稳定的照明环境是非常重要的。同时，还要保证在该光线条件下照片的视觉效果基本与自然光（太阳光或其间接光）相同。这是因为在不同场所的环境光下观看照片，给人的印象是不一样的。如图4-5所示，分别展示了四种不同的环境光，借助色卡和光谱测量设备可以进一步了解照明光线的特点以及观看照片的实际效果。

（a）自然光（晴天、朝南、阳光直射）

实测色温：4960K，照度：34000lx，能级非常高，连续光谱，属于标准照明体，在此环境光下，照片色调还原准确，色彩饱和度高且具有良好的反差。但自然光的色温会随着时间的推移而发生变化，存在一定的局限性，通常只有在中午前后很短的一段时间里光线条件最理想，不会产生色偏

（b）自然光（晴天、朝北、阴影处）

实测色温：8260K，照度：3500lx，能级较高，连续光谱，光线状态相对稳定。由于照片处于阴影处观看，照明的光线主要来自天空光，因此蓝色的光线参与量增多，导致色温偏高。在此环境光下，照片色调整体偏蓝青色

（c）白炽灯

实测色温：2621K，照度：870lx，能级衰减明显，照度较低，连续光谱。因为其光线中缺少蓝色光，呈黄色调，在此环境光下，照片整体色调偏黄、反差较低，无法正确判断照片的颜色，所以不适合用作色彩识别等工作的照明

（d）LED灯（冷白色）

实测色温：7400K，照度：411lx，作为常见的普通室内照明光源，与白炽灯同样是能级不高，照度较低，且非连续光谱。在此环境光下，照片的色调趋向于类似朝北的蓝色天空光下观看的效果，偏蓝青色。同时，由于光谱分布不均，照片中各颜色不能均衡再现。如图中光谱靠近蓝色段，有明显凸起的狭窄波峰，导致照片中女孩蓝色牛仔裤和绿色树叶的色彩有些夸张

图4-5 照片在不同环境光下观看

三、标准光源

人类视觉对颜色的认知是在自然光源（日光）的照射下逐渐进化和完善的，在长期的生产和生活实践中，人们已习惯于在自然光下辨认颜色，并以此作为人造光源的参考标准。所以工业生产或专业机构中精细的辨色工作要求照明光源须具有近似真实日光的光谱功率分布，因而它应包括近紫外辐射和可见光谱辐射。

(一) 标准光源 D50 与 D65

标准光源是由 CIE 规定的其辐射近似 CIE 标准照明体的人造光源。色温和显色性是影响光源色彩还原能力最重要的两个指标，只有具备了一定的色温和显色性（以显色指数表示），一般为 5000K 或者 6500K 色温，95% 以上的显色指数的光源才能够被称为标准光源。因此，并非任何人造光源都可胜任。

标准光源 D50、D65 具有日光光谱的紫外成分。在模拟日光环境下，观察的色彩更能体现真实的颜色，不容易产生色差。由于自然界没有纯粹的白光，因此两种标准光源的色温略有不同（图 4-6）。

D50 光源的色温为 5000K，是印刷业公认的标准色温，近似白天自然日光。通常运用在印刷或前置出版的领域。

D65 光源的色温为 6500K，是国际标准日光光源，近似平均北方自然日光（或朝北的窗光）。

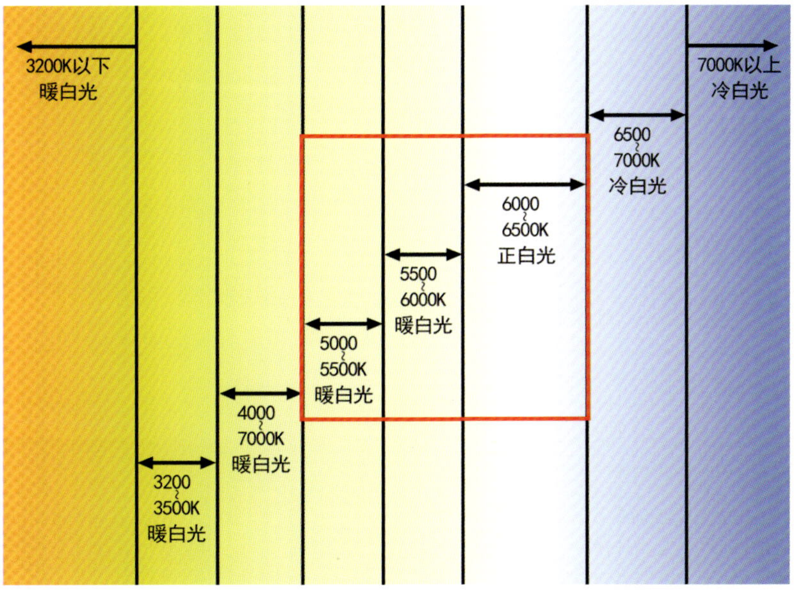

图 4-6　红框为 D50 与 D65 所对应的色温区域

(二) 标准光源箱

标准光源通常是将几种不同色温灯光同时安装在一台标准光源箱（标准光源对色箱）内，如 T60（5）标准型的标准光源箱，包含了 D65、TL84、CWF、F、UV 共 5 种光源（图 4-7）。箱体内壁必须是标准深灰色的亚光面，才能确保不受环境反射光的影响。标准光源箱是能提供模拟多种环境灯光的照明灯箱，常用于检测样品的颜色。使用时，只要按一下对应光源名称的按钮，这种标准光源就会点亮。

为了保证标准光源的稳定性，标准光源灯使用一段时间后（通常是 2000 小时），就需要及时更换，以避免因为灯管的老化而影响目视观测颜色的效果。标准光源灯能够正常工作的时长，称为该灯具的寿命。

图 4-7　标准光源箱

标准光源箱使用要求如下

① 将需要观察的样品放置于光源箱内部的样品架上，确保样品平整，且没有遮挡；

② 打开电源，预热光源箱几分钟，以确保光源稳定；

③ 根据需要观察样品的颜色特性，选择相应的光源；

④ 注意观察角度，以入射光 45°或视角 45°为佳，保持光照均匀，并尽量避免外界光线照射到被检测物品上；

⑤ 标准光源箱内不要留有杂物，只放置比色用的两个物品，以免影响对色效果；

⑥ 观察结束后，关闭电源（延长灯管使用时间）。

四、光源的显色性

如图 4-8 所示，分别在自然光、标准光源、白炽灯以及荧光灯（日光灯）4 种不同光源下翻拍同一张照片，相机设定为 5000K 色温值。通过拍摄的照片对比观察，可以看到在不同的光源下，照片呈现出不同的色彩。这说明照片的色彩能否准确还原，不仅与光源的色温有关，还涉及光源另一重要特性——显色性。

如图 4-8(a) 所示，光源为自然光，色温 5000K，高显色性。自然光的能量巨大，光谱分布均匀，是最为理想的照明光源之一。照片不仅清晰度高、反差适中、层次分明，而且色彩还原准确。由于纸张中含有一定的 OBA，受到自然光中紫外线照射后释放出更为明亮的色调。

如图 4-8(b) 所示，光源为标准光源，色温为 5000K（D50），高显色性。是符合 CIE 标准的光源。标准光源属于全光谱光源，光谱分布均匀，色彩还原准确，是最接近于自然光性质的人造光源。

如图 4-8(c) 所示，光源为白炽灯，色温为 2600K，高显色性。尽管白炽灯具有光谱连续、显色性好，但其辐射能量分布偏重于长波方面，整体上看上去色彩偏红偏黄。

如图 4-8(d) 所示，光源为荧光灯（日光灯），色温为 6000K，低显色性。普通荧光灯的光谱分布极为不均，色彩灰暗、饱和度低、偏色严重，不适合用来评估照片色彩。

(a) 自然光，高显色性　(b) 标准光源，高显色性　(c) 白炽灯，高显色性　(d) 荧光灯，低显色性

图 4-8　不同光源的显色性

同为光源，荧光灯与太阳光、标准光源都具有相似的色温（5000 ～ 6500K），理论上应该会有准确的色彩还原，但为何会有如此明显的差距？问题就在于光源的光谱成分。通过三张光谱图的对比可知（图 4-9），在太阳光中，可见光的光谱分布是均匀的；标准光源虽然是荧光灯，不如自然光级别那么高，但光谱分布还是比较均匀的；而普通荧光灯光源，光谱分布走势非常独特，不同颜色的波长犹如孤峰突起，犬牙交错，这样的光谱分布就会造成色彩还原失真，导致照片中有些颜色看起来特别鲜艳，而有些颜色则很暗淡。

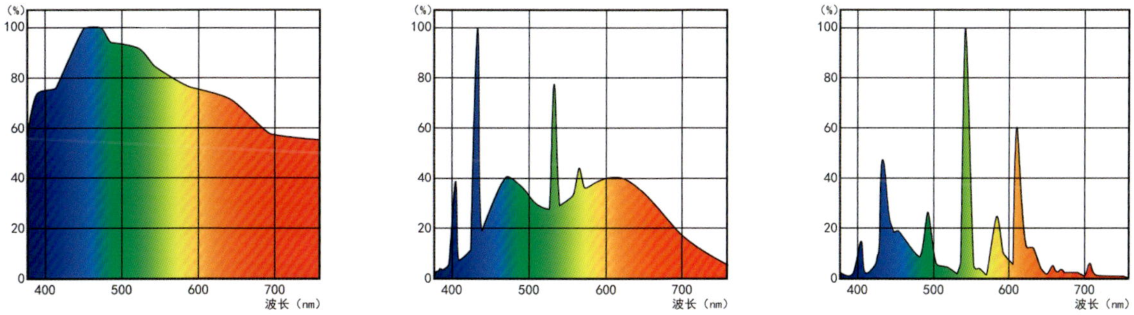

(a) 太阳光　　(b) 标准光源荧光灯　　(c) 普通荧光灯

图 4-9　不同光源的光谱成分

光源对物体颜色呈现的程度称为显色性，也就是颜色再现的逼真程度，用显色指数（*Ra*）来表示。*Ra* 值越高，说明光源下物体颜色显示得越真实，显色性能越好。*Ra* 的范围通常在 0 到 100 之间，其中 100 代表最接近自然光的显色性能。通常推荐使用 *Ra* 在 90 以上的光源，以确保更准确的颜色判断。原则上，人造光源应与自然光源相同，使人的视觉能正确辨别事物的颜色，当然，这要根据照明的条件和目的而定。

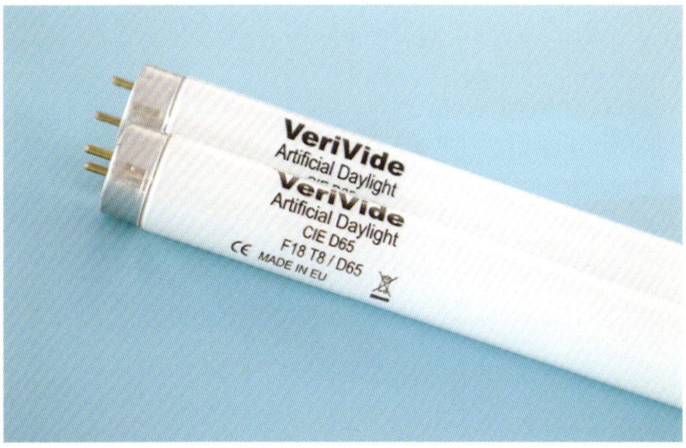

图 4-10　标准光源灯管

选择正确的对色用的标准光源灯管对于确保色彩的准确性和一致性至关重要。常见的标准光源灯管品牌主要有飞利浦（Philips）、喜万年（Sylvania）、韦丽华（VeriVide）、欧司朗（Osram）、通用（GE）等（图 4-10）。这些品牌在照明行业中享有较高的知名度，尤其是在标准光源灯管领域，它们提供了多种型号和规格的产品，以满足不同行业和应用的需求。选择知名品牌的产品在一定程度上可以保证质量和性能的可靠性。

图 4-11　标准光源观察条件

根据国际标准化组织（简称 ISO）的要求，在印刷、印染、广告等需要观察颜色的行业，必须使用标准光源观察条件来观察颜色，进行颜色匹配（图 4-11）。

标准光源观察条件

① 光源必须是标准光源；

② 观察表面上的光源照度 >2000Lux±500Lux；

③ 观察背景环境必须为中灰色。

第二节 设备的校准

色彩管理的流程是从设备的校准开始的，校准是调整设备以达到理想状态的操作，使设备能够准确稳定地对输入数值产生相同的颜色，因此，校准是保证系统正常工作的前提。进行校准的原因有很多，但对色彩管理而言，最重要的原因就是要使设备的行为达到一致，使设备特性文件对它的描述保持准确（图 4-12）。

图 4-12 设备校准

设备校准之后，就应进行特征化测量，是一个将设备行为记录到设备特性文件中的过程。这个过程并不改变设备本身的状态，仅记录设备如何再现颜色。色彩管理是否有效，取决于所使用设备特性文件的准确性，是设备最关键特性的写照，也是色彩管理的核心基础。需要注意，设备特性文件并不是设备本身，如果设备特性文件不能准确地描述设备的行为，则它再现的颜色就会不可预测。

校准实际上是改变了设备的行为方式，而特征化仅仅是记录设备建立特性文件时的工作状态。

一、数码相机的校准

(一) 使用 ColorChecker 色卡校准数码相机

大多数制造商为其相机提供了标准的配置文件，而 RAW 处理软件也为各种相机型号提供了针对性的配置文件。但是，如果想要追求逼真、极度精准的色彩，就需要根据相机在拍摄条件下的 RAW 输出创建自定义配置文件。

通过 ColorChecker 行业标准的 24 色目标色卡（简称 ColorChecker 色卡）（图 4-13）、桌面相机校准应用程序和 Adobe Photoshop Lightroom 相机校准插件，可创建反映特定相机、镜头和光照条件的 DNG 配置文件，以用于 RAW 工作流程。总之，从图像捕获到后期处理，可以提供实现完全控制所需的条件。

对于任何指望色彩精准一致的摄影师来说，通过校准相机来创建自定义 DNG 配置文件是非常必要的。

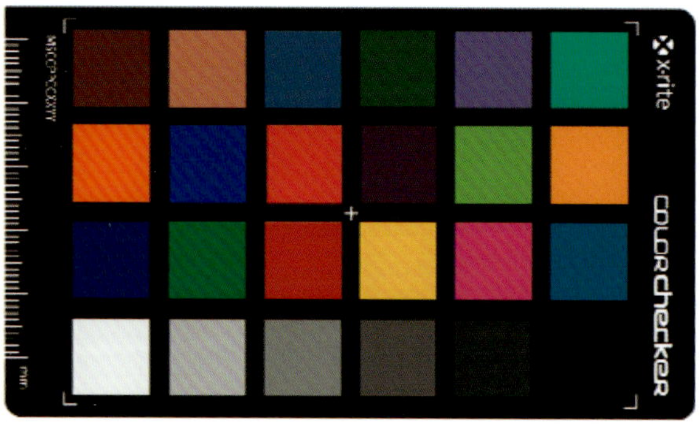

图 4-13 ColorChecker 色卡

ColorChecker 通行证桌面应用程序基于先进的色彩管理技术，仅用 24 色块就可提供出色的色彩效果。要创建配置文件，只需在均匀光照下拍摄 ColorChecker 色卡即可，光照条件最好与实际拍照时所使用的一样。ColorChecker 通行证桌面应用程序还提供适应性双光源 DNG 配置文件选项，可在更广泛的光照条件下提供更出色的色彩效果。

(二) 在 Photoshop 中创建 DNG 配置文件

Photoshop 和 Photoshop Elements 都可使用 Adobe 的 Camera Raw 插件。要根据相机输出创建 DNG 配置文件，与 Lightroom 相比较，设置的过程略显烦琐。

(a) 拍摄含有 ColorChecker 色卡的图像

将ColorChecker色卡放置场景中，朝向相机，并保证色卡没有被遮挡，且光照均匀。拍摄色卡与拍摄实际场景相一致，以准确的曝光量进行拍摄，切勿曝光过度或曝光不足。使用 RAW 格式拍摄

(b) 打开含有 ColorChecker 色卡的图像

在 Camera Raw 中打开含有 ColorChecker 色卡的图像。无需设置白平衡，也不用编辑图像。只需确保图像曝光适度

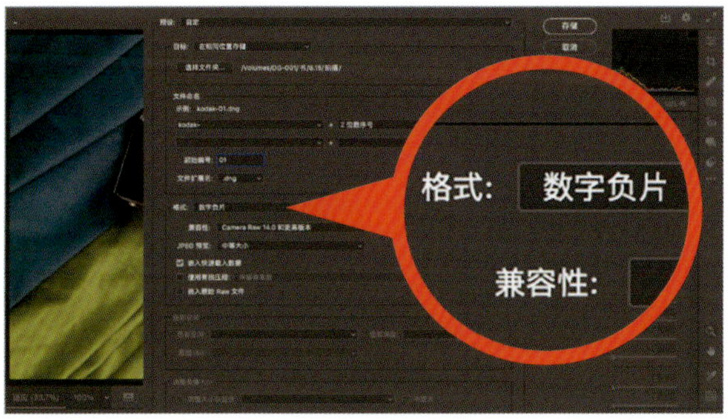

(c) 将图像另存为 DNG 格式

要将图像另存为 DNG 格式，以便可以在 ColorChecker 通行证桌面应用程序中将其打开。单击“存储”按钮，打开存储选项设置面板，在格式选项中，选择“数字负片”（指定为 DNG 格式，默认选项），单击“存储”按钮

(d) 将 DNG 图像拖放到应用程序的窗口

开启 ColorChecker 通行证桌面应用程序。选择窗口上方“DNG”选项卡，打开或直接将 DNG 图像拖放到窗口。软件会自动检测图像中的 ColorChecker 色卡。若自动检测失败，可以手动调整（拖拽 4 个边角）ColorChecker 色卡识别区域，单击“创建配置文件”按钮

(e) 配置文件的命名与存储

给配置文件命名，名称必须有意义并能说明光照条件，然后单击“存储”按钮。配置文件将会默认保存到 Photoshop、Photoshop Elements 和 Lightroom 中用于保存 DNG 配置文件的目录下

(f) 打开新图像

重新开启 Camera Raw，以加载和使用“新的 DNG 配置文件”。在 Camera Raw 中打开一张图像，然后单击“配置文件”窗口，在下拉菜单中选择“浏览”，打开所有配置文件选项列表

(g) 选择配置文件

在打开的所有配置文件选项列表中，选择配置文件选项，选择“新的DNG 配置文件”。此时照片的色彩瞬间就被修正完成

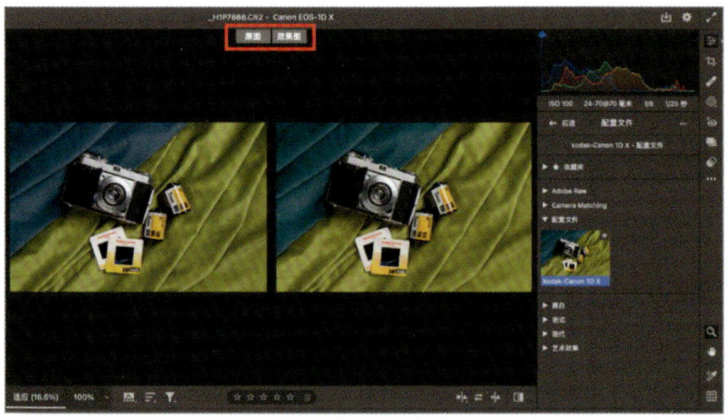

(h) 配置文件加载完成

与原图（修改前）比较，加载新配置文件的照片（效果图）色彩还原准确，饱和度高，呈现出非常理想的影像品质

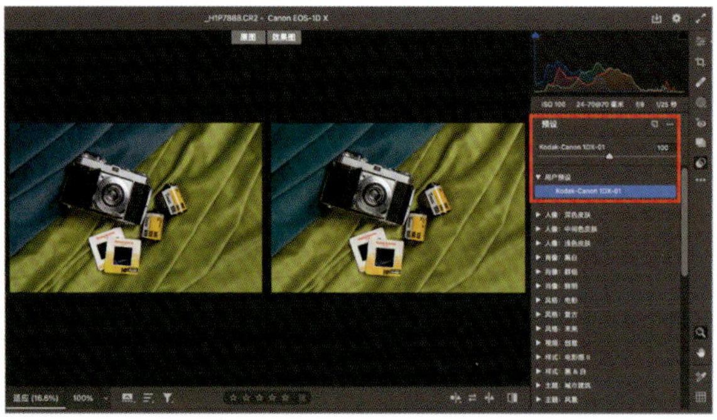

(i) 存储到预设中

利用 Camera Raw 的预设功能，可以将在此场景和光照环境中拍摄的多张照片批量化地自动加载配置文件，方便且高效

(三) 在 Lightroom 中创建 DNG 配置文件

与 Photoshop 有所不同，当使用 Lightroom 创建 DNG 配置文件时，ColorChecker 通行证桌面应用程序是作为 Lightroom 的插件形式进行设置的，因此，可以非常轻松地自动完成创建 DNG 配置文件的过程。

(a) 打开含有 ColorChecker 色卡图像

在 Lightroom 中打开含有 ColorChecker 色卡图像。无须设置白平衡，也不用编辑图像。只需确保图像曝光适度

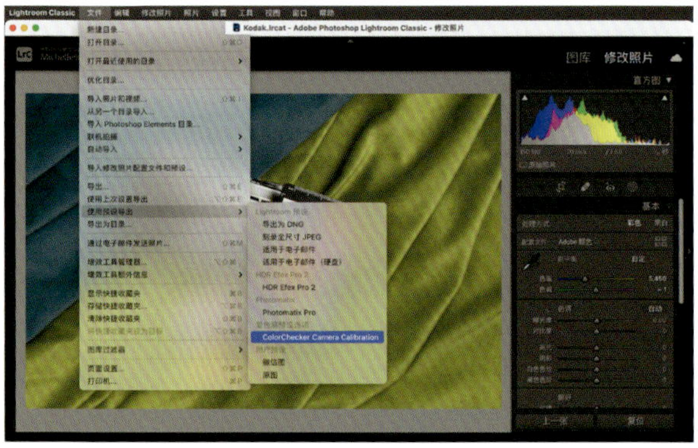

(b) 打开应用程序插件

在 Lightroom 的文件菜单中，选择使用预设导出，在下拉菜单中，选择“ColorChecker Camera Calibration ”，Lightroom 会自动检测图像中的 ColorChecker 色卡

（c）配置文件的命名与保存

输入配置文件的名称，名称中可以描述拍摄的环境或光照条件，然后单击“保存”按钮

（d）创建配置文件

Lightroom 完成配置文件时，可继续工作，可查看左上角的进度条。系统将自动创建新的配置文件，并保存到 Photoshop 、 Photoshop Elements 和 Lightroom 中用于保存 DNG 配置文件的目录下

（e）打开新图像

系统可能要求重新开启 Lightroom 之后才能选择“新的 DNG 配置文件”。选取图像后，转至修改照片模块

（f）打开配置文件选项列表

在右侧基本面板中单击“配置文件”窗口，在下拉菜单中选择“浏览”，打开所有配置文件选项列表

（g）选择配置文件

在打开的所有配置文件选项列表中，选择配置文件选项，选择“新的 DNG 配置文件”。此时照片的色彩瞬间就被修正完成

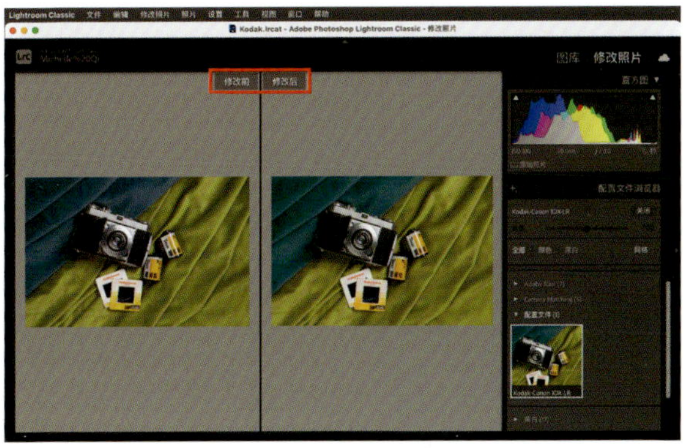

（h）配置文件加载完成

与原图（修改前）比较，加载新配置文件的照片（修改后）色彩还原准确，饱和度高，呈现出非常理想的影像品质

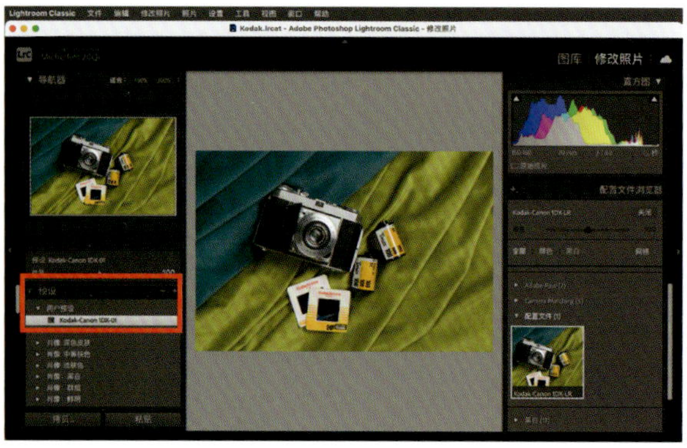

（i）存储到预设中

利用 Lightroom 的预设功能，可以将在此环境中拍摄的多张照片批量化地自动加载配置文件，方便且高效

Photoshop 和 Lightroom 的 DNG 配置文件默认保存路径

1. Mac：/Users/< 用户 >/Library/Application Support/Adobe/CameraRaw/CameraProfiles/

2. PC： C： \Users\[用户]\AppData\Roaming\Adobe\CameraRaw\CameraProfiles

二、显示器的校准

严格意义上，无论哪种显示器都不是买回来就能立刻使用的，即使是知名品牌。因为显示器不仅是显示和处理图像的媒介工具，也是计算机最基本的输出设备之一，是色彩管理系统中至关重要的环节。如果显示器没有经过校准，那么在这台显示器上对图像色彩、影调的一切调整都会变得毫无意义，因为打印出的照片根本无法与显示器的效果相匹配。所以，按照色彩管理的要求，显示器必须经过校准才能使用。这个过程可能需要一些时间和专业知识，但这是确保显示器能够准确、真实地呈现图像的必要步骤。另外，即使我们进行了初始的校准，显示器在使用过程中也会出现色差。这是由于显示器内部的灯管每使用一段时间都会有所衰减，这意味着每隔一段时间（不同质量显示器的间隔时间会有所不同），显示器的色彩就会逐渐偏离原有的准确度。为了保证显示器色彩的准确性，定期进行显示器色彩校准就显得至关重要（图 4-14）。

（a）照片与未校准显示器对比　　（b）照片与校准显示器对比

图 4-14　显示器校准前后对比图

(一) 校准显示器与环境光相匹配

目前，大多数使用计算机进行颜色处理的人员都是在办公环境下的各种光源（荧光灯、LED 灯等）照明或窗户进来的自然光线的伴随下工作，但是计算机显示器需要一个比较理想的工作环境：照明光源需要使用符合 D50 或 D65 标准光源的荧光灯；窗户遮上厚重的暗色窗帘，以避免外界光源的干扰；显示器需加装遮光罩，适当降低环境光的亮度，或进行遮挡，以减少显示器的镜面反光；而且，墙壁、天花板、地面以及工作台表面，甚至操作人员的着装等都需要是中性灰色，避免环境色彩影响人眼的色彩感觉。如果显示器在进行图像编辑时，观看环境不能严格加以控制，则显示器上图像亮度、色彩、影调的细微变化就可能无法被人眼轻易地识别出来。因此，校准显示器的意义实际上就是让显示器与查看照片的环境光相匹配。

通常是将显示器按照 D50 或 D65 标准光源为匹配目标进行校准，打印品的色彩在此光源下才能获得准确再现，能够满足大多数行业的要求（图 4-15）。但在某些特殊的场合下，例如，一些高端的艺术打印，或者需要进行精确色彩匹配的科研项目，可能会根据照片纸的白色程度进行更精细的校准。但这并不具备普遍性，因为其追求的都是近乎完美的目标（图 4-16）。一般情况下，不必做到这种程度，而且，过度的校准可能会导致色彩失真，进而影响视觉效果。因此，在进行显示器校准时，我们需要根据实际需求和应用场景来选择合适的校准方法。

图 4-15　常规方式：显示器与环境光源色温进行匹配

图 4-16　特殊方式：显示器与纸张色温进行匹配

(二) 以校准后的显示器为基准

除了台式电脑的显示器外，大多数可移动数码图像显示设备，如数码相机、笔记本、手机以及平板等，通常都会在各种环境下使用，人眼会受到现场环境光线的影响而对屏幕上的色彩产生变化，视觉感知很不稳定，很难对色彩进行准确的判断（如户外阳光强烈或室内灯光昏暗的环境）。因此，很重要的一点就是要有一台能作为基准的显示器和一个稳定的照明环境。以校准过的显示器为基准（参考目标），并以此来评估照片的色彩和影调。同时，还可以通过这个基准，了解和掌握这些移动数码图像显示设备在显色上存在哪些偏差，能够做到有的放矢，避免在观看图片时因屏幕偏差而产生错误认知和导向。尤其是印刷和打印输出行业，在将打印稿与显示器进行色彩校对的过程中，一台能够显示准确色彩的基准显示器更是不可或缺（图 4-17）。

图 4-17　标准环境光与校准后的显示器作为色彩的基准

（三）显示器的校准流程

校准（校正）显示器非常重要，必须让显示器在标准的色温、对比度、亮度和准确的 ICC 配置文件下工作，这样才能保证看到的图像颜色是正确的，也才能使摄影师作出正确的判断。需要注意，显示器的质量也非常重要。校准只是让显示器尽可能地处在标准范围工作，并不能提高显示器本身的性能和品质。尤其是从事与色彩相关的专业领域，选择高质量的专业显示器是不二选择。

1. 校色仪的选择

虽然依靠双眼也能进行校准，但这个过程既耗时费力，又难以达到理想的精确度。因此，尤其对色彩有严格要求的专业领域，就需要专业的校色仪进行校准。校色仪的作用是把显示器调整到最接近设定目标值的状态，实现更高效、更准确的校色工作，让显示器展示出最佳性能状态和精准色彩。

从简单入门级产品到专业产品，校色仪种类很多，按照核心部件（测色传感器）可分为两种。

一种是色度计。它通过带有若干个彩色滤镜的感光元件来测色，结构简单、价格适中、应用范围广，适合当前主流的液晶显示器（图 4-18）。

另一种校色仪则采用分光光度计。它的优点不仅是测量精度高，特别适合具备 Adobe RGB 宽色域的显示器，而且自带光源，因此可以通过反射光来校准打印机。可以实现图像从捕捉到查看打印全流程的色彩校正，结合先进的软硬件，为摄影、设计和印刷人员提供专业级色彩管理方案（图 4-19）。

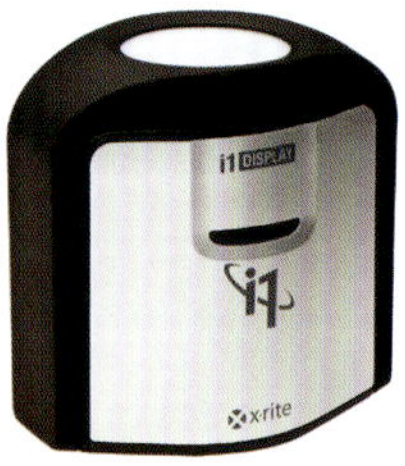
图 4-18　色度计

图 4-19　分光光度计

2. 显示器的校准

首先使用校色仪对显示器进行基础调整：调整对比度 > 调整白点色温 > 调整亮度；其次进行测量色彩，并通过软件计算出能够显示正确色彩的补偿值。这个补偿值体现在显示器的配置文件上；最后则是保存配置文件。使用这个配置文件，能够按照设置的目标值显示。

校准生成的配置文件是当前使用的电脑和显示器独有的，不能用于其他场合。而且显示器的色彩会随着时间的推移而改变，所以每隔一段时间就要重新校准。

如图 4-20 所示，在初始设定下，显示器亮度过高、偏色明显。经过校准后，显示器色彩还原准确。因此，只有经过校准的显示器才能作为判断色彩的"基准"。

（a）显示器校准前　　（b）显示器校准后

图 4-20　显示器的校准

（四）软件校准与硬件校准

软件校准是通过校色仪对显示器进行测量，并对显卡（处理输入显示器的信号）进行一定的调整和补偿，生成的 ICC 配置文件被存储在电脑的系统中。由于显示器的色彩是受显卡输出支配，局限性较大，会影响色彩再现的准确性以及色阶层次的表现。当然，它的优点也很明显，就是构造简单、通用性好，几乎可以在所有的显示器和笔记本的屏幕上使用。

如图 4-21 所示，软件校准方式：依据当前显示器的性能，将显卡源数据信号从 100% 降低到 96%，显示器所显示的数据信号就是 96%。在展示微妙的影调层次变化时，有时会造成色彩过渡不够自然平滑的问题。

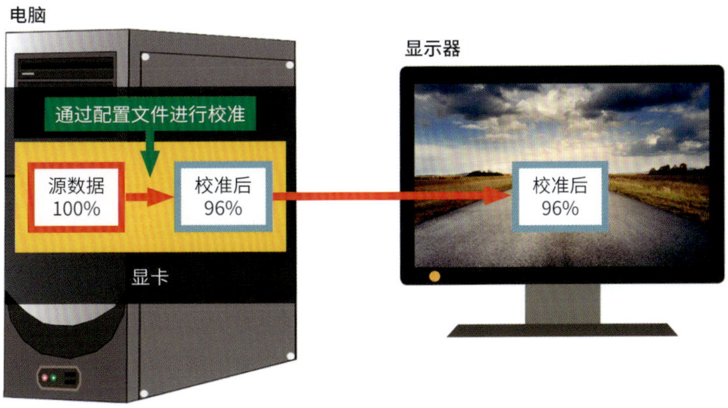

（a）显卡输出的数据信号　　（b）显示器显示的数据信号

图 4-21　显示器的软件校准

1. 使用 i1Display Pro 进行软件校准的流程

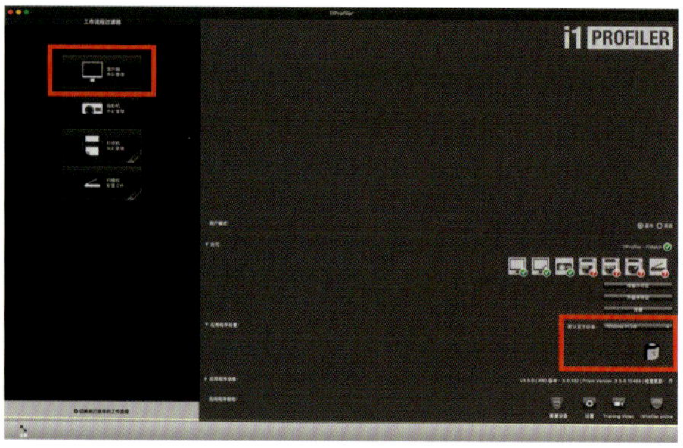

(a) 开启 i1Display Pro

通过 USB 数据线连接 i1Display Pro 与电脑，启动 i1Profiler 软件，主页界面右侧的默认显示设备中选择“i1Display Pro”，在左侧工作流程中选择“显示器色彩管理”选项

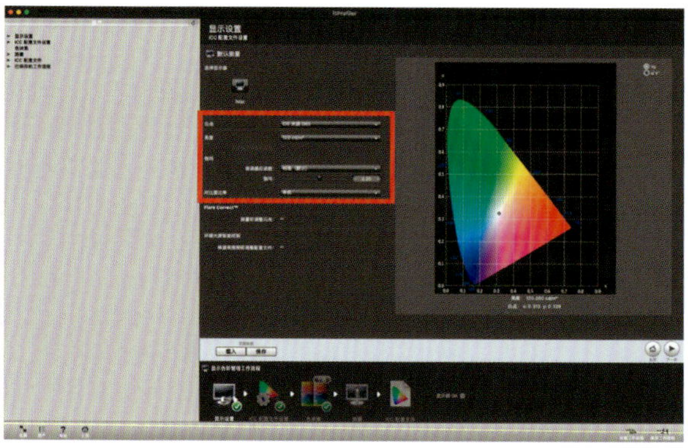

(b) 显示设置

在显示设置界面中选择显示器的类型和校准目标值。如果显示器带有自动识别功能，那就能自动显示出显示器的种类和型号。本次校准的目标值：色温值为 D65（6500K），亮度值为 120cd/m^2，伽马值为 2.2，其他设置选项默认。单击“下一步”按钮

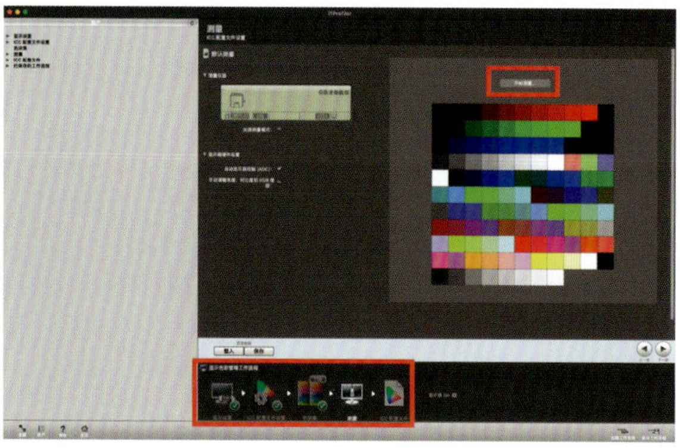

(c) 开始测量

测量界面下方显示的是“色彩管理工作流程”，接下来开始测量。右侧所示的许多色块，是在校准过程中需要测量的色彩样本（色块集），单击色块集窗口上方的“开始测量”按钮

(d) 将校色仪固定在屏幕上

此时屏幕上会出现一个需要放置校色仪的位置提示，根据提示将校色仪固定到屏幕上即可。让校色仪的镜头朝向显示屏，用校色仪自带的配重块调整平衡后，垂下校色仪，将其固定在屏幕中央，并紧贴显示屏。注：屏幕需保持洁净，并关闭电脑的屏保和节电功能

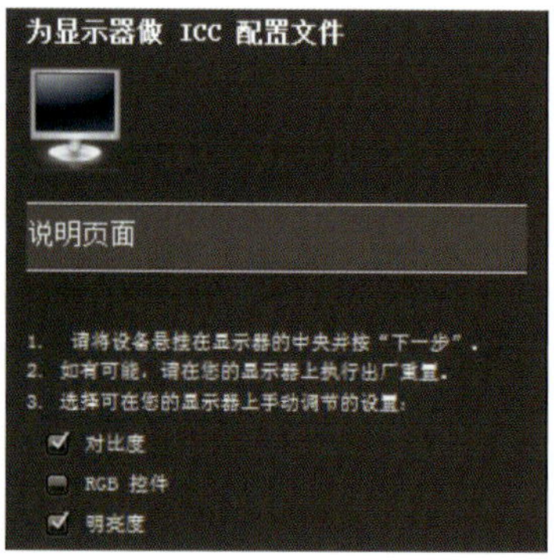

(e) 显示操作流程

屏幕的左上方会显示操作流程。由于启用了 ADC（自动显示器控制），所以需要先将显示器还原成出厂设置。如果手动进行设置，也仅需要调整显示器的亮度，设置非常简单

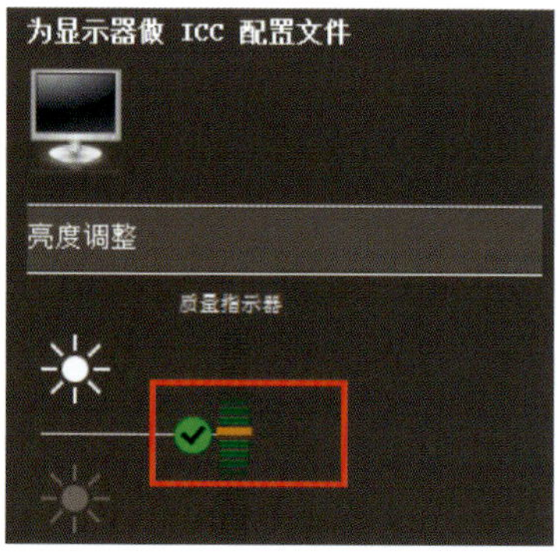

(f) 调整亮度

为了使显示器亮度与预先设定的目标亮度一致，可以通过显示器的菜单来调整，直至中间绿色的“√”号出现

（g）通过校色仪开始测量

设置完亮度后，单击“下一步”按钮，刚才的色块就会自动在显示屏上播放，校色仪开始测量

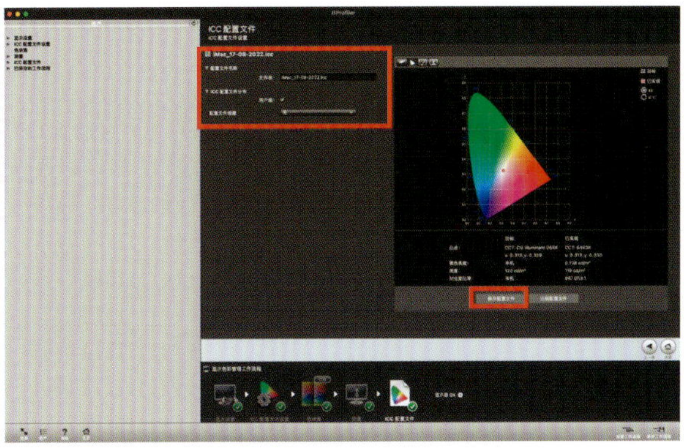

（h）保存显示器的配置文件

最后生成显示器的配置文件并保存，测量值显示在界面的右侧窗口。因为显示器效果会随着时间的推移而慢慢变化，所以必须定期校准显示器。如果使用提醒功能，它会提醒每隔一段时间重新校准

（i）显示器的 QC（QualityControl）检查

此步骤是用于检查显示器在经过 ICC 配置文件校正后与印刷标准之间的差异，评价显示器的显示性能是否能够满足印刷标准的要求，这样可以为印刷调色人员以及颜色匹配提供更好的依据。选择适合的印刷参考目标

（j）再次测量

设置完成后，将校色仪重新初始化并放置在屏幕测量区，接下来会对色块进行测量

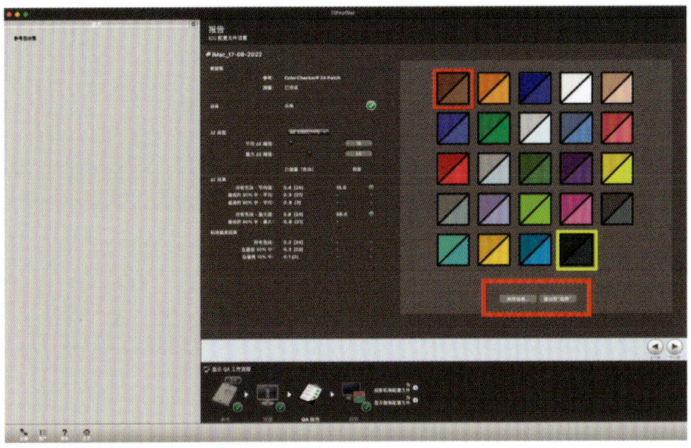

（k）开启 i1Display Pro

检查评测结果。建议最大色差不超过 5，平均色差不超过 2。可以保存报表，进行存档。还可以把此次评测结果添加到“趋势”中（通过趋势图查看显示器在长期使用中的稳定性）

硬件校准是通过校色仪对显示器内部的设备（主要是硬件）进行校准，生成的 ICC 配置文件被存储在显示器中，独立的显色方式不会给显卡带来负担，色彩的输出基本上不会受到限制和损失。硬件校准的显示器色彩还原准确，稳定性高，即使电脑重装系统或更换主机也不会影响显示器的色彩，是一种非常专业的校准方式。

然而，这种方式要求所使用的显示器必须能够进行硬件校准，并配有专用的校色软件。硬件校准的显示器虽然表现优秀，但通常都价格不菲。

如图 4-22 所示，硬件校准方式：通过显示器内置引擎进行校准，能够在不减少源数据的基础上对输出值进行调整。此外，硬件校准的另一个优点是输出时无须软件干涉，所以不会给 CPU、 GPU（图形处理器）带来负担。

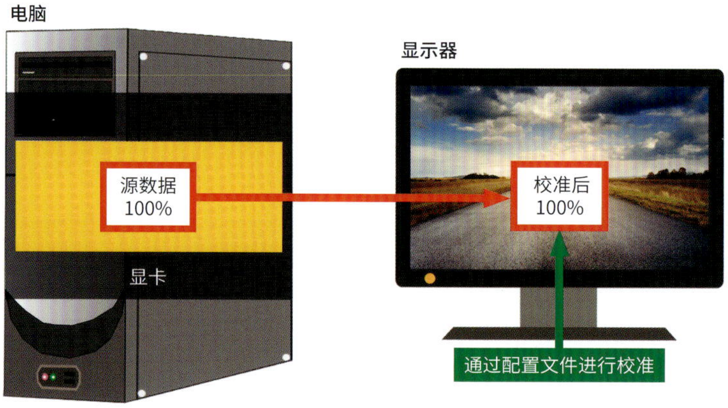

（a）显卡输出的数据信号　　（b）显示器显示的数据信号

图 4-22　显示器的硬件校准

2. 通过 Color Navigator7 进行硬件校准的流程（艺卓显示器）

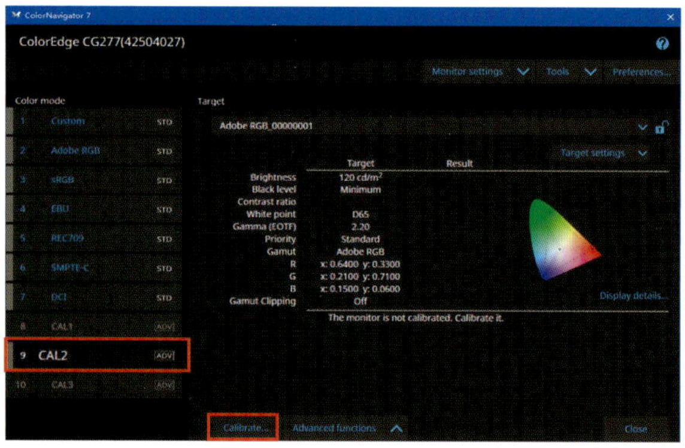

（a）开启 Color Navigator7

首先要将电脑主机通过 USB 连接显示器，再将校色仪通过 USB 连接显示器。开启 Color Navigator7，在软件界面左侧的色彩模式列表中，选择适于校准的色彩模式。当前选择“CAL2（ADV）”选项，可进行自定义目标设置，单击“校准”按钮

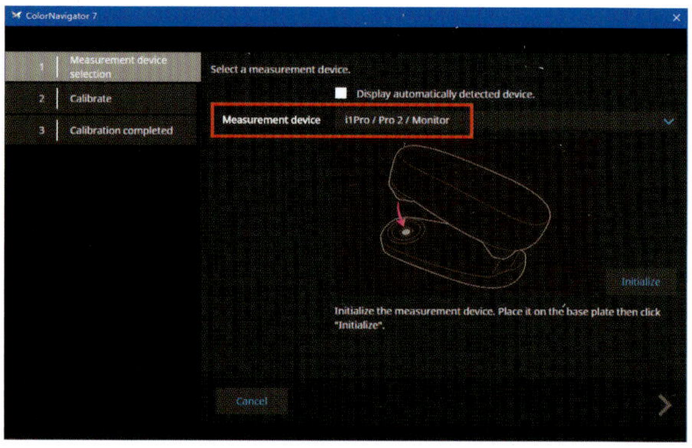

（b）选择测量设备及初始化

选择测量设备，在测量设备菜单中选择“i1Pro/Pro 2/Monitor”，按照图示，将 i1Pro 2 进行初始化。然后界面上会显示固定校色仪的位置提示，按照提示放置校色仪即可

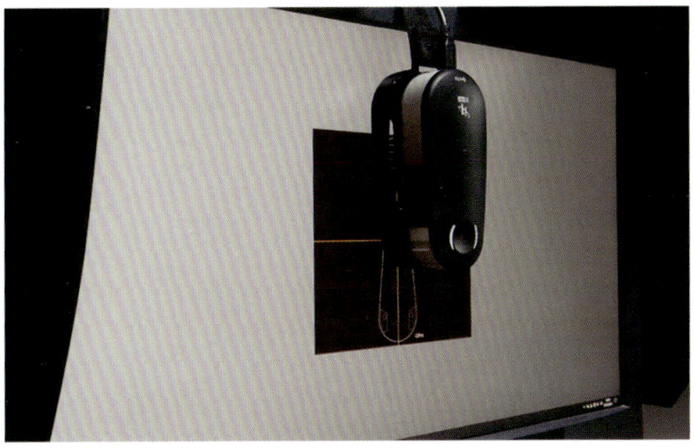

（c）将校色仪固定在屏幕上

此时屏幕上会出现一个需要放置校色仪的位置提示，先将 i1Pro 2 插在显示器支架上，然后根据提示用自带的配重块调整平衡后，将 i1Pro 2 垂下，将其固定在屏幕中央，并紧贴显示屏。注：屏幕需保持洁净，并关闭电脑的屏保和节电功能

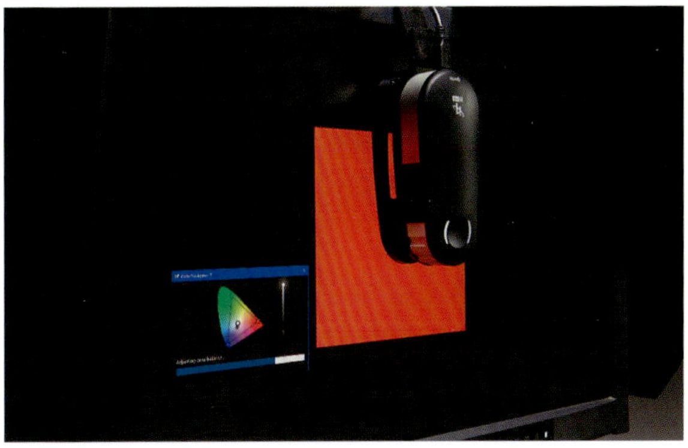

（d）开始测量

如果正确地设置了 i1Pro 2，接下来只需单击“执行”按钮即可。色块会自动在屏幕上播放，让 i1Pro 2 进行校准。校准时屏幕会显示进度条。当校准结束时，将出现校准完成窗口

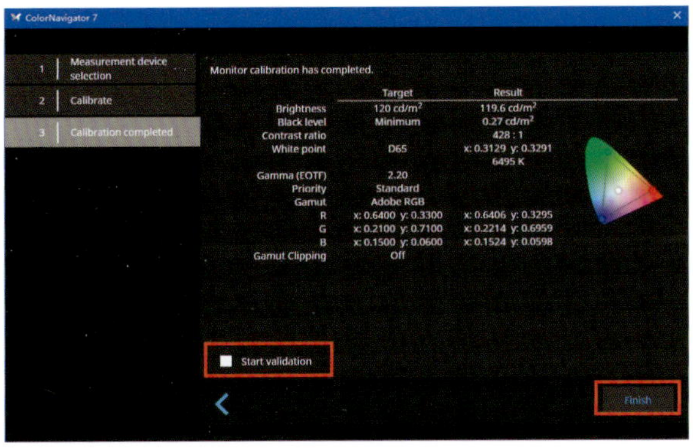

（e）校准完成

校准完成后，软件就会显示出目标值和校准结果。开启“开始验证”复选框后单击“完成”时，开始进行显示器验证（根据验证目标验证当前状态和目标之间的不同）

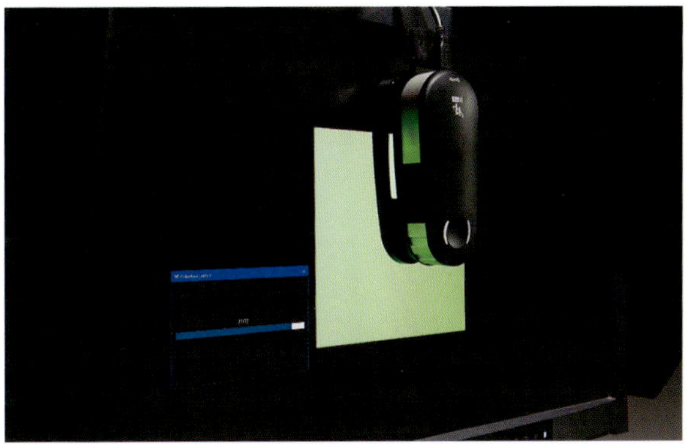

（f）进行校验

接下来会从校色仪的初始化开始重复刚才测试的流程。验证过程中屏幕会显示进度条。整个过程大概需要几分钟时间

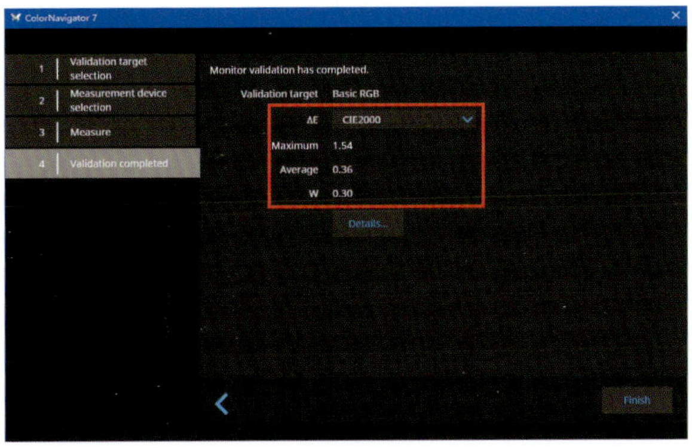

（g）验证结束

校验测试完成后，软件就会显示测量结果：ΔE 值（色差），包括 ΔE 值采用的不同色差公式（图中为 CIE2000）、最大色差值、平均色差值以及最小色差值，理论上这些值越小越好

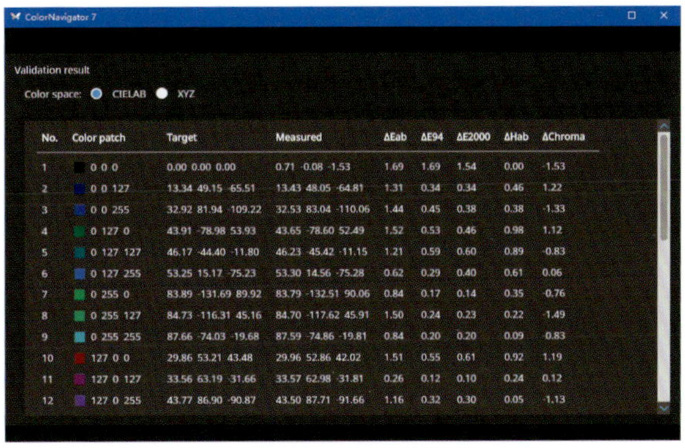

（h）查看详细的验证记录

单击“详细”按钮，界面上会显示目标结果和校验记录，包括色块的测量信息及 ΔE 值，而且每次软件上都会显示这样的记录，它能够显示对显示器进行调整、显示器当前的使用情况，能够对显示器进行彻底管理，因此非常方便

三、打印机的校准

使用原厂纸的时候，安装的打印机驱动都内置了 ICC 色彩配置文件，所以打印过程中不存在问题。但是当使用替代纸张的时候应该怎么办呢?

首先，可以在打印纸厂商的主页上下载其提供的 ICC 配置文件。如果可以下载的话，操作就非常简便了。然而也有下载不到的时候。这时虽然也可以直接使用打印机驱动的 ICC 配置文件替代。但是如果效果不理想，还是需要自制 ICC 配置文件。与校准显示器色彩一样，都需要有配套的色彩管理软件来执行，如 i1Profiler。

(一) i1Profiler

i1Profiler 是美国爱色丽（X-rite）公司旗下新一代色彩管理软件。i1Profiler 提供了全面的数字成像设备和印刷设备的色彩校准和配置文件制作的解决方案。配合专业的分光测色仪，可以轻松、快速地为显示器、投影仪、扫描仪、各种类型打印机和印刷机创建自定义 ICC 配置文件，确保颜色从捕获到输出的高度一致和精准再现；附带的 ColorChecker 校样视觉评估目标，检查色彩输出质量；使用荧光增白剂校正技术校正纸张上的 OBA；可从任何表面捕捉特殊色彩（专色）。

图 4-23　i1Profiler

爱色丽公司的 i1 系列产品因其精确度和易用性而广受专业人士的好评，i1Profiler 是其中不可或缺的重要组成部分，为特别关注色彩和追求色彩规范的领域提供了必要的色彩管理工具。i1Profiler 广泛应用于广告设计、包装印刷、数字影像、扫描复制、纺织印染、装饰装潢等领域（图 4-23）。

(二) 使用 i1Pro 2 校准打印机的流程

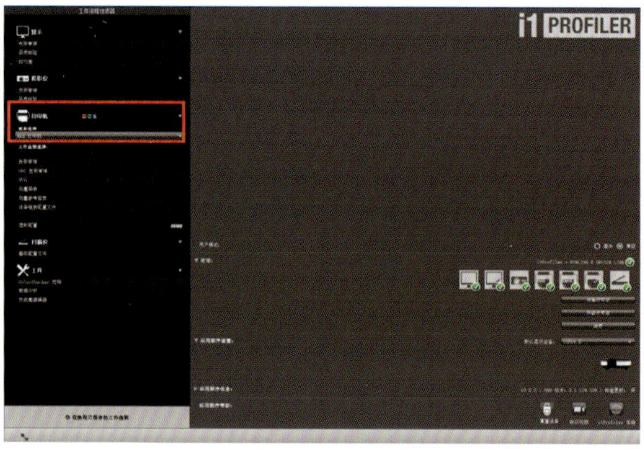

(a) i1profiler 软件主页面

通过 USB 数据线连接 i1Pro 2 与电脑，启动 i1Profiler 软件，主页面右侧的默认显示设备中选择“i1Pro 2”，在左侧工作流程中选择“RGB 打印机”选项，并单击“色彩管理”

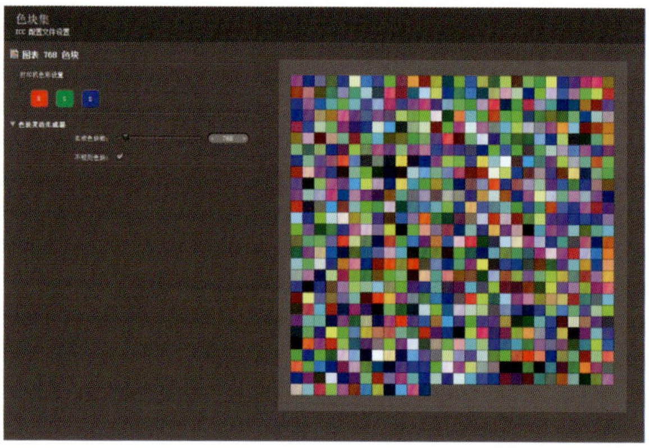

(b) 选择色块集

选择合适的色块数，通常选择 800 ～ 1200 个色块就可制作出质量不错的配置文件，太多色块不但会增加测量的时间，同时也会因色彩干涉现象导致测量精度下降；太少色块则会降低测量精度

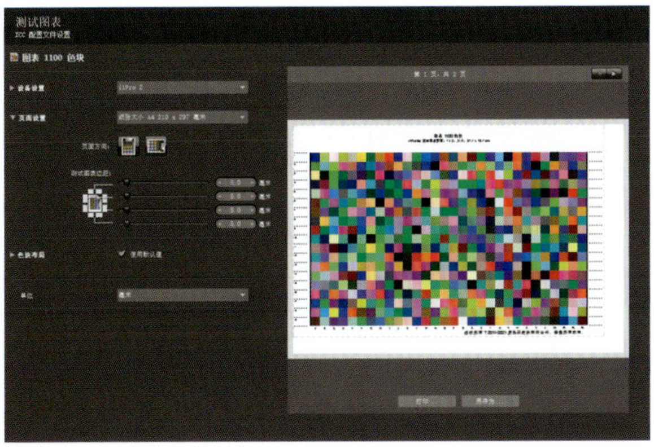

(c) 设置打印图表

选择“i1Pro 2”，页面设置根据纸张大小进行选择，合理利用纸张尺寸以满足所有色块打印的要求，然后单击“打印”按钮，进入打印机驱动界面

(d) 打印机驱动中设置各项参数

在打印机驱动中设置各项参数，如“介质类型”“打印质量”等。其中最为关键的选项，就是打印机色彩管理方式要选择“关（无色彩调整）”，然后执行打印

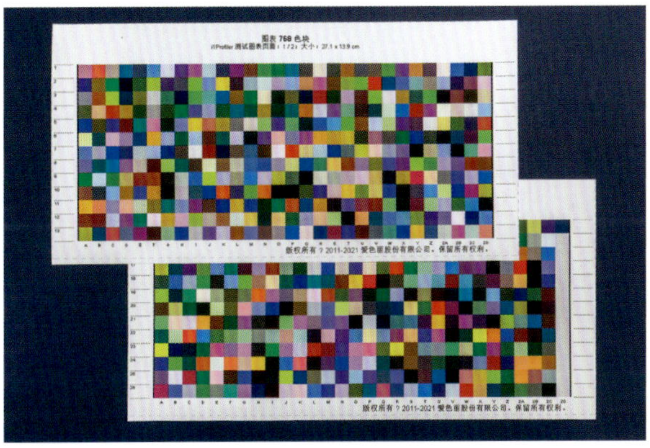

(e) 打印色靶并晾干

将打印好的色靶晾至几十分钟（或更久），待打印后的色块完全干透，就可以进行测量。否则在色靶没有完全干透情况下进行测量，无法得到精确的测量结果

(f) 测量设置

首先检测校色仪连接状态，设定好打印机和纸张信息，然后单击“校准”按钮，待 i1Pro 2 初始化结束，开始测量

(g) 测量

把打印好的色靶放在测量垫板上，将 i1Pro 2 卡在标尺板上，按照屏幕提示对准色块条，按下 i1Pro 2 上的测量按钮，并且保持匀速移动仪器进行测量。这些步骤确保了测量过程的准确性和重复性

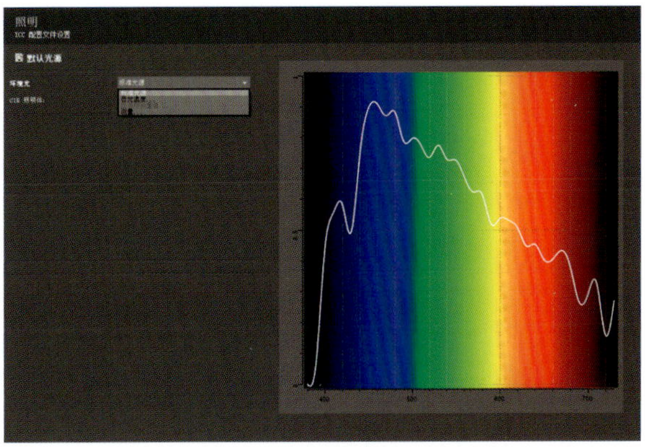

(h) 选择照明光源

如有标准光源，可直接选择。如在普通照明条件下观看照片，则需要自定义光源色温，使用色温表进行测量，然后将测量值输入，这一点很重要，否则制作出的配置文件会产生较大的误差，导致最终打印出的照片色彩不能正常显示

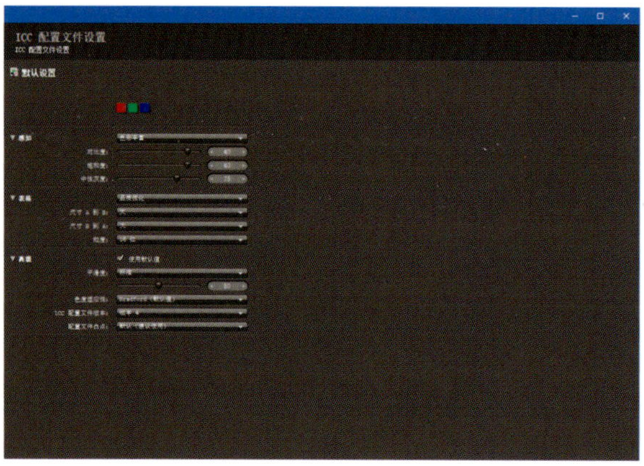

（i）ICC 配置文件设置

根据用途和目的，调整各种参数，可生成不同效果的 ICC 配置文件，如反差、灰平衡以及色彩饱和度等，这一环节可能需要多次测试，以便获得最佳的 ICC 配置文件

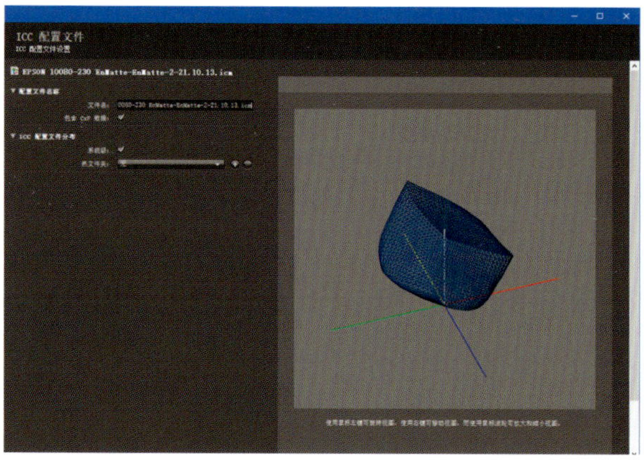

（j）保存 ICC 配置文件

软件会根据测试结果以及参数设置制作 ICC 配置文件。最后，对文件命名后进行保存。以“打印机名 + 纸张名称或纸张设置 + 打印精度设置”等命名会比较方便易懂

将配置文件导入系统

通常色彩管理软件会自动将制作好的配置文件导入系统，当然也可以手动将配置文件导入系统。

1. Mac 系统配置文件安装路径：用户名 /Library/ColorSync/Profiles。

2. Windows 系统配置文件的安装路径：Windows\System32\spool\drivers\Color 文件夹内，或直接右键单击“配置文件” > “安装配置文件”。

校色仪自检

作为测量颜色的光学仪器，例如分光光度计、光谱仪或色差仪，必须定期进行检测和验证自身的性能和状态。自检不仅有助于提前发现设备潜在的问题，减少错误的测量数据，并采取措施进行校正，还能提高设备的整体运行效率和用户的信心。

i1Diagnostics 是由爱色丽公司开发的一款软件工具（图 4-24），它与 i1 系列色彩管理硬件配合使用，用于评估色彩设备的性能。该软件能够帮助用户监控和维护他们的色彩设备，确保色彩在整个工作流程中的一致性和准确性。同时，软件还提供了报告功能，可以生成详细的测试结果，帮助用户了解设备的当前状态和历史性能数据。

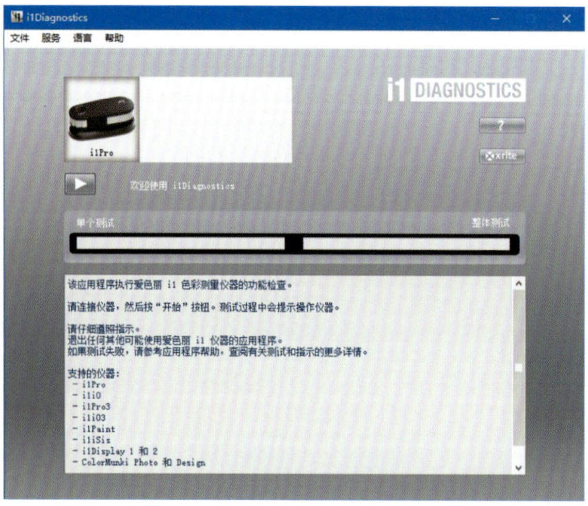

（a）支持 i1 系列色彩管理硬件

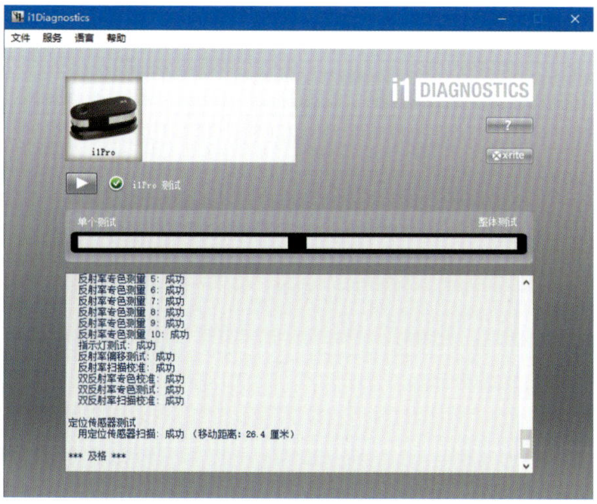

（b）显示检测结果

图 4-24　i1Diagnostics 检测软件

四、色彩配置文件的比较

通过对比不同色彩配置文件（即色彩空间），了解并掌握不同设备在色彩表现上的独特性及其相互之间的差异。在实际应用过程中，务必关注设备之间的兼容性问题，并确保在文件转换过程中保持高度的准确性。

（一）sRGB 与 Adobe RGB 色彩空间的比较

因为 sRGB 与 Adobe RGB 色彩空间都是既定值，所以形状分明。如图 4-25 所示，sRGB 色彩空间明显小于 Adobe RGB 色彩空间，甚至被后者完全涵盖。这表明 Adobe RGB 色彩空间具有更广泛的色彩范围，可以获得更加丰富和真实的色彩。需要注意，并非所有设备都能够支持 Adobe RGB 色彩空间。因此，在使用 Adobe RGB 色彩空间时，需要确保设备（如打印机和显示器）都能够正确显示和打印 Adobe RGB 色彩空间的颜色。

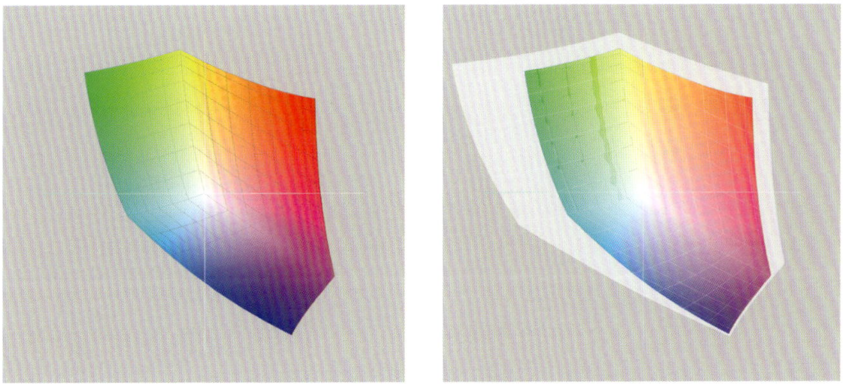

（a）彩色：sRGB 色域　（b）彩色：sRGB 色域，灰色：Adobe RGB 色域

图 4-25　sRGB 与 Adobe RGB 色彩空间的比较

（二）打印机与 RGB 色彩空间的比较

打印机 ICC 配置文件的图形是根据实测值制成的，所以与 sRGB 或 Adobe RGB 色彩空间的图形完全不同。如图 4-26 所示，无论是 sRGB 色彩空间，还是 Adobe RGB 色彩空间，都无法完全涵盖打印机的色彩空间，尤其是 sRGB 色彩空间，与打印机色彩空间差距更加明显。因此，为了获得最佳的打印效果，建议将图像文件保存为 Adobe RGB 色彩空间，以便打印机可以再现更丰富的色彩。

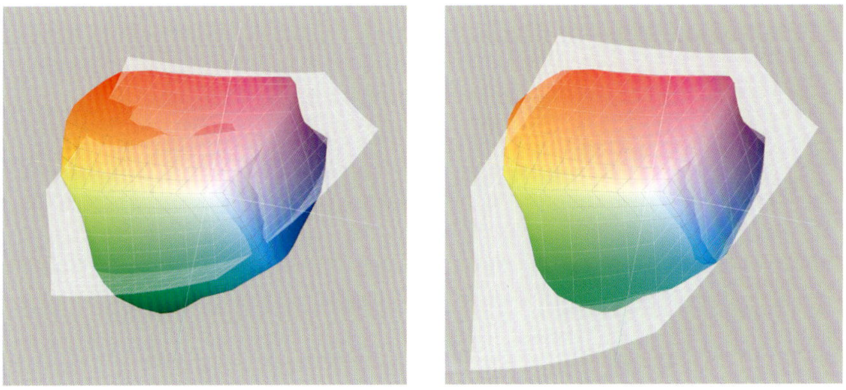

（a）彩色：打印机色域，灰色：sRGB 色域　（b）彩色：打印机色域，灰色：Adobe RGB 色域

图 4-26　打印机与 RGB 色彩空间的比较

（三）不同打印机色彩空间的比较

由于不同的打印机在喷头特性、墨水技术及驱动程序等方面的差异，打印效果也随之各异。如图 4-27 所示，尽管使用相同的相纸，但 A 和 B 两款打印机在输出能力上存在差异。B 型号打印机展现出更广阔的色域范围，从而使打印出来的照片色彩更加丰富和生动。不过，尽管色域大小是评估打印机性能的一个重要指标，但并不是唯一因素，最终的评价还需要基于实际输出作品的整体表现。

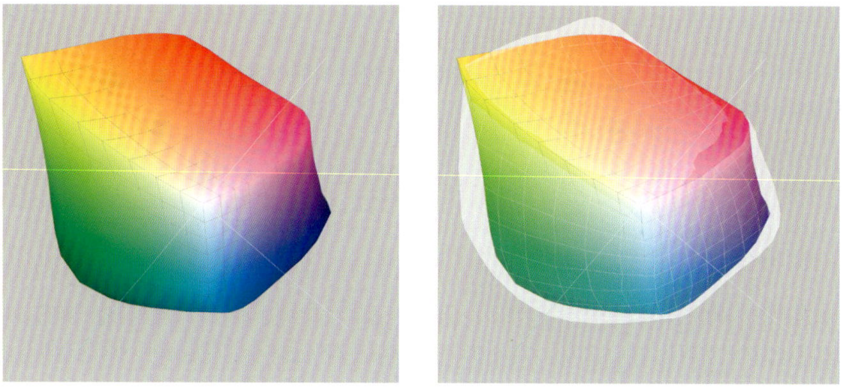

(a) 彩色：A 打印机色域　　(b) 彩色：A 打印机色域，灰色：B 打印机色域

图 4-27　不同打印机色彩空间的比较

（四）不同纸张色彩空间的比较

打印纸张的种类繁多，每种纸张的制造工艺都有所不同，这导致它们在承载墨水、最大密度以及色彩再现等方面存在显著差异。如图 4-28 所示，A 和 B 两款打印纸张虽然在外观和质感上极为相似，但在使用相同的驱动设置进行打印时，它们的色域大小却各不相同。 为了实现最佳的打印品质，需要充分了解各种纸张的特性，并根据具体的应用场景和需求进行合理的选择和调整。

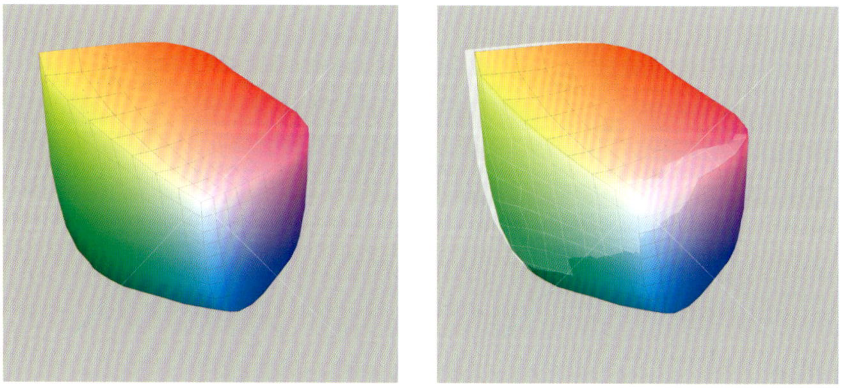

(a) 彩色：A 打印纸色域　　(b) 彩色：A 打印纸色域，灰色：B 打印纸色域

图 4-28　不同纸张色彩空间的比较

总之，色彩管理是一个复杂且关键的过程，要求用户对不同色彩空间有深入的理解，并且能够熟练使用色彩管理工具来保持色彩的准确性和一致性。在文件转换过程中，应使用正确的色彩配置文件，确保从捕捉到显示再到打印的每个环节色彩的准确传递。

注：由于色彩空间属于三维立体结构，无法展示所有角度，因此以上示例中的图片，仅从 Lab 色彩空间的垂直视角对设备（或载体）的色彩空间进行观察和比较。

第五章　打印的工作流程

工作流程是指工作事项的活动流向顺序，包括实际工作过程中的工作环节、步骤和程序。打印工作流程的目的是通过一系列合理的步骤保证输出结果的一致程度，避免在打印过程中出现错误。在整个操作环节中，保持的一致性越高，最终得到的结果就越好。

喷墨打印机具有打印分辨率高、色彩范围宽广、介质种类丰富以及保存持久等特点，使喷墨打印不仅成为高品质专业摄影的首选，也成为照片收藏的标准之一，是目前专业图像领域应用最为广泛的高品质图像输出设备。不过，要想打印出完美的影像作品并不容易，不仅需要对色彩管理系统的原理和应用有所了解，而且还需要对喷墨打印的工作流程具备一定的驾驭和控制的能力。

第一节　与打印机联络的方式

一、不通过电脑而直接进行打印

将数码相机、手机通过数据线直接连接，或利用蓝牙、无线 Wi-Fi 连接，或通过 U 盘、存储卡等直接插入连接打印机。这种连接打印机的方式最方便快捷，操作也非常简单。但色彩管理等工作只能全权交给打印机进行自动处理，色彩的准确性很难保证（图 5-1）。

图 5-1　不通过电脑而直接进行打印

二、通过电脑利用随机软件进行打印

虽然用了电脑，但使用的是系统自带的或打印机的随机软件。操作非常简单，初学者也能轻松掌握。而且这种类型软件一般有简单的后期调整功能，可以在一定程度上优化照片的色彩。不过色彩管理等操作还是由打印机自动处理（图 5-2）。

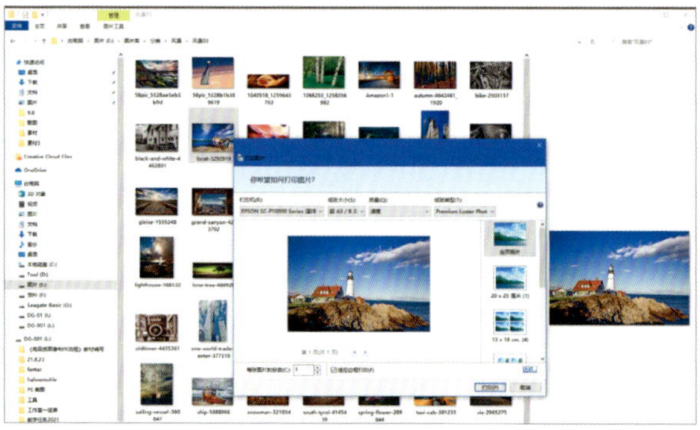
图 5-2　通过电脑利用随机软件进行打印

三、通过色彩管理方式进行打印

在对照片进行后期或 RAW 处理的基础上，通过色彩管理尽可能真实地还原照片的色彩并打印。操作上稍复杂，但是如果按照步骤操作，能让显示器的照片和打印效果基本一致，即“所见即所得”，这是获得高品质打印作品的主要方式（图 5-3）。

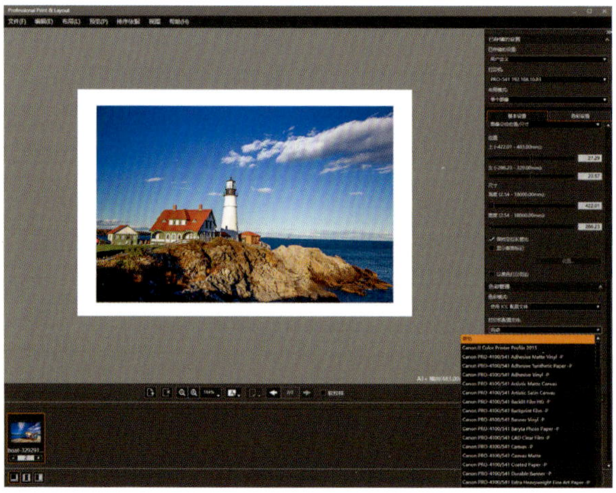
图 5-3　通过色彩管理方式进行打印

即便是同一张数码照片，同一台打印机，如果联络打印机的方式不同，那么打印机所接收到的数据信息也就不同，图像中的每一个像素，每一种颜色的表现也会不同。所以，想获得精细的打印质量、完美的表现效果，就一定要选择第三种方式——通过色彩管理方式进行打印。

通过色彩管理方式进行打印的核心在于 ICC 配置文件的对颜色的精准控制和调整，以确保打印出的图像能够尽可能地接近原始文件的意图和效果。这种方式不仅仅是对数据的简单转换，更是对艺术和信息的尊重与传承。

第二节　打印机的设置

要想打印出一张完美的摄影作品并非易事，就像在相机上轻轻按下快门一样。这不仅要求我们深入了解打印的整个过程，更需要我们通过实践积累丰富的经验。忽视任何一个细节，行事草率，那么打印的效果可能无法令人满意。

在执行打印流程的各种设置中，直接影响打印品质的是纸张类型与打印质量两个选项。

一、设置纸张类型

无论性能多么出色的打印机，如果照片纸无法充分展现其表现力，那么也是徒然。因此，如果对输出画质有很高的要求，就必须使用与之相匹配的打印相纸。如果在打印机驱动中设置的纸张类型（或介质类型），与实际打印的照片纸有所偏差，那么最终打印的结果可能相去甚远。例如，使用增强粗面纸进行打印，在爱普生大幅面打印机驱动中错误地选择“高质量光泽照片纸”的设置进行打印，结果导致打印在增强粗面纸上的黑色密度不够、色彩饱和度较低、反差小且画面整体色调偏灰暗等（图 5-4）；当在打印机驱动中重新选择了正确的“增强粗面纸”的设置进行打印，照片真实的色彩被精准还原（图 5-5）。

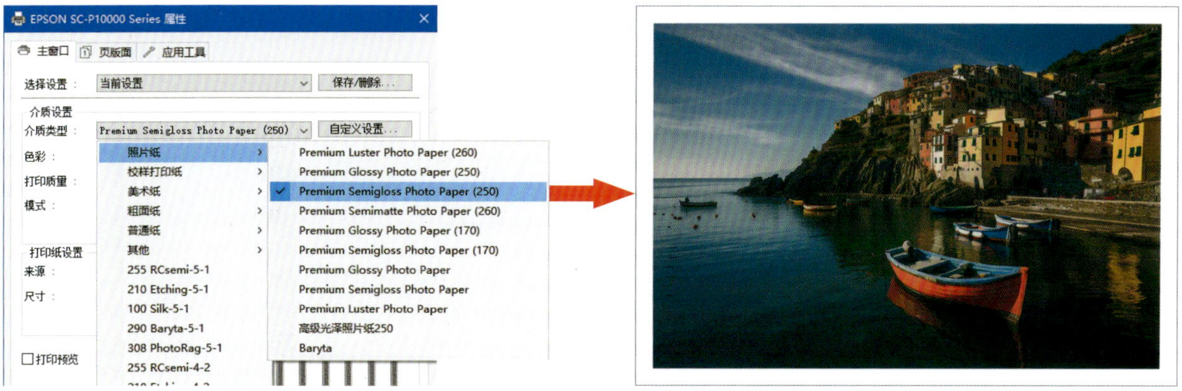

（a）打印机驱动中选择错误的纸张类型　　（b）打印结果——色彩偏差较大

图 5-4　打印纸为增强粗面纸，在打印机驱动中选择“高质量光泽照片纸”进行打印

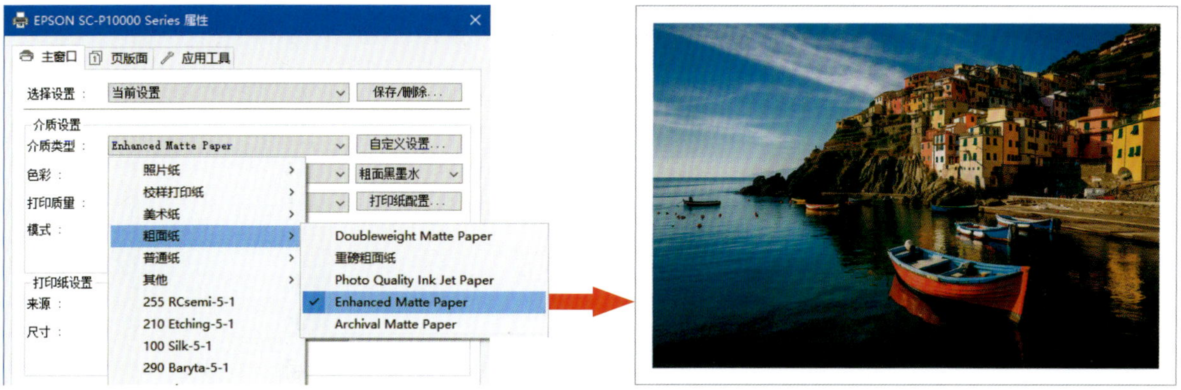

（a）打印机驱动中选择正确的纸张类型　　（b）打印结果——色彩真实再现

图 5-5　相同的增强粗面纸，在打印机驱动中选择“增强粗面纸”进行打印

（一）常用纸张类型

通常打印机驱动中所设置的纸张类型都是与原厂出品的纸张名称相匹配的。爱普生、佳能等品牌打印机都有其相对应的原厂纸，如爱普生的“高质量光泽照片纸”、佳能的“高级光面照片纸”等。当使用原厂纸张打印照片时，只需在打印机驱动中选择与纸张名称相同的纸张类型即可打印。不仅操作简单，打印过程流畅，而且打印效果也非常出色，展现出了原厂纸张的优秀品质。这是因为打印机驱动程序是基于原厂墨水和纸张的特性进行优化和设计的，遵循一系列标准化的色彩管理流程，以确保达到最佳的打印效果。如果选择使用第三方纸张，可能会破坏打印机型号、墨水和纸张三者之间的协同关系，导致色彩管理失效。简单来说，就是破坏了三者之间携手合作的默契，因此打印质量无法保障。尽管如此，许多第三方纸张厂商也致力于开发与各品牌打印机相兼容的产品。即使是非原厂纸张，只要正确设置纸张类型，仍然可以获得相对满意的打印效果。

鉴于爱普生打印机在市场推广和艺术微喷领域的广泛影响力，本文将以爱普生大幅面打印机为例，深入探讨其打印机驱动中常用纸张类型的特点。同时可作为选择非原厂纸张打印提供有价值的参考标准。注：其他品牌的打印机驱动中的纸张类型的划分与爱普生相似。

1. 高质量光泽照片纸
Premium Glossy Photo Paper

适合 RC 高光类型相纸，非常近似传统冲印照片效果的光泽纸。聚酯光泽的处理为这种轻磅纸提供了一个极平滑、平整的表面。它的光泽外观可以确保生动的色调以及锐利的细节表现。这种纸张可以真实地重现自然生动的色彩和丰富的层次，适用于风光、商业以及广告摄影等（图 5-6）。

图 5-6　高质量光泽照片纸类型纸张（270 克 RC 高光相纸）

2. 高质量亚光照片纸
Premium Semiglossy Photo Paper

适合 RC 半光、绒面类型相纸，其略低的光泽度及反光性可提供更柔和的感觉，获得极清晰的图像。这种纸张特别适合表现柔光、质感细腻的图像。同时又强调精密的细节，重现自然生动的色彩，可以呈现从高亮度到阴影的各种层次变化，适用于人像、风光摄影以及作品展览等（图 5-7）。

图 5-7　高质量亚光照片纸类型纸张（255 克 RC 粗绒相纸）

3. 高质量绒面照片纸
Premium Luster Photo Paper

适合 RC 绒面类型相纸以及硫化钡类型艺术纸，类似于亚光照片纸般光泽，表面质感细腻，适合表现照片中生动的色彩以及丰富的影调，能够精确再现画面阴暗部分的细节和层次。尤其适合硫化钡类型艺术纸输出，是黑白与彩色摄影作品的完美选择，适用于各类题材作品的输出以及专业影展（图 5-8）。

图 5-8　高质量绒面照片纸类型纸张（325 克纯艺术硫化钡艺术纸）

4. 增强粗面纸
Enhanced Matte Paper

适合无光泽类型艺术纸，可以提供流畅而柔和的色彩效果。这种纸张既有一般艺术纸的表现力，同时又具有极高的性价比，应用非常广泛。纸张表面平滑白净，极其细微的纹理，能够呈现影像真实的色彩和精致的反差，是彩色和黑白照片打印的上佳选择，适用于各类题材作品的输出、装饰画以及画册制作等（图 5-9）。

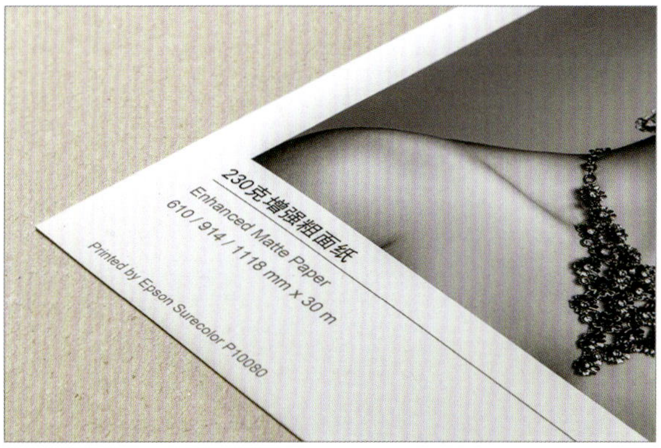

图 5-9　增强粗面纸类型纸张（230 克增强粗面纸）

5. 织纹美术纸
Textured Fine Art Paper

这是一种以 100% 棉质材料制成的重磅无光泽类型艺术纸。不含酸，适合照片的长期保存。这种纸张拥有所有艺术纸中最鲜明的纹理，提供如纺织品的触感与外观。可以展示细致温暖的色彩，并赋予照片绝佳的质感，营造出独特的艺术效果。适用于打印色彩鲜丽、质感强烈的照片以及绘画作品的复制等（图 5-10）。

图 5-10　织纹美术纸类型纸张（310 克德国蚀版）

6. 天鹅绒美术纸
Velvet Fine Art Paper

这是一种以 100% 棉质材料制成的重磅无光泽类型艺术纸。不含酸，适合照片的长期保存。这种纸具有天鹅绒织品细致纹理的品质，触感极佳、画质卓越。不仅可以呈现出丰富的影调层次，同时厚重的深色可以清晰地表现图像中具有强烈对比的黑色部分，适用于各种风格类型的黑白以及色彩雅致的彩色作品等（图 5-11）。

图 5-11 天鹅绒美术纸类型纸张（308 克摄影纯棉）

为了能够获得极致的照片效果，爱普生推出了多种不同类型的打印介质供摄影师选择，这些纸张从吸墨涂层的化学元素、微观物理结构到纸基材质的选择和生产工艺的实施，都是以爱普生系列打印机及相关墨水为基础进行研发的，合理地选择匹配，不仅可以使照片的色彩、细节得以充分展现，也可以使照片的保存性、耐光性和抗氧化能力得到体现，不会出现纸墨配合不当的现象。打印机驱动中还精确记载不同类型纸张的厚度以及 ICC 色彩配置文件，既防止因进纸精度误差而导致的条纹现象，也避免打印头与纸张表面出现剐蹭的可能。只要在驱动中按照所对应的纸张进行选择，便可以轻松获得高品质的照片。

（二）特殊纸张类型

通常情况，打印机使用的介质主要是常规纸张，当然也不限于此，在打印机驱动中提供了一些特殊介质类型，例如宣纸、绢丝布、油画布、灯箱片以及各种合成纸等，为用户提供更多的应用选择，满足不同的市场需求。

1. 宣纸
Rice

普通手工宣纸由于存在润墨性，一般只用来创作书画，如果用于喷墨打印机直接打印，会有洇墨、饱和度低下、色彩暗淡等现象，很多纸张表面瑕疵无法掩盖，打印画面相当粗糙。

喷墨打印的宣纸具有吸墨性强、色彩还原准确、效果逼真、挺度好、过机能力强、可装裱等优点。

由于大多数宣纸过于轻薄柔软、在实际打印过程中经常出现走纸不均、纸张歪斜、起皱以及刮擦打印头等问题。因此，如果想在宣纸上打印出理想的画面效果，就必须要在打印机上进行各种测试，找到最佳的打印设置和方法。宣纸打印通常适用于水墨字画艺术品的复制（图 5-12）。

图 5-12 宣纸

2. 绢丝布
Silk

绢丝布是以丝作为原材料，材质柔软，颜色可分为纯白、象牙白、米白以及银白色等。

绢丝布的性质十分柔软、垂感好、无卷曲、质地柔滑、色彩鲜艳、兼容性强、图像分辨率高以及抗老化性能强。尤其银白色、珍珠白等绢丝布，色泽亮丽、柔性而有光泽、画面颗粒密度高，几乎看不到任何孔隙。

绢丝布比较适合输出具有中国风特色的作品，比如花鸟鱼虫等工笔画，常用于古字画艺术品复制、装饰等领域（图 5-13）。

图 5-13　绢丝布

3. 油画布
Canvas

油画布是传统绘画艺术普遍使用的介质，具有非常悠久的历史。油画布的材质多种多样，亚麻油画布以其坚韧耐用而闻名；纯棉油画布则以其吸墨性好、质地柔软著称；化纤（涤纶）油画布和棉麻油画布则是现代科技与传统工艺的结合，为艺术家们提供了更多的选择。

油画布尺寸稳定、弹力强劲、纹理清晰、幅宽多样、致密厚实、光洁平整、无论是摄影，还是绘画作品的复制都可以完美呈现（图 5-14）。

图 5-14　油画布

（三）打印纸张的注意事项

并非所有的纸张都适合喷墨打印，即便是带有喷墨涂层的打印纸也仍然存在隐患，如纸张受潮、卷曲、氧化或过于纤薄等，会造成打印问题。因此，日常打印时需要规范、合理使用纸张。

1. 不适合打印的纸张

即使满足了纸张指定的条件，但当纸张出现以下情况时也不能使用。

① 薄软的打印纸（普通打印纸等）；

② 打印面不平整的打印纸；

③ 彩色或透明打印纸（Film）；

④ 打印时墨水渗开或溢出的打印纸；

⑤ 装入和打印时严重弯曲的打印纸。

2. 进纸调整

如果在标准的图像打印区域内出现了条纹（水平条纹线或色彩不均匀），即使在打印头清洗或校准后还出现，使用进纸调整。

以爱普生 P20080 打印机为例，有三种类型的进纸调整，通常建议使用块状图案进行调整。

① 块状图案

打印两组图案，通过肉眼检查图案并进行调整，以没有条纹的图案为标准。这对调整以图像打印为重点的打印输出有用，如图 5-15 所示，先打印（a）组的图案，选择“0”，再打印（b）组的图案，选择“0”，进纸校准结束。

② 测量点

在打印纸的中央打印两种类型的调整图案（测量点）并测量两种图案之间的距离。这对调整以尺寸和长度打印为重点的打印输出（如 CAD 等）有用（图 5-16）。

③ 值

通过输入数值进行调整，调整范围为-0.70%～0.70%，如果想稍微移动当前打印位置时，可以使用此选项。

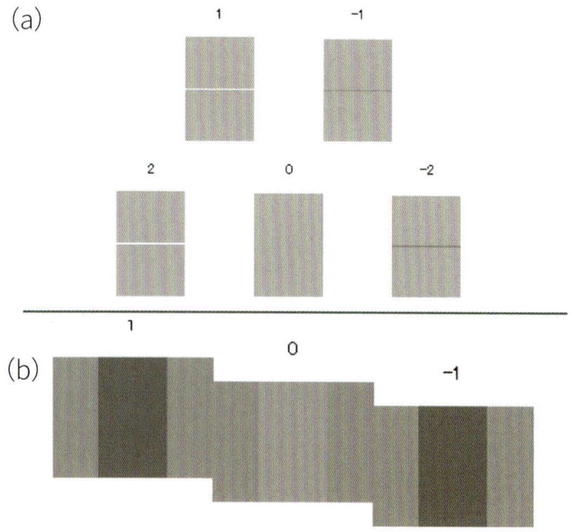

图 5-15 块状图案——进纸调整

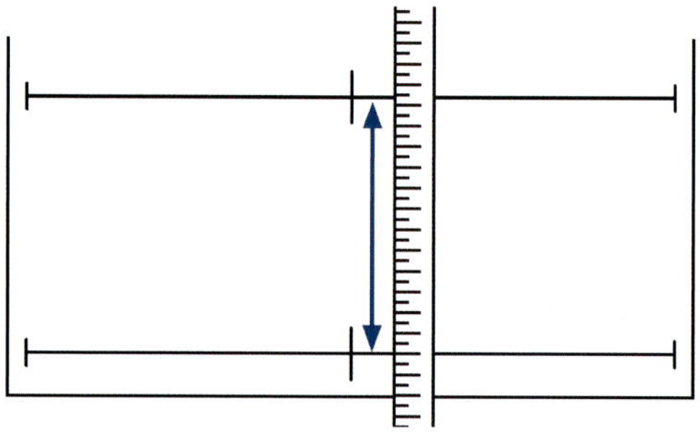

图 5-16 测量点——进纸调整

二、设置打印质量

打印机的打印质量，也就是打印精度，是指打印机在每英寸可打印的点数（dpi），是衡量打印质量的一个重要标准（图 5-17）。毋庸置疑，打印机分辨率越高，输出的效果就越精密、画面更清晰锐利，颗粒更细腻（图 5-18）。但不是每种打印都需要最高精度。对于文本打印而言，600dpi 已经达到相当出色的线条质量。对于照片打印，若想实现完美的影像品质，则需要 1200dpi 以上的分辨率。不过，有时也会因选择打印的纸张类型不同，打印分辨率可适当调整的，例如，打印表面平整光滑的照片纸，打印分辨率就会设置很高，照片可呈现出非常高的细节和清晰度。相反，如打印表

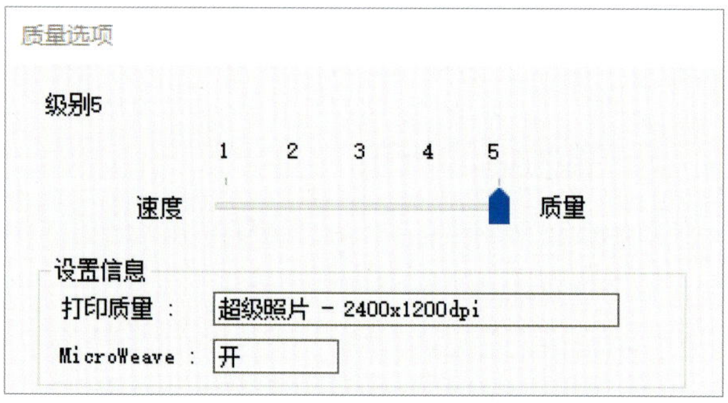

图 5-17 打印机驱动中打印质量的选择

面纹理粗糙的艺术纸，则打印分辨率可以适当降低，因为如果打印分辨率设置过高，墨滴就会很小，覆盖力不够，打印机就需要增加打印频率来达到一定墨水的沉积量和密度，这不仅会延长打印的时间，同时纸张粗糙的纹理也会产生干涉现象而影响画面质量，在实际应用中意义不大。

(a) 低质量打印（600dpi） (b) 高质量打印（2400dpi）

图 5-18 不同打印质量打印的照片

三、打印机的影调范围

对摄影作品而言，影调通过明暗层次、对比度以及色彩的色相明暗之间的关系构成了摄影作品的基本视觉元素，决定了摄影作品的整体视觉效果和艺术氛围。影调的运用可以影响观众对作品的理解和感受，是摄影师传达创意和情感的重要的表现形式。

为了能够打印出层次丰富、影调细腻的高质量的影像作品，就必须要了解和掌握当前使用的打印机的性能和纸张的特点。通过 Photoshop 打印自设的灰阶卡来检验打印机的影调范围。

(一) 制作灰阶卡

在 Photoshop 中制作一张简易的灰阶卡，将其打印出来，观察纸张上从黑到白之间的区域，就可以检验出该打印机与纸张的组合所能实现的影调范围，也称为影调的宽容度。

灰阶卡是由上面数值“0”代表最黑，下面数值“255”代表最白的两个中性色条，在其内部加上按照一定比例递增的灰色方块组成。“0”也代表该打印机与照片纸所能得到的最深的黑色，而“255”代表纸张原有的白色（图 5-19）。理论上，黑色越浓重，与白色对比越强烈，影调范围越广，当然同时也要考量暗部层次再现的情况。

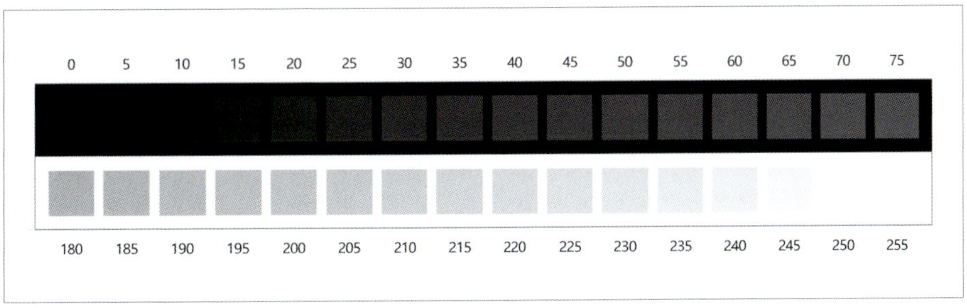

图 5-19 灰阶卡

（二）通过打印灰阶卡调整照片的影调

在选定适当的打印纸张并正确配置打印机驱动程序之后，将灰阶卡打印出来，观察暗部开始变成黑色的数值，亮部开始变成白色的数值，大致就可以了解当前纸张能够打印照片影调的范围。

如图 5-20 所示，这是一张按照标准程序打印的照片，黑色较深邃、厚重，反差很好，但暗部的灰色块却过早地淹没在黑色的底色中，在数值“20”处时，人眼就已经无法分辨。这说明数值“20”和“0”基本上是一样黑的（在人眼看来是如此），因此，照片暗部层次损失严重。

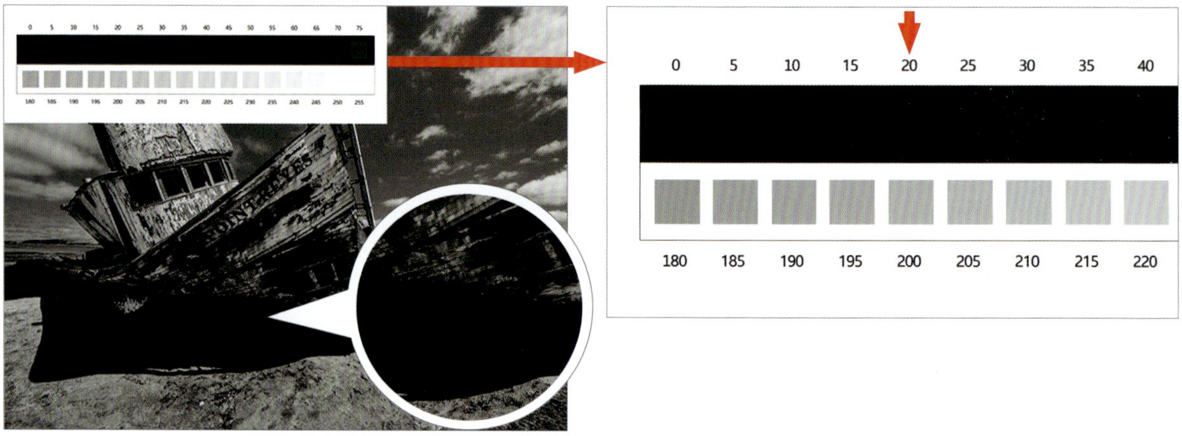

图 5-20　灰阶卡在数值“20”处，已完全变黑，暗部层次损失严重

根据灰阶卡显示的结果，可以在 Photoshop 中将画面最黑的部分增加亮度。如图 5-21 所示，打开色阶命令，将“输出色阶”的黑场滑块由“0”调到“20”（或直接输入数值“20”），调到灰阶卡中深色块消失时所对应的数值，单击“确定”按钮。按照更改后的设置进行打印，画面的暗部亮度得到了提升并出现了层次。不过，这样调整的代价是牺牲了最暗的黑色，因为此时的黑色数值已经不是“0”，而是“20”，所以导致画面整体偏亮，反差下降。

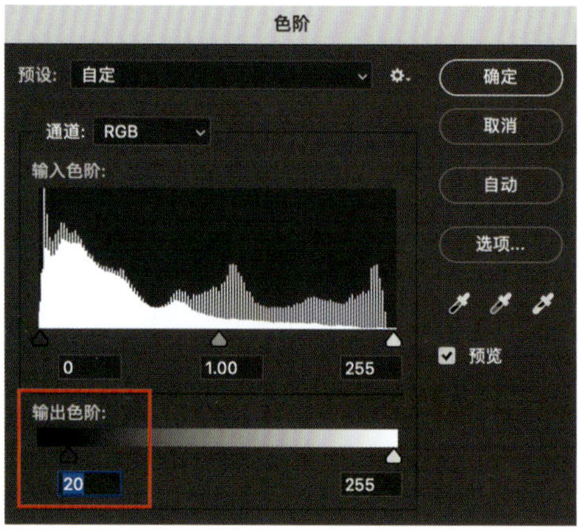

(a) 在 Photoshop 中，打开色阶命令，将“输出色阶”的黑场滑块由“0”调到“20”，单击“确定”按钮

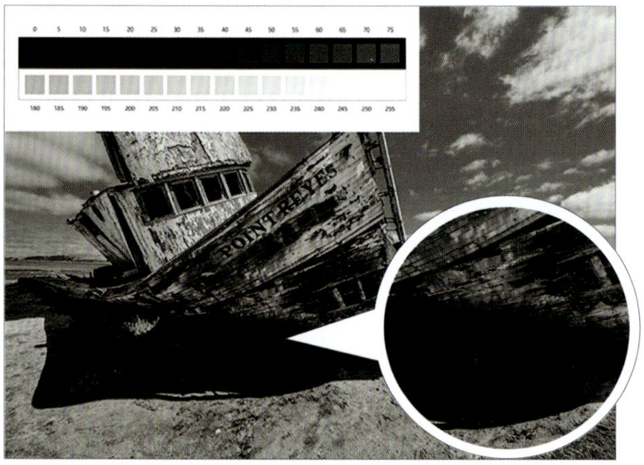

(b) 按照调整后的色阶再进行打印，此时画面的暗部已层次分明，但画面整体偏亮，反差下降

图 5-21　通过灰阶卡观察暗部情况，重新设置“输出色阶”

通过打印的灰阶卡进行观察，不仅可以了解照片纸的影调范围，还可以判断出黑色密度是否足够，是否充分发挥了打印机的表现能力。

如果照片上黑色密度存在问题，可能由以下几个原因造成：

① 照片纸的性能；

② 打印时“纸张类型”设置错误；

③ 电脑显示器的校准有问题；

④ 拍摄时曝光失误等。

如果想更精确地控制照片的影调，仅仅依靠 Photoshop 色阶调整工具是不够的，局限性较大且功能单一，从而影响到画面的反差、影调、层次以及艺术价值的体现。因此，从显示器校准到终端打印输出的整个流程，每一步操作都是对影调把控的挑战，没有一劳永逸的解决方法。摄影师需要具有丰富的经验和出色的技术，能够在 Photoshop 中灵活运用和综合各种工具，实现对照片影调的精细调整，从而获得完美的摄影作品。当然，无论采用何种调整方法，都需要通过打印样片进行确认。虽然这个过程稍显烦琐，但它始终都是确认照片打印效果最直观、最有效的方法。

第三节　打印的工作流程

以目前打印机性能来说，一般情况下，即使将打印任务完全交由打印机自动处理，或许也能得到一张质量不错的照片。然而，是否能够忠实地还原摄影师的初衷，成为评价打印质量的一个重要标准。只有深入了解和认识不同的打印流程，才会为打印行动指出正确的方向，可以避免不必要的错误，使打印结果更接近完美的目标。

一、采用自动打印方式进行打印

使用电脑打印时，最简单的方式就是利用打印机随机打印软件。如图 5-22 所示，以佳能打印机为例，可以使用佳能配套的打印插件：Canon Print Studio Pro 或 Professional Print & Layout。该系列软件不仅免费，而且打印功能完备，界面简洁工整，条理清楚，只要按序设置就可以打印了，所以操作简单、无难度。如果对照片不满意，它的自动修正功能也能在一定程度上修复，或者加些特效，不仅是新手或业余爱好者，同时也能满足专业摄影师的图像打印应用。

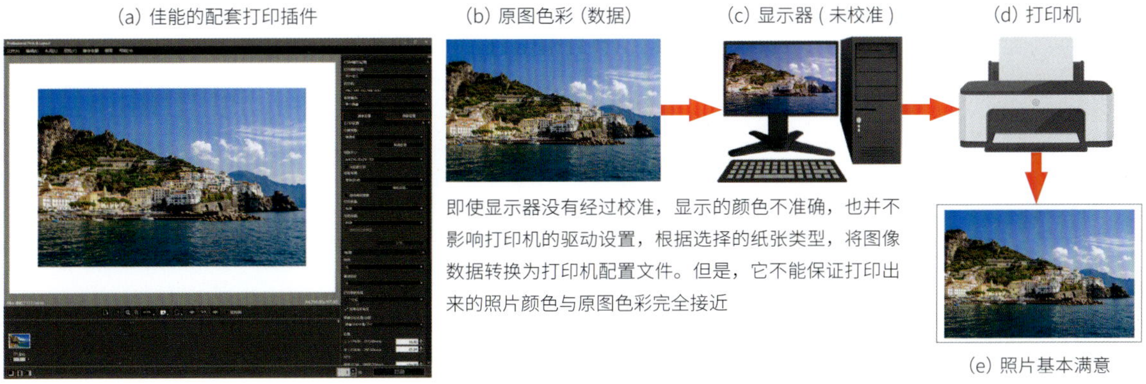

图 5-22　佳能配套打印插件

二、采用打印机驱动方式进行打印

不同打印机驱动软件的基本组件都是一样的。该设置下可完成纸张类型、打印质量、打印机纸张尺寸等基本设置。在显示器上所看到的即是打印效果——“所见即所得”，这是最理想的状态。想要达到这种效果，最好使用色彩管理方式进行打印。不过对于个人或家庭用户而言，这可能比较困难，也不太实际。在预算方面，很少有人会购买校色仪，另外，家居的环境光也很难改变。此时最便捷的方法是使用打印机驱动软件自带的色彩校正功能来打印照片。该模式能够充分发挥打印机自身性能，自动分析照片数据并分配墨水颜色。虽然称为“校正”，但它是在更基础的层面上对各种颜色墨水进行自动分配。爱普生、佳能等打印机驱动中一般都设有手动调节色彩功能。因此，即使打印效果不尽如人意，也很容易再进一步调整。在显示器（未校正）不能作为参考的情况下，我们就可以用该方法来打印照片。

在不使用色彩管理的情况下，即便对照片进行了修正，其输出效果也无法与显示器保持一致。此时，可以利用打印机驱动设置中的手动色彩调节功能进行打印。如图 5-23 所示，以爱普生大幅面打印机为例，对驱动色彩调整设置进行说明，佳能以及其他品牌打印机的操作基本相同。注：在爱普生打印机驱动设置窗口中出现的缩略图是驱动自带的示例图片，只作为色彩调整参考，而非实际打印图片的效果。

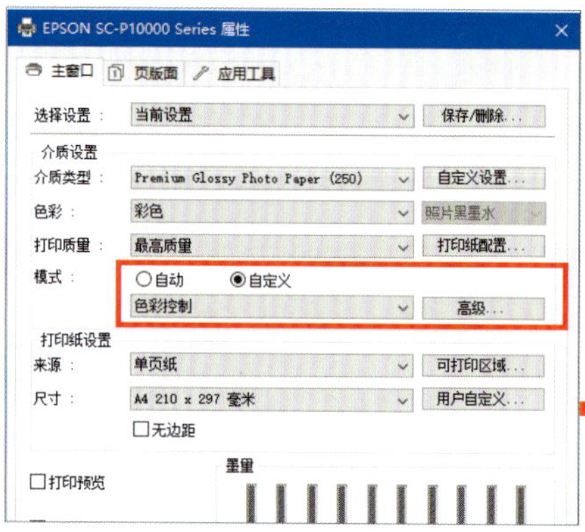

(a) 打开驱动，进入高级选项

首先，选择好图片，单击“打印设置”按钮。在打开的打印机属性（打印机驱动）窗口中，进行打印设置，如纸张类型、打印质量等。然后，在模式中选择“自定义”>“色彩控制”>“高级”选项，进入打印机驱动色彩调整界面

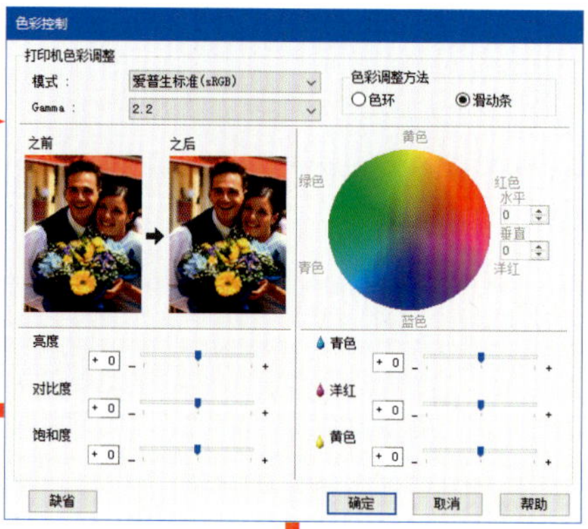

(b) 初始化打印

将色彩调整值的各个参数设置为“0”（初始化），在此设置状态下打印一张照片，作为测试样片。打印结束后，等照片完全干燥，即可对其色彩进行观察、判断。注：驱动中的图片为示例图片，而非实际打印图片，仅作为色彩调整参考图

进行测试打样

(d) 照片色调偏红

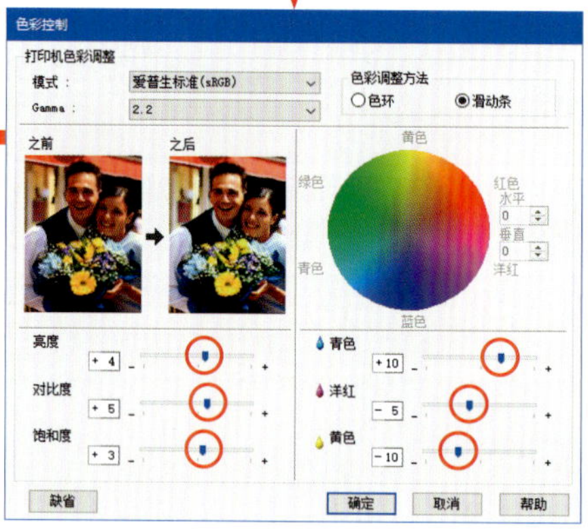

(c) 调整参数重新打印

依据测试样片，在尽可能不受干扰的环境光线条件下仔细观察，决定如何调整。这张测试样片颜色偏红色，因此，可以将青色：+10，洋红色：-5，黄色：-10，同时，将亮度：+4，对比度：+5，饱和度：+3

注：以上数据经过多次设置调整并打样观察所得

调整后打印

(e) 照片色调正常

按照调整后的驱动颜色设置打印照片。与测试样片相比较，照片色调正常，亮度、对比度也进一步提升，照片的层次感更鲜明

图 5-23 采用“打印机驱动”方式进行打印

驱动软件的自动校正功能，其一大优势就是可以在不使用色彩管理的情况下，也能打印出不错的照片。实际打印时可以只将显示器效果作为参考，不再作为色彩标准的评价。从打印效果推导出恰当的校正设置并保存数据，在相同条件下就可以直接使用。这也是在光线不稳定或无法使用色彩管理时常用的方法。

在驱动手动色彩调节功能中，色彩、对比度等各项属性都可以自由调整。打印照片的方法之一，就是先打印一张测试样片，再通过微调以输出理想的色彩。就算使用高端数码相机和色彩管理，打印测试样片也是必需的，可以说打印样片进行观察是必不可少的流程。需要一边确认照片的色彩倾向，一边将其慢慢调整成最佳效果。

具体的调整方法是，先向希望校正的方向大幅度拖动滑块，再将中间某一点设为最佳位置，如此就能尽早找到目标颜色。这个方法比一点点反复微调的效率更高。实际上，这与冲洗彩色胶片时用的色彩修正技术有异曲同工之妙。需要注意，驱动中的校正是有针对性的，只适合当前打印的纸张。如果更换成其他品牌的纸张，就需要通过打印测试样片确认色彩，以决定是否在打印机驱动中重新进行调整。

三、采用色彩管理方式进行打印

(一) 采用色彩管理方式打印的条件

虽然都希望显示器所见的色彩即是打印得到的色彩，但从本质上来讲，两者存在一定的差距。从实际的应用领域来讲，只有通过色彩管理方式才是让它们彼此更接近的方法。

若使用色彩管理方式打印照片，就需要严格按照色彩管理的实施办法执行。首先，打印场所环境光很重要，所有色彩管理的基准都是在某种特定光线下进行色彩还原的，通常是以接近日光性质的光源为主，推荐使用标准光源，当然日光色荧光灯也可以；其次，各种硬件设备的校准，主要包括显示器和打印机，这是实现色彩精准还原的前提；最后，确认软件是否能够参与和执行色彩管理（图 5-24）。

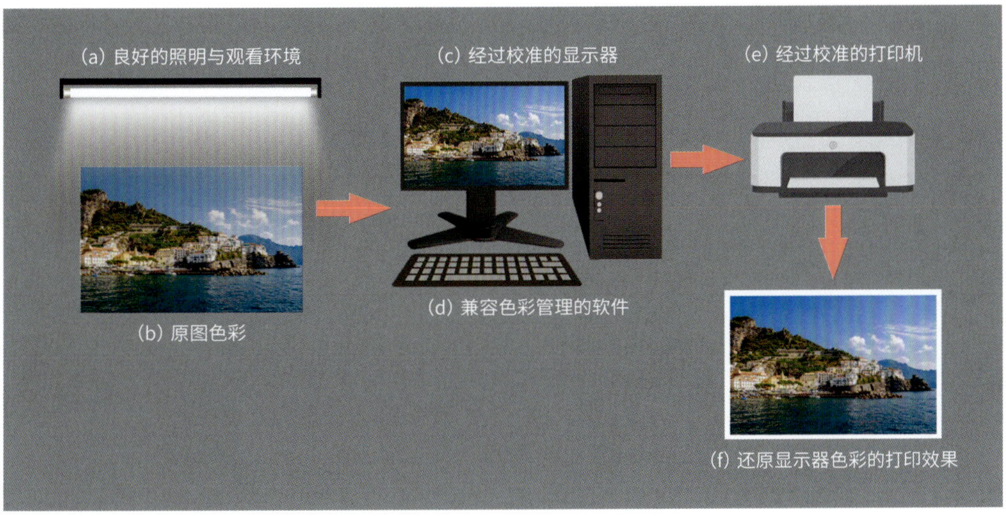

图 5-24 采用色彩管理方式进行打印

采用色彩管理进行打印，需要满足三个必要条件

① 良好的照明与观看环境；

② 经过校准的显示器、打印机；

③ 软件能够参与和执行色彩管理。

尤其第三点最容易被忽视，因为即使显示器的色彩经过校准，但软件不能加载或识别色彩配置文件，那么所显示或打印的照片也无法正确还原色彩，所以显示器即使经过了校准，也仅仅只是开始，所使用的软件是否兼容显示器色彩管理和配置文件，也是非常重要的一环。如今很多照片处理软件、RAW 后期软件以及图片浏览器等都已经实现兼容，但有时在显示照片时，色彩不一定正确（图 5-25）。

（a）Photoshop 观看图片

（b）Windows10 系统图片浏览器观看图片

（c）苹果系统图片浏览器观看图片

（d）某图片浏览器观看图片

图 5-25　在不同系统和软件观看图片

图（a）（b）（c）分别为 Photoshop、Windows10 系统以及苹果系统的图片浏览器观看同一张照片，三张照片画面色调正常，色彩还原准确。这说明这些系统或软件都可以正确加载 ICC 色彩配置文件。而图（d）是某图片浏览器显示的照片，画面饱和度过高，色彩失真

无论是苹果系统，还是 Windows 系统，通常都能够正常加载和显示当前显示器的色彩配置文件，如果打开显示的是系统原有的默认选项，也无须担心，可以手动添加配置文件。如果其他软件也具有显示器显示设置的功能，就应当对显示器的配置文件进行设置（图 5-26）。

(a) 苹果系统查看显示器配置文件（相关联）

(b) Windows10 系统查看显示器配置文件（相关联）

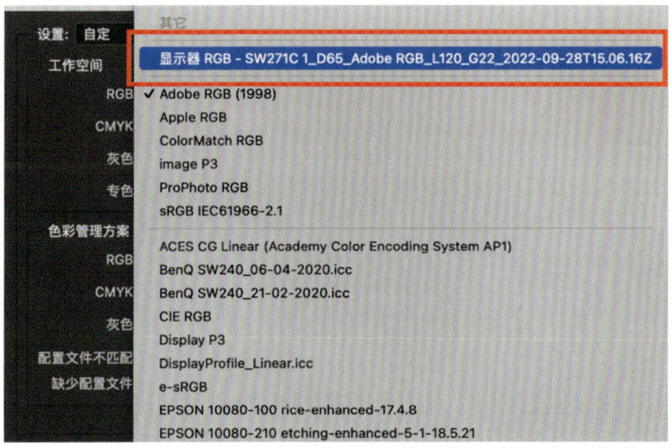

(c) Photoshop 查看显示器配置文件（相关联）

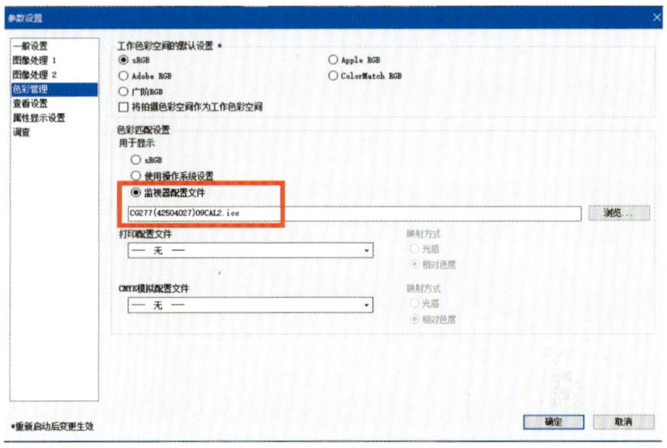

(d) 佳能打印软件查看显示器配置文件（相关联）

图 5-26　系统与软件的显示器配置文件的设置选项

关于适合色彩管理，就是所使用的软件必须兼容色彩管理功能，并且可落实各项参数的设置。实际上，就是配置文件的具体应用，这是色彩管理的核心，它能够帮助我们将色彩设置应用到具体的场景中，从而确保色彩的准确性和一致性。

（二）打印时所使用的配置文件

打印时所使用的配置文件记录了关于 “这种打印机和纸张的组合，应该具备这样的表现能力”的信息。管理色彩的软件会参考配置文件，将所要打印的图像色彩转换为墨水与纸张相结合的颜色。这种配置文件只是针对某一种组合的。如果换了打印机，即使是同样的纸张，也没办法直接使用。

如图 5-27 所示， 在 Windows 系统的色彩管理中，我们可以查看到 ICC 配置文件。在安装打印机驱动时，打印机配置文件也被添加到电脑中。如果使用不同的打印机，那么配置文件也会不断增加。打印机配置文件名称全部为英文，比较难懂，不过结构基本都是“打印机名称 + 纸张名称”。其中，配置文件中的纸张名称与打印机驱动中的纸张名称是对应的（图 5-28）。

如果是第三方纸张制作的打印机配置文件，命名会略有不同，因为纸张的名称与打印机驱动的纸张类型名称并不一致，因此根据用户需要进行命名，既可以简单明了，也可以更详细全面（图 5-29）。

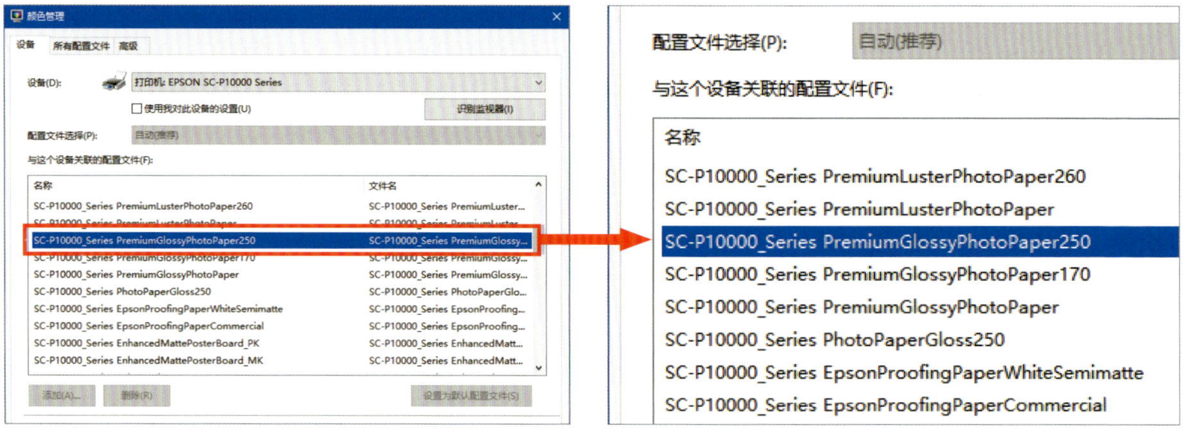

（a）Windows10 系统的颜色管理　　（b）打印机配置文件名称

图 5-27　打印机配置文件的命名由“打印机名 + 纸张名称”组成。如爱普生打印机配置文件的名称为打印机：“SC-P10000_Series”，纸张名称为“PremiumGlossPhotoPaper”（高质量光泽照片纸），“250”表示纸张的克重。注：同一款纸张可能会有不同的克重，如图中的打印纸除了“250”，还有一款“170”

（a）打印机驱动的纸张类型名称　　（b）打印机配置文件名称

图 5-28　打印时，配置文件必须与打印机驱动中的纸张类型相匹配，并选择合适的精度打印。以爱普生 P10080 打印机为例，如果打印机的 ICC 配置文件选择的是“SC-P10000_Series Premium GlossPhotoPaper250”，那么，在打印机驱动中也同样要选择“PremiumGlossPhotoPaper（250）”，两者是相关联的，不可选错

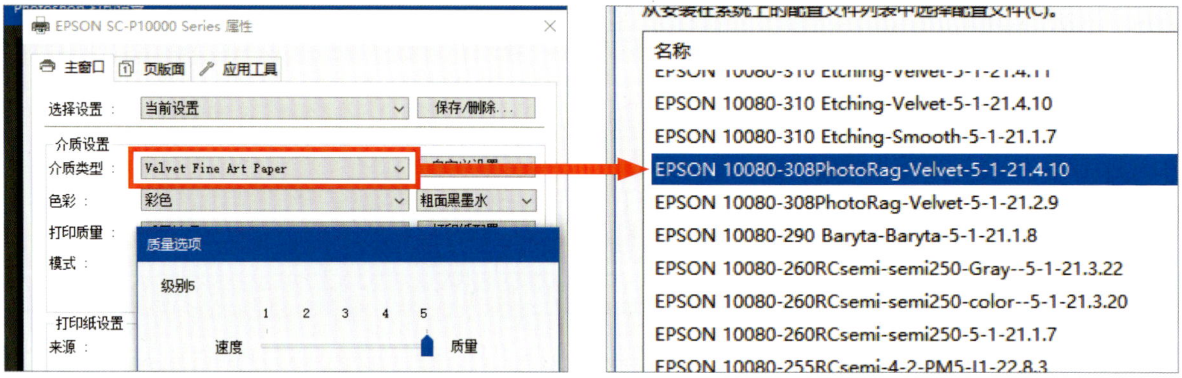

（a）打印机驱动的纸张类型名称　　（b）打印机自定义配置文件名称

图 5-29　在自定义的打印机配置文件中，打印机名称为“EPSON 10080”，纸张为“308 PhotorRag（德国哈内姆勒 308g 摄影纯棉艺术纸）”，打印机驱动的纸张类型选择的是“Velvet（Velvet Fine Art Paper）”，命名后面还可以加上打印精度、单双向打印以及配置文件制作日期等。注：除非有充分的理由并且了解可能带来的后果，否则最好不要随意更改 ICC 配置文件的名称

四、采用黑白打印方式进行打印

与彩色比较而言，黑白是另外一种摄影，它摒弃色彩以明度的方式，用黑、白、灰的影调拉开与现实的距离，在似与不似之间，这是黑白摄影的魅力所在。当然，无论是传统暗房印放，还是数字方式打印，制作一幅精美的黑白摄影作品都需要一定的技术和经验。利用色彩管理来打印彩色照片，已成为业内共识。那么，当打印没有颜色的黑白照片时，如何进行色彩管理，可能令人困惑。

(一) 采用基于 ICC 的色彩管理流程打印黑白照片

如果照片是带有色调的黑白照片（图 5-30），为了确保打印时能够准确再现这种色调的黑白照片，那么最好的选择是采用基于 ICC 的色彩管理流程输出照片，也就是选择好相应的配置文件，采用彩色照片打印流程打印黑白照片（图 5-31）。

图 5-30　带有色调的黑白照片

图 5-31　采用彩色照片打印流程

(二) 采用黑白模式打印黑白照片

按照常规的色彩管理流程输出，黑白照片总会略带一些轻微的色偏，对纯黑白照片来说表现得更明显，这是因为打印机 ICC 配置文件的设计初衷就是处理色彩在输出过程中的重现，而不是保证黑白的绝对中性。所以对于纯粹的黑白照片来说，可以使用打印机驱动中的黑白模式进行输出。

1. 爱普生的高级黑白照片模式

在使用打印机高级黑白照片模式前，首先需要将程序（如 Photoshop）的颜色处理设置为“打印机管理颜色”，然后在打印机驱动设置界面中将色彩选项设置为“高级黑白照片”，在模式中设置为自动，下拉菜单为黑白照片提供自然、冷、暖和仿古四种色调。

如果想进行更细致调整，将模式设置为自定义，并单击“高级”按钮，打开专为黑白照片调整的色彩控制面板（图 5-32）。

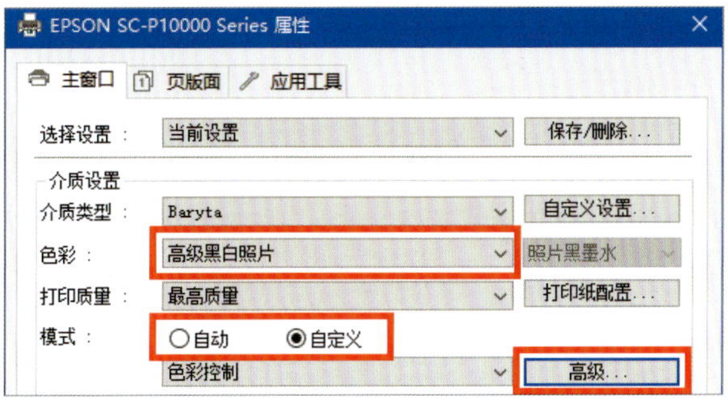

图 5-32　在打印机驱动中，色彩选项设置为“高级黑白照片”

在打开的色彩控制面板中，除了有与自动设置相同的彩色色调选项，还增设色调选项，在下拉菜单中提供淡、普通、暗、较暗和最暗选项，同时，在右侧的色轮中用鼠标单击或直接输入数值可以对色调进行精确的定位。面板下方提供亮度、对比度、阴影色调、加亮色调和最大光学密度等各种参数设置选项，拖动滑块或直接输入数值可以对影调进行细微的调整（图 5-33）。另外，采用黑白模式打印的图片文件，建议使用 sRGB 色彩空间。注：在当前爱普生打印机色彩控制面板中出现的缩略图是驱动自带的示例图片，只作为色彩调整时参考，而非实际打印图片的外观。尽量采用与打印彩色照片一样的流程，通过打印样片来确认调整的结果。

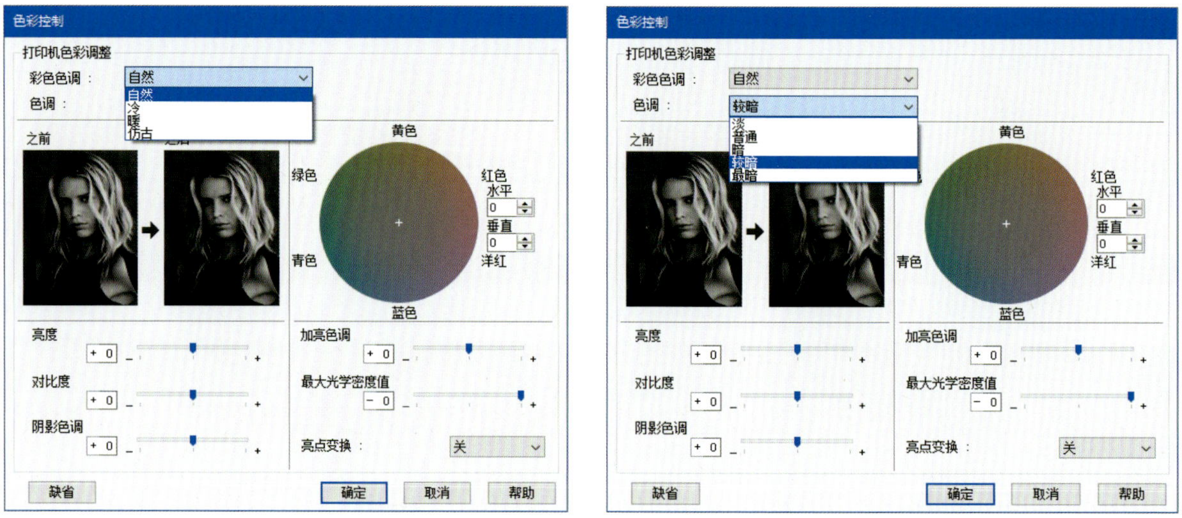

(a) 彩色色调：自然、冷、暖和仿古

(b) 色调：淡、普通、暗、较暗和最暗

图 5-33　在色彩控制面板中，可以进行各种参数的设置和调整

2. 佳能的单色模式

与使用爱普生的高级黑白照片模式打印相似，操作设置同样在打印机驱动中进行，也同样需要将程序的颜色处理设置为“打印机管理颜色”，然后在打印机驱动设置界面中将色彩模式设置为“单色（照片）”。不过佳能的单色模式，除了可以在打印机驱动中设置以外，也可以在佳能的 Photoshop 打印插件中进行设置，并且插件中提供了更加丰富的功能。如果想在驱动中进行更细致的调整，在选择“单色（照片）”模式后，可以单击下方的“颜色设置”按钮，打开专为黑白照片调整的颜色设置面板（图 5-34）。

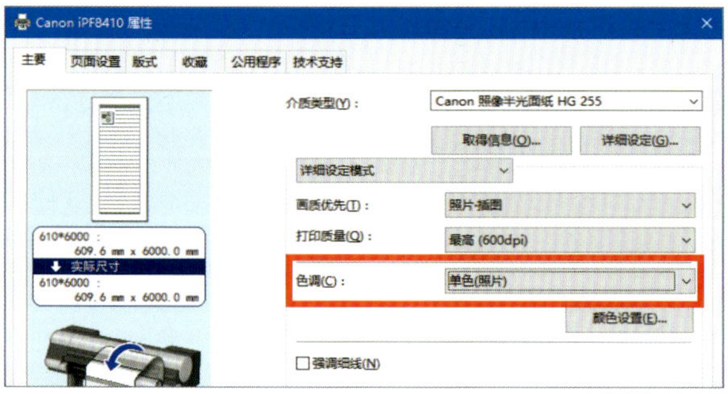

图 5-34　在打印机驱动中，色彩模式设置为“单色（照片）”

在颜色面板中，色调的下拉菜单中提供冷黑、纯黑和暖黑选项。下方也设有与爱普生驱动中色轮相似的方形色调选区，用鼠标单击或直接输入数值可以对色调进行精确的定位。在影调的下拉菜单中，柔和影调能让画面显得更亮，强硬影调则会让画面显得偏暗。面板下方提供亮度、对比度、高亮度以及阴影等各种参数设置选项，拖动滑块或直接输入数值可以对影调进行细微的调整。所有的调整过程都可以借助左侧的示例图片进行观察和判断，而且示例图片在样本的种类下拉菜单中还提供标准、风景、人物和图像选项，以便获得更有针对性、与打印照片相似的显示效果（图 5-35）。与爱普生一样，建议图片使用 sRGB 色彩空间，并通过打印样片来确认调整的结果。

在佳能推出的新一代打印机系列型号中，单色模式的颜色设置面板中的选项则精简许多，取消一些参数设置选项，如佳能 Pro-541 打印机驱动的颜色设置面板中，影调、高亮度和阴影的参数设置选项已取消，而且左侧的预览图片也只有标准模式一种（图 5-36）。

图 5-35　颜色设置面板中，可以进行各种参数的设置和调整

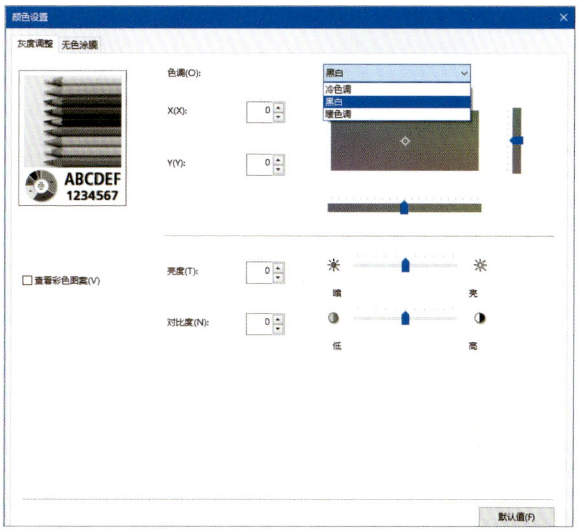

图 5-36　佳能 Pro-541 的颜色设置面板中，取消了一些参数选项

通过使用佳能的 Photoshop 的打印插件（如 Professional Print & Layout），各种参数设置选项一应俱全，除了驱动提供的滑块选项之外，还可以单击“曲线”按钮，对照片进行自定义曲线调整，不同于上面两种打印机的黑白模式的设置，参数的调整结果只能参考面板窗口中的示例图片，而非实际打印的图片。但在佳能的打印插件中，所有参数的调整都可以直接对应原图，可以很直观地看到调整后原图的变化（图 5-37）。

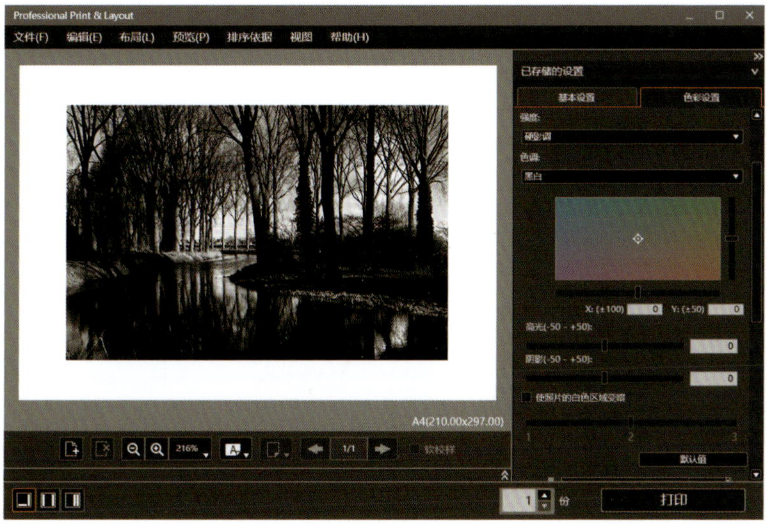

（a）佳能 Professional Print & Layout 打印插件的黑白设置界面

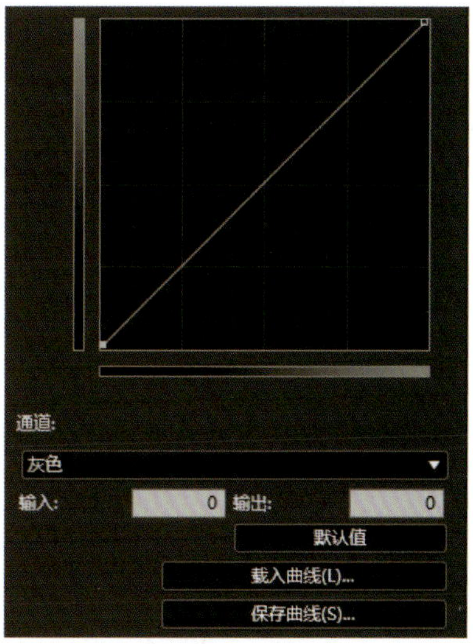

（b）实用的曲线调整窗口

图 5-37　佳能的 Photoshop 打印插件的黑白设置界面以及曲线对话框

通过打印机驱动特殊的黑白打印模式，能够优化黑白照片的灰阶层次和对比度，同时赋予图片独特的艺术色调和个性化风格，增强其视觉表现力。但从实际应用角度来看，基于 ICC 的色彩管理流程打印黑白照片则更实用、更高效，虽然画面略带有一些色偏，但整体的色彩明度关系体现良好，层次丰富、影调细腻，也不需要复杂的调整工作。

五、Photoshop 色彩管理方式打印

Photoshop 是极具代表性的全方面兼容色彩管理的软件。Photoshop 拥有自带的色彩管理系统（CMS），允许用户在不同的设备和媒介间保持色彩的一致性，从而确保打印出来的效果既安全可靠，又能满足用户的期待。

(一) 采用 Photoshop CMS 打印

采用 Photoshop 色彩管理方式打印，有三个要点：一是在 Photoshop 的打印窗口中将颜色处理选项设置为“Photoshop 管理颜色”；二是打印机配置文件选项设置为“适用于当前打印机的配置文件”；三是在打印机驱动面板将色彩修正设置为“无”（图 5-38）。

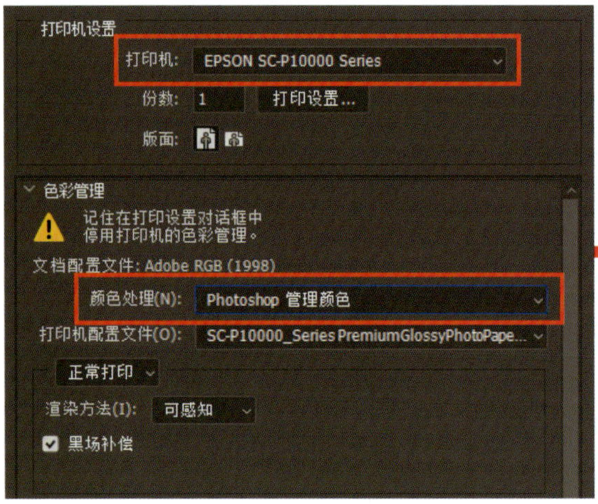

(a) 选择“Photoshop 管理颜色”

首先在 Photoshop 的打印窗口中，选择当前使用的打印机型号（如 EPSON SC-P10000 Series），并在色彩管理模块中将颜色处理选项设置为“Photoshop 管理颜色”

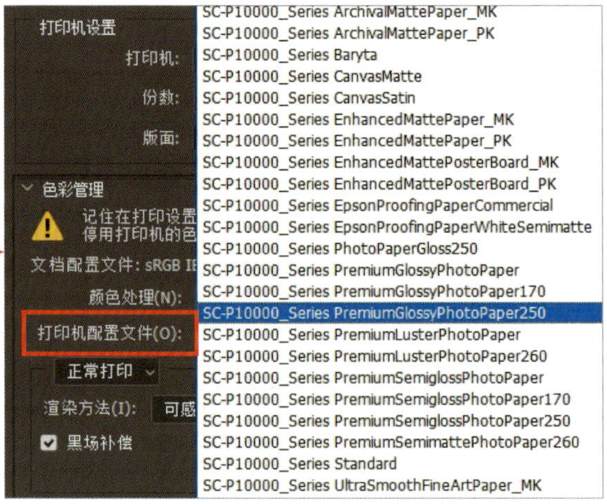

(b) 选择打印机配置文件

在打印机配置文件的下拉菜单中，列出了打印机驱动所有的配置文件，选择符合当前打印机及纸张组合的配置文件（如 SC-P10000_Series Premium GlossPhotoPaper250）

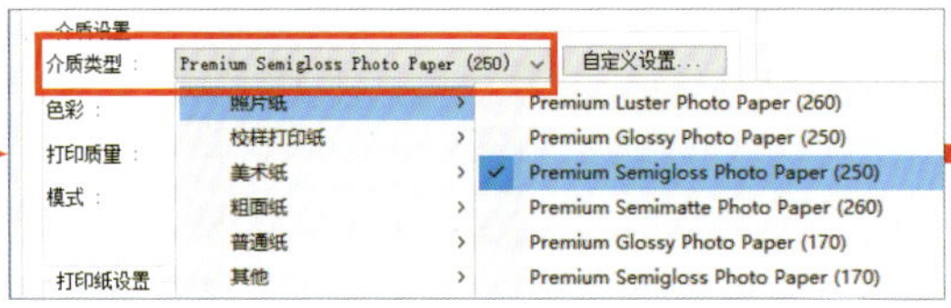

(c) 在打印机驱动中进行参数设置

单击“打印设置”按钮，打开打印机驱动软件。选择介质类型，并进行打印质量的设置。注：介质类型的选择必须与配置文件相匹配

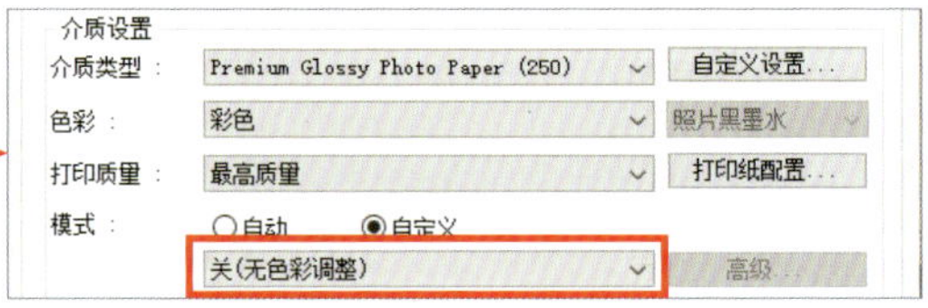

(d) 关闭打印机色彩管理

设置介质类型、打印质量之后，将模式设置为自定义，在下拉菜单中选择“关（无色彩调整）”。注：“关”的意思，就是把打印机的控制权移交给 Photoshop

图 5-38　Photoshop 色彩管理方式打印

使用 Photoshop CMS 打印时，打印设置基本是在 Photoshop 软件中进行。此时，打印机驱动软件的色彩管理功能被禁用，转由 Photoshop 在配置文件的基础上进行处理。因此，打印机驱动要将色彩校正设置为“无”，也就是无色彩管理，这是为了确保 Photoshop 能够独立进行色彩处理。而且，驱动中其他选项如纸张类型、打印质量等也与配置文件紧密相关，需认真进行设置。然后，在 Photoshop 的打印窗口中，选择适合的配置文件（与驱动中的介质类型相对应）。以上几个环节的操作都非常重要，是 Photoshop 正确运用色彩管理打印的关键。

（二）使用 Windows 的 ICM 打印

Photoshop 另一种实现色彩管理打印的方法，是使用 Windows 的 ICM（Image Color Management）。这种方法将色彩管理交由打印机负责，配置文件也要在打印机驱动软件中选择。这种打印方法有两个要点：一是在 Photoshop 的打印窗口中将颜色处理选项设置为“打印机管理颜色”；二是让驱动软件中的打印机配置文件来进行管理并打印。由于该设置针对特定介质类型，所以目标用户使用原厂照片纸（图 5-39）。

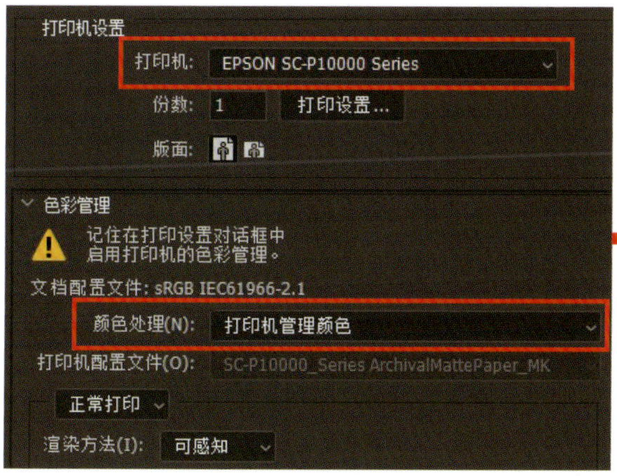

（a）选择“打印机管理颜色”

ICM 是 Windows 的色彩管理模块。使用 ICM 打印，首先在打印窗口中选择当前使用的打印机（如 EPSON SC-P10000 Series），并在色彩管理模块中将颜色处理设置为“打印机管理颜色”

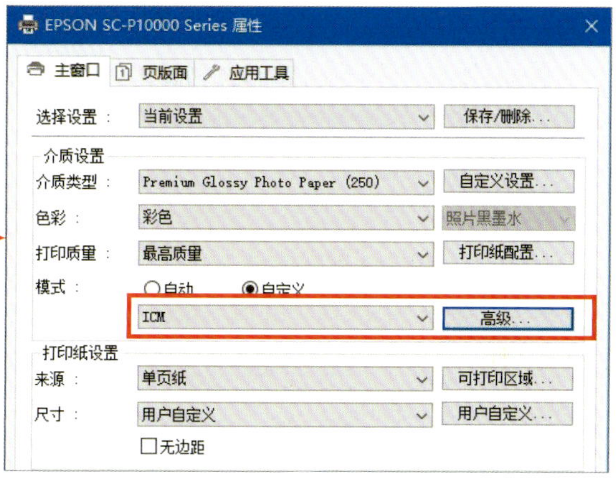

（b）在打印机驱动中选择“ICM”

单击“打印设置”按钮，打开打印机驱动软件。选择介质类型，并进行打印质量的设置。将模式设置为自定义，在下拉菜单中选择“ICM”，并单击“高级”按钮

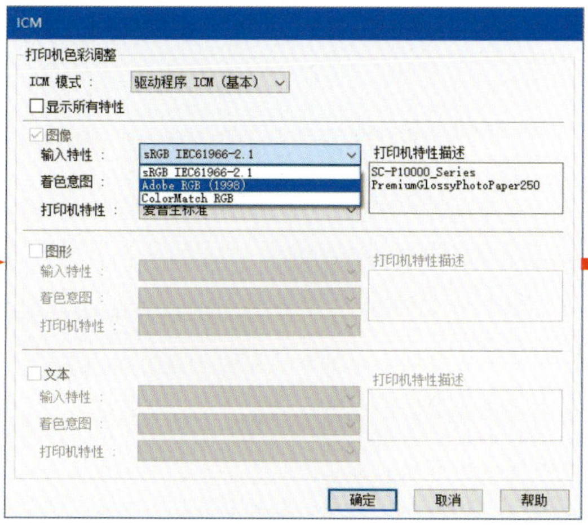

（c）选择输入配置文件

在 ICM 的高级选项中，图像的输入特性选择输入配置文件与准备打印的照片色域相匹配

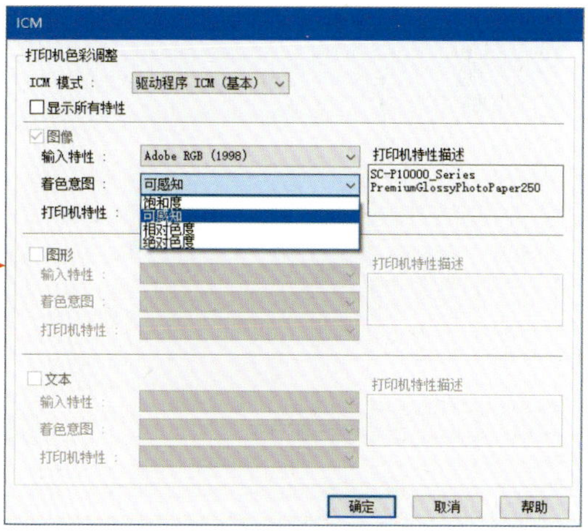

（d）选择渲染方式

图像的着色意图选择适合的渲染方法（如可感知），也就是相匹配的转换方式（关于色彩空间的转换参见第二章）

图 5-39 Windows 色彩管理方式打印

综上所述，Photoshop CMS 打印在色彩控制和管理方面提供了更高级的功能，提供更专业的色彩管理工具和选项，特别适合需要精确色彩匹配和高级色彩调整的专业应用。而 Windows ICM 打印更依赖于操作系统的色彩管理能力，侧重于为广泛的应用程序提供基础的色彩管理能力。适合一般的打印任务和不太复杂的色彩管理需求。

Photoshop CMS 打印与 Windows ICM 打印，主要区别在于它们各自的色彩管理策略和实现方式。两者都使用 ICC 配置文件来实现色彩管理，但 Photoshop 允许更深入的用户自定义和色彩模拟。

(三) 渲染方法

渲染方法，也称转换意图，在打印的色彩管理设置中，这是将一个配置文件转换为另一个配置文件时，采用何种方式进行转换的设置。转换方法有“可感知”“饱和度”“相对比色”和“绝对比色”四种。推荐使用“可感知”，这也是软件默认的渲染方法，可以使打印的图像层次丰富，表现更真实自然（图 5-40）。（关于具体渲染方法参见第二章）

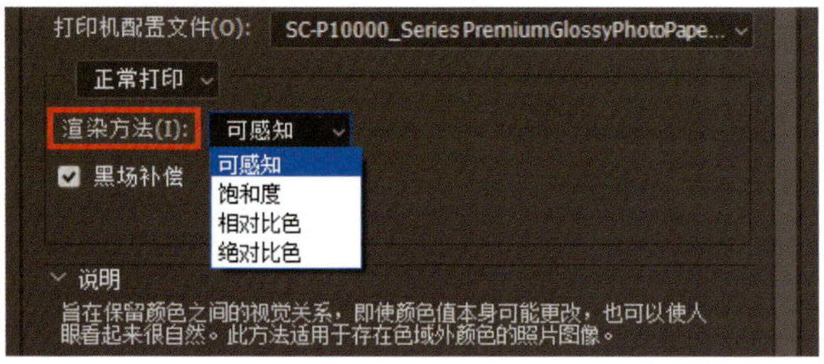

图 5-40　渲染方法

(四) 黑场补偿

所谓黑场补偿（黑点补偿），是指在转换颜色时调整黑场中的差异。如果因转换而使暗部色阶出现异常的情况，是否对暗部色阶进行补偿的设置。Photoshop 等软件中都设有这样的选项（图 5-41）。如果选中该选项，那么，当源空间的黑点比目标空间的黑点更暗时，该选项可以有效避免暗部层次的损失，通常黑点补偿只在“相对比色”渲染方法下有意义（图 5-42）。

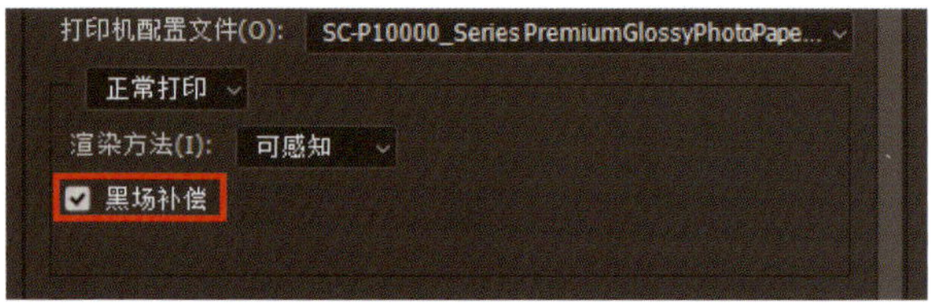

图 5-41　黑场补偿

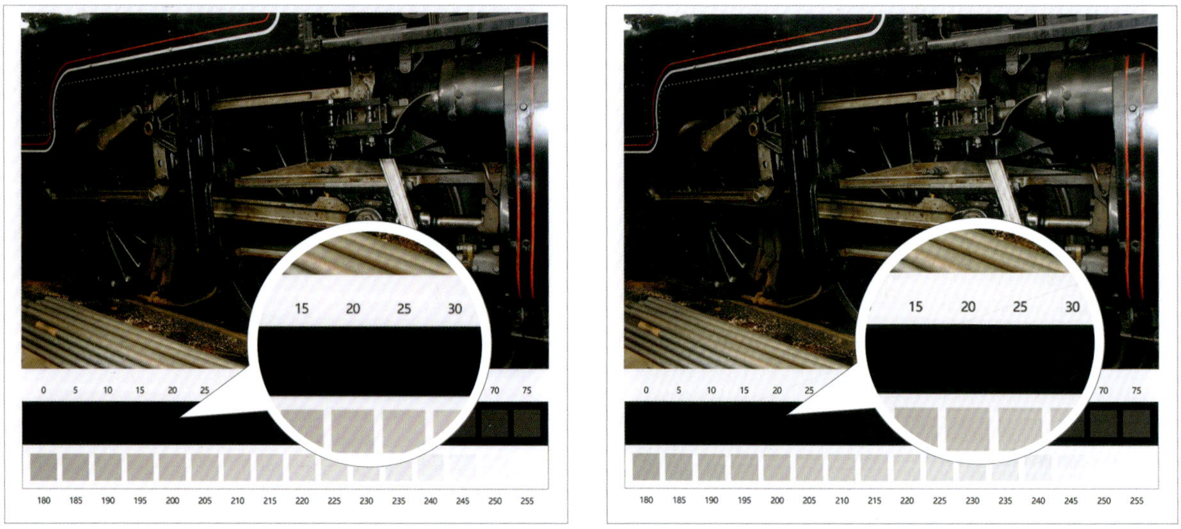

（a）没有黑场补偿打印，图像的暗部层次有明显的损失　　（b）有黑场补偿打印，图像的暗部层次更丰富

图 5-42　有无黑场补偿打印的效果对比（使用“相对比色”的渲染方法打印）

第六章　印前文件处理

通过色彩管理方式进行打印，并不能让打印的照片变得更漂亮，而是让打印的照片还原更准确，更接近图像文件，也就是所谓的 “所见即所得”。理论上拥有什么质量的图像文件，就会出现什么质量的打印效果，因此，完美的打印结果始于一个完美的文件。需要针对色彩管理系统以及打印机输出基本流程的特点，对原图像文件的分辨率、影调、色彩、锐化以及降噪等方面进行一定的印前优化处理。拥有一个高质量图像文件，无论是上传到互联网展示，还是交给专业机构打印输出，都会获得理想的结果。

第一节　确认软件设置参数

一、色彩空间的设置

开启 Photoshop 后，首要任务是确认颜色设置中的色彩管理参数是否已正确配置，以确保整个操作流程在一个熟悉且准确的环境中进行。如果忽视这一步，图像在打开、加载、转换或显示时可能会出现色彩偏差。通过“编辑”>“颜色设置”来查看和调整这些参数，建议选择 Adobe RGB 色彩空间以获得最佳效果（图 6-1）。

图 6-1　Photoshop 中的颜色设置

二、色彩空间转换的自动化

在数字图像处理的过程中，色彩空间的转换是一个不可忽视的关键任务。尤其当图像使用目的不同，就需要切换不同的色彩空间。而每次转换都需要我们进入颜色设置中进行选择，这个过程不仅烦琐，而且很容易遗忘，从而导致色彩空间选择错误。因此，我们可以借助 Photoshop 的动作设置功能，实现色彩空间的自动化转换。当在工作中需要转换色彩空间时，只需在动作面板中单击“播放”按钮，一键即可完成转换，安全方便且高效。

(一) 动作设置

Photoshop 动作是指在单个文件或一批文件上执行的一系列任务，包含相应步骤以及模态控制等。对于经常执行的任务，例如，通过动作面板可以记录一系列与颜色相关的设置，并安排相应的功能键，这样无论当前的程序处在何种色彩空间，只需一键即可切换到特定色彩空间的状态（图 6-2）。

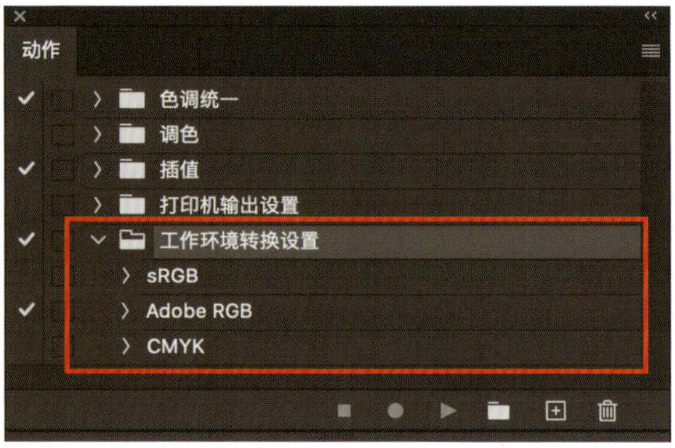

图 6-2　执行动作命令，确保每次使用时的颜色设置正确

色彩空间切换的动作设置（其他选项操作相同）

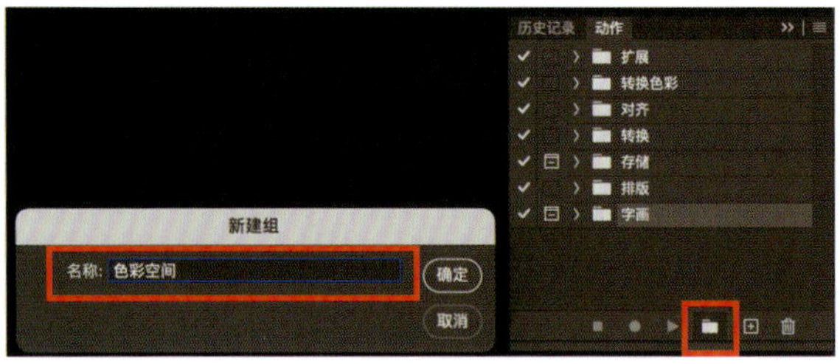

(a) 创建“新建组”

单击“窗口”>“动作”，打开动作面板。在面板下方单击“新建组”按钮，将新建组的名称改为“色彩空间”

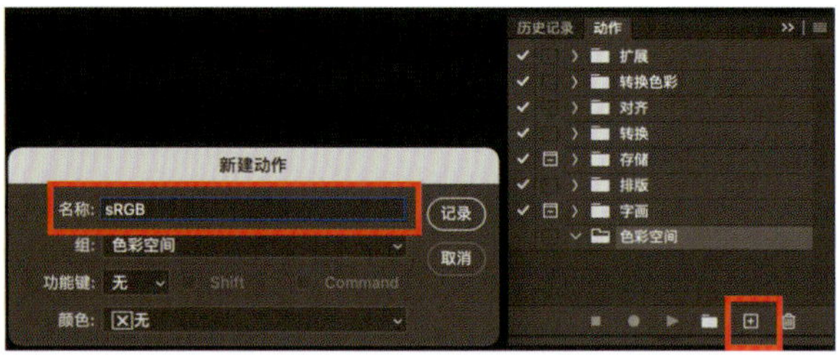

(b) 创建“新建动作”

在当前色彩空间的组中，单击“新建动作”按钮，将新建动作名称改为“sRGB”。

（c）开始记录

单击“记录”按钮之后，动作的录制工作就开启了（下方的“红色圆形”按钮激活），接下来的每一步操作都会被动作面板捕捉并记录

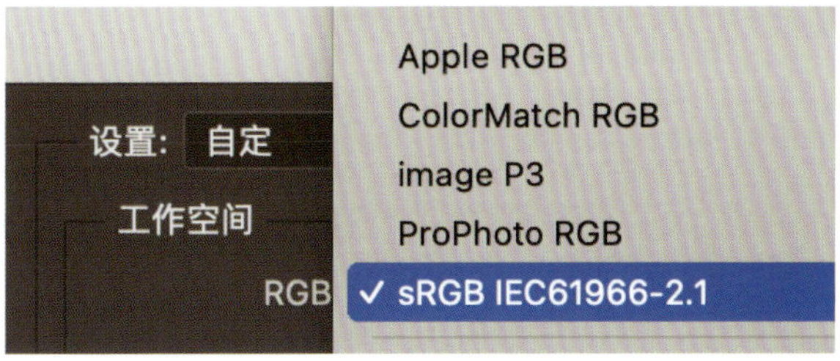

（d）选择色彩空间

打开颜色设置对话框，在 RGB 工作空间中选择一个需要转换的色彩空间，如“sRGB IEC61966-2.1”

（e）停止记录

按下“停止”（方形）按钮，结束动作录制。此时，在动作面板中记录下色彩空间转换时的操作。同理，按此动作设置的方法，可以再创建其他色彩空间转换的动作

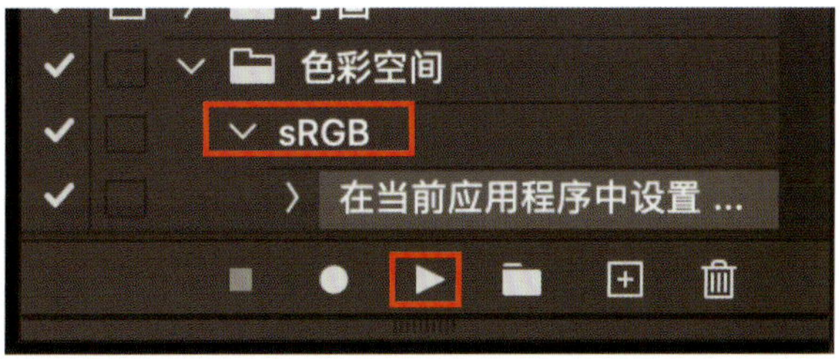

（f）执行动作命令

使用时，无论当前软件处于何种色彩空间，只要在动作面板中单击“播放”（三角形）按钮，就可以瞬间切换到“sRGB 色彩空间”

当录制动作时，确保每一步都被精确地记录下来，包括任何对话框中的设置。如果遗漏了任何操作或设置，动作可能无法按预期工作。在使用动作之前，最好在一个副本文件上对其进行测试，确保它按照预期的方式工作。这有助于发现潜在的问题，并进行必要的调整。

通过使用动作，可以极大地提高工作流程的效率，无论是进行简单的图像编辑还是复杂的图像处理项目。动作命令功能强大但也复杂，需要通过学习和实践来掌握。

（二）脚本设置

脚本是 Photoshop 所支持的批处理程序。位于“文件”>“脚本”菜单下的脚本事件管理器能进一步扩展颜色设置动作的能力。在该面板中开启“启用事件以运行脚本 / 动作”，并在下方的“动作”选项中选择在 Photoshop 中设置好的动作，如 Adobe RGB。然后单击“添加”按钮，脚本事件设置完成。当每次开启 Photoshop 时，脚本会自动将颜色设置复位到指定色彩空间——Adobe RGB（图 6-3）。

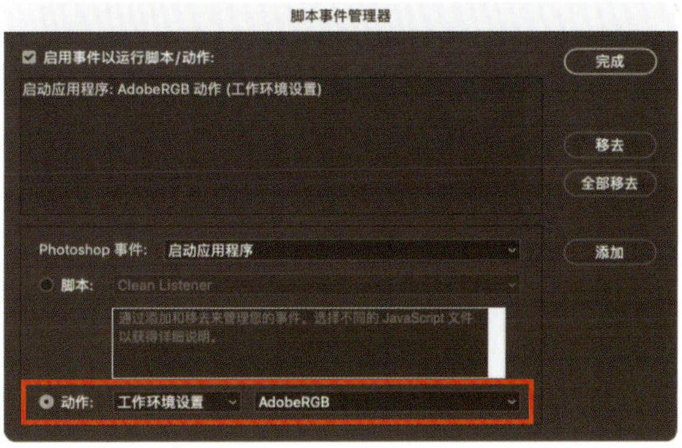

图 6-3　使用脚本事件管理器自动应用 Photoshop 中的颜色设置

第二节　图像文件的优化

在数码相机的像素总量大幅提高的今天，打印 A4 尺寸的照片已经基本上不会出现分辨率不足的问题了。但是，如果用 A3 或更大尺寸打印，就需要注意分辨率的变化。因为图像的分辨率决定了画面打印的精细程度。

首先需要了解，打印涉及两个分辨率，即图像分辨率与打印机分辨率，切勿混淆。

一、图像分辨率的设置

图像分辨率指单位面积内包含的像素点的数量，具体来说，就是每英寸的像素点数，其单位是：ppi（pixels per inch），通常称为像素每英寸。图像的像素量越高，分辨率就越高。

图像的分辨率以 ppi 来度量，它和图像的宽、高尺寸一起决定了图像文件的大小及图像质量。如图 6-4 所示，这是一幅宽度 8 英寸、高 6 英寸，总像素 2400 像素 ×1800 像素，分辨率 300ppi 的图像。如果保持图像文件的大小不变，也就是像素总量不变，将分辨率改为 150ppi，在宽、高比不变的情况下，图像的宽度变为 16 英寸、高度变为 12 英寸，尺寸变大，但像素总量没有变化。如果打印变化前后的这两幅图，我们会发现后者的画幅面积是前者的 4 倍。不过，由于 ppi 值下降，图像质量会下降许多。

那么，这两幅不同尺寸大小的图像在显示器上会出现什么现象呢？例如，将上面示例中两幅尺寸大小不同的图像在显示器上打开且以 100% 放大时，会发现这两幅图所显示的画面尺寸是一样的，图像质量也没有区别。这说明对于显示器来说，一幅图像的 ppi 值是没有意义的，起作用的是这幅图像所包含的总像素量，也就是水平方向的像素 × 垂直方向的像素。如图 6-4 所示，尽管图像的宽、高尺寸因分辨率的改变而发生变化，但显示器所显示的画面却始终是 2400 像素 ×1800 像素，两幅图像没有区别。通俗理解就是显示器关注的是图像的总像素，如 2400 像素 ×1800 像素；打印机关注的是图像的 ppi 值，如 300ppi。

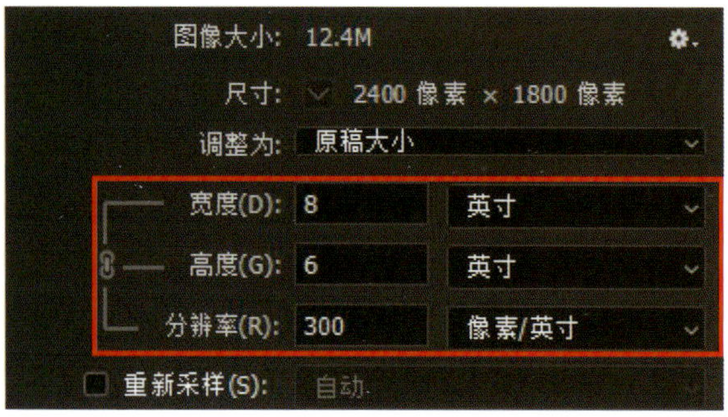

（a）总像素不变，分辨率改为 300ppi，图像尺寸为 8×6 英寸

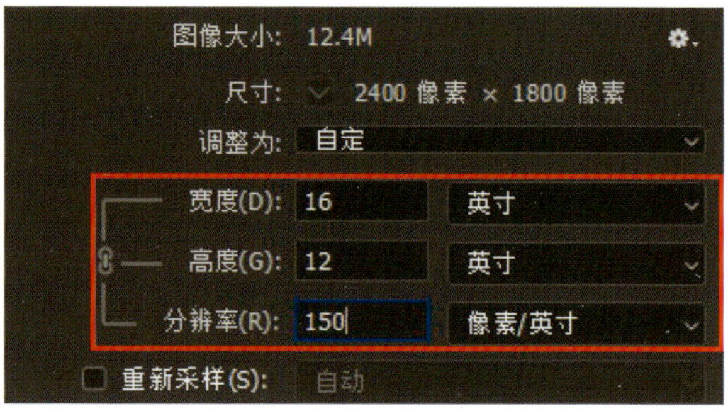

（b）总像素不变，分辨率改为 150ppi，图像尺寸为 16×12 英寸

图 6-4　图像的像素、尺寸以及分辨率之间的关系

在实际打印时，图像的分辨率理想值是 300ppi，这个值是指在正常光照下人眼距离打印品 20 ～ 30cm 观看时，能够分辨图像细节的阈值范围，满足大多数输出图像高质量的要求。即使图像分辨率高于 300ppi，在人眼看来画质并没有太大区别，反而增加了图像的文件量，打印机读取数据的过程也会变得冗长；如果图像分辨率低于 300ppi，人眼可能就会觉察到图像质量下降的问题（因人而异）。

打印机分辨率与图像像素分辨率之间没有直接关系，只与打印机驱动中打印质量的设置有关。不同打印质量的设置就会产生不同的打印分辨率以及不同的画面质量。需要注意，当图像确认要打印时，建议将图像的分辨率设置为 300ppi，这是业内认可的理想值。传统上认为打印机是以此图像分辨率为基础进行打印的。如果图像小于此分辨率，打印系统会对文件进行插值运算，图像品质明显下降。所以在 Photoshop 或 Lightroom 中正确设置图像分辨率至关重要。

二、图像大小与插值运算

调整图像大小是最常见的图像处理工作流程之一，它允许用户根据具体需求灵活地缩放图像尺寸，同时最大限度地保留图像的原有质量，以确保图像在不同的使用环境下都能达到最佳的视觉效果。

(一) Photoshop 中图像大小与插值运算

在 Photoshop 中调整图像大小时，如果想保持原图总像素不变，就需要在图像大小对话框中关闭“重新采样”选项，然后输入期望的尺寸或分辨率。在此设置条件下，调整对话框中任何一个选项的数值，其他选项的数值都会发生相应的变化：如降低分辨率，图像尺寸就会变大；提高分辨率，图像尺寸就会变小。同理，如果更改的是图像尺寸，那么分辨率也会随之变化。由于已经关闭了“重新采样”选项，所以无论怎样调整图像大小，总像素都不会变化。

当需要将图像调整到期望输出尺寸时，例如用于印刷或打印，如果关闭“重新采样”选项，就无法保证图像分辨率与系统输出分辨率一致，可能导致输出结果的品质下降。

在使用喷墨打印机输出文件的过程中，难免插值运算。插值是对原图像的像素进行采样和运算并重新分布，从而改变像素数量的一种方法。插值可以弥补因图像放大而导致像素缺失的空间，使放大后的图像看上去比较自然平滑。在 Photoshop 图像大小对话框中，开启“重新采样”选项，选择插值运算，就可以重新为图像设置合适的宽、高以及对应的打印分辨率，推荐使用打印分辨率 300ppi。

自 Photoshop CC 版本起，图像大小命令做了很多改进，并引入了先进的缩放算法。在放大照片时能够有效减少噪点，并保持图像的清晰度和细节（通常放大照片都会让噪点变得更加明显）。此外，用户还可以使用第三方插值算法插件，以获得更为专业和个性化的缩放效果。

当原始数码照片没有明显质量问题，基本上都可以放大到 200%，根据输出介质的不同，甚至还可以放大更多。例如，使用表面纹理丰富的艺术纸、油画布等，它们对于照片的分辨率的宽容度比较高，即使将照片放大到 400%，仍然能打印出令人满意的效果；相反，如果使用表面平整光滑的高光相纸，200% 可能已经达到极限。

如图 6-5(a) 所示，原图尺寸为 40cm×30cm，分辨率为 300ppi。如果将原图放大到 80cm×60cm，并保持分辨率 300ppi 不变，那么就需要插值放大。开启“重新采样”选项，并在下拉菜单中选择“保留细节（扩大）”运算方式。如图 6-5(b) 所示，将宽和高的单位改成“百分比”，根据图片放大比率，将数值设置为 200，最后单击“确定”按钮，即可完成图像尺寸的调整。如图 6-5(c) 所示，也可直接输入新的尺寸数值以实现快速放大，无须变更单位，直观且高效，这是比较常用的图像大小设置方式。

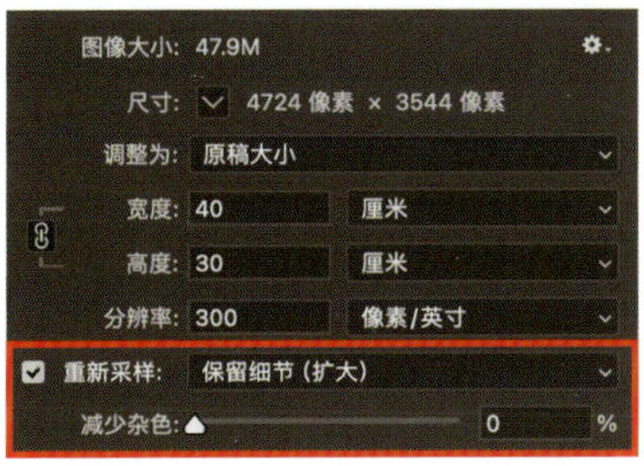

(a) 原图尺寸为 40cm×30cm，分辨率为 300ppi，开启“重新采样”，进行插值放大

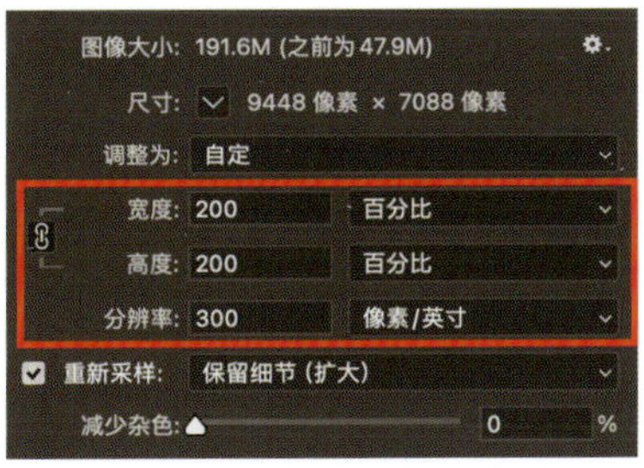

(b) 通过输入百分比放大（200%）

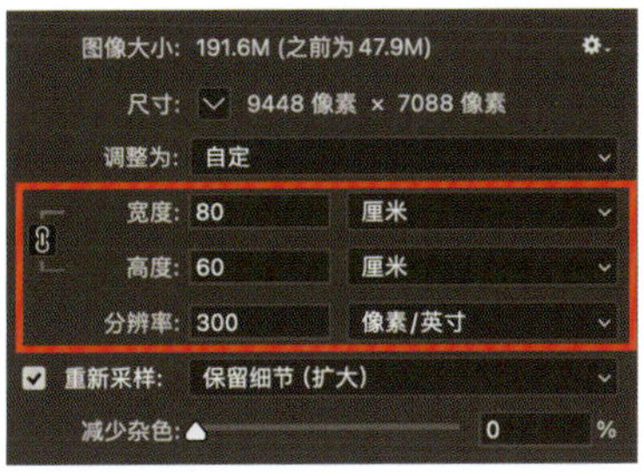

(c) 通过输入图片尺寸放大（80cm×40cm）

图 6-5　图像的插值放大

Photoshop 重新采样的选项中包含了多种插值的算法：“两次立方较锐利（缩小）”是一种具有增强锐化效果的有效图像减小方法；“两次立方较平滑（扩大）”是一种能够产生更平滑效果的有效图像放大方法；“保留细节（扩大）”可在放大图像时提高清晰度，并使用减少杂色滑块消除杂色；如果想快速完成对图像插值的设置，默认情况下“自动”是一个相对不错的选择。

在首选项的常规面板中，可以更改 Photoshop 的默认图像插值算法，初始设置为“两次立方（自动）”（图 6-6）。

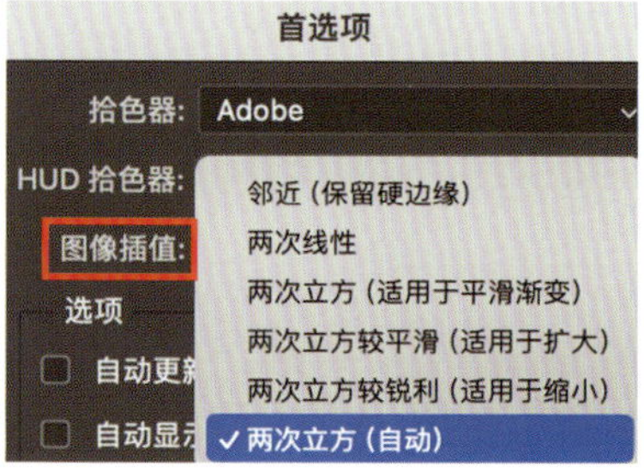

图 6-6　首选项中可修改默认的图像插值

（二）Lightroom 中图像大小与插值运算

在 Lightroom 的打印模块中打开参考线面板，开启“显示参考线”>“尺寸”选项，可以查看图像的大小。此时在图像左上角的尺寸框中就会显示当前图像的输出尺寸以及原始分辨率（图 6-7）。

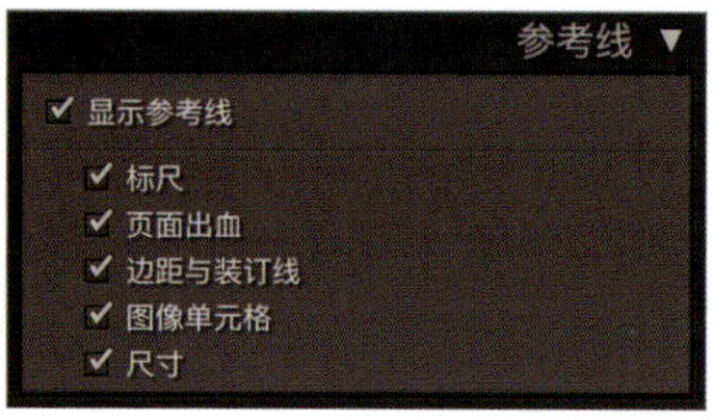

(a) 开启“尺寸”选项

(b) 图像左上角的尺寸框显示图像大小

图 6-7　在 Lightroom 中查看图像大小

在打印作业面板中，如果关闭“打印分辨率”选项，那么调整图像大小时将不会进行插值运算。如图 6-8 所示，无论图像尺寸怎样变化，分辨率都会进行相应的变化，始终保持原图总像素不变；如果开启“打印分辨率”选项，那么调整图像大小时将会进行插值运算，原图像素发生变化。如图 6-9 所示，当“打印分辨率”设置为 300ppi 之后，图像尺寸框中只显示图像的输出尺寸，原始分辨率已不再显示，说明图像已重新设定“打印分辨率”。

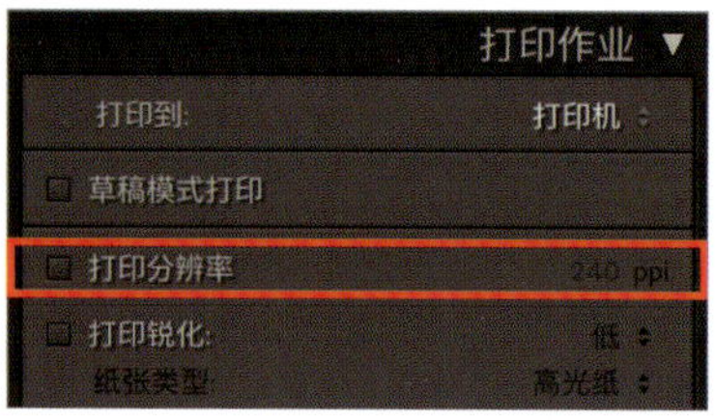

(a) 关闭“打印分辨率”选项，无插值缩放

(b) 图像尺寸放大，分辨率变小，原图总像素不变

(c) 图像尺寸缩小，分辨率变大，原图总像素不变

图 6-8　Lightroom 的无插值缩放

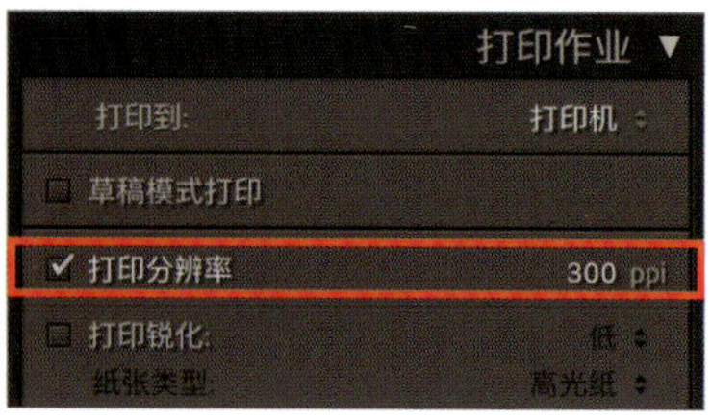

(a) 开启“打印分辨率”选项，插值缩放

(b) 原图显示分辨率

(c) 插值缩放，分辨率已不再显示

图 6-9　Lightroom 的插值缩放

在 Lightroom 的文件导出对话框（图 6-10）和 Camera Raw 的工作流程选项对话框中（图 6-11），也可以对图像的大小进行调整，它们具有相同的设置选项，并且全部使用了相同算法。不同于 Photoshop，两者还有一个共同的优点，那就是针对图像的最终输出尺寸和选择介质类型不同所进行的自动输出锐化。

图 6-10　Lightroom 导出对话框的调整图像大小设置

图 6-11　Camera Raw 中的调整图像大小设置

需要注意，插值是通过运算产生的像素，类似于模拟，不同于原始图像的有效像素，因此从本质上并不能增加原始图像信息，就像浓缩液兑了水一样，尽管图像尺寸变大，但效果也相对要模糊些，容易产生噪点和杂色。

第三节　输出锐化

依据打印方式的需求，再将像素转换为纸张（画布或其他打印介质）上的墨点时，不可避免地会柔化图像，必须通过锐化对此进行补偿。印前锐化目的是确保最终输出图像的清晰度在人眼看来与原始图像的清晰度一致。

锐化是通过提高边缘的对比度实现的。图像中的边缘指的是暗色调与亮色调相邻的地方，通过使暗色调更暗、亮色调更亮来突出边缘，营造出锐利的视觉效果。与传统暗房技术相比，数字化锐化工具更精确，向用户提供的控制权和选项也更多。当完成图像的所有调整，并确认最终的输出尺寸与分辨率之后，也就进入印前工作流程中最后一个重要环节——输出锐化。

一、输出锐化的前后对比

（一）未进行锐化

如图 6-12 所示，该作品没有进行输出锐化。通过显示器查看画面局部，原图虽然没有进行锐化，但图像看上去依然清晰锐利，细节也很丰富。然而，将作品打印出来查看画面局部时，画面变得柔和，清晰度下降，甚至出现了轻微的模糊现象。

(a) 原图图像未进行锐化

(b) 原图局部放大显示器观看

(c) 打印品局部放大显示器观看（扫描件）

图 6-12　图像未进行锐化输出效果

(二) 进行锐化

如图 6-13 所示，该作品进行了输出锐化。通过显示器查看画面的局部，图像虽然有些锐化过度，如轮廓边缘生硬、画面对比强烈等，但是将作品打印出来之后再看，画面的感觉却恰到好处。荷花焦点部分从画面中脱颖而出，非常明确，蜻蜓翅膀的细节也得到了很好的展现。通过这个实例说明，在图像以屏幕显示的方式下进行锐化，与图像实际打印在纸张上的锐化结果并不相同，而且还会因所使用的打印纸张类型不同产生更大的差别。通常是在屏幕上将图像的输出锐化设置强烈一些，打印的结果才可能恰到好处。

(a) 原图图像进行锐化　　(b) 原图局部放大显示器观看　　(c) 打印品局部放大显示器观看（扫描件）

图 6-13　图像进行锐化输出效果

总的来说，锐化在数字图像中都是不可或缺的重要的品质优化和控制手段，需要一定的技术和实践经验，但输出锐化本质上是个相对固定的过程。因为给定的打印方法总是以相同的方式将像素转换为纸上的墨点。在 Lightroom 中输出锐化是打印程序中的一个内置环节，它极大地提升了 Lightroom 的工作效率，但在 Photoshop 中，则需要自己动手独立操作。

二、Photoshop 的锐化处理

对于图像的锐化，根据所用软件的不同会有差异。相对于 Lightroom 和 Camera Raw 的简单而高效的自动处理方式，Photoshop 的处理方式则更加强大和复杂，不仅锐化工具种类多样，功能各异，同时借助选区或蒙版可以进行更加精细的锐化工作。Photoshop 常用的锐化工具主要有锐化、智能锐化、USM 锐化以及 Camera Raw 滤镜等。它们最终锐化的效果不同，理想的是通过实践进行验证，找到最适合的方法。

Photoshop 的常用四种锐化工具有：锐化、智能锐化、USM 锐化以及 Camera Raw 中的锐化，锐化的效果会有微妙的不同。除了 Camera Raw 中的锐化之外，通过实例描述一下其他三种锐化方式的特点。

如图 6-14 所示，是以不同的锐化方式打印的一组照片，使用的是 A4 尺寸的无光泽纸。将照片中红框所示部位放大，然后进行对比观察锐化效果。

(a) 测试样片

(b)

(c)

未锐化

在显示器上观看，原图的质量不错，但是打印之后，画面有些柔和，清晰度较低，细节损失明显

(f)

(g)

智能锐化

“滤镜” > “锐化” 菜单下的智能锐化功能设置较丰富，包括数量、半径、阈值以及减少杂色选项，提供更精细的控制；通过减少锐化过程中可能增加的噪点，提高图像质量；可以选择不同的模糊预览，帮助判断最佳的锐化设置；适用于需要针对性锐化特定区域的情况，尤其是在处理细节丰富的图像时。

本案例中，样片的智能锐化设置为数量：200%，半径：1.0 像素，移去：高斯模糊，更加准确：开。

在显示器中可以看出清晰度与未经锐化的作品相比，明显提升很多；锐化的效果更加自然，打印纸上的画面整体效果也很不错

(d)

(e)

锐化

“滤镜” > “锐化” 菜单下的锐化功能较单一，并且是自动完成的；作用于整个图像，不区分图像中的不同部分；没有锐化设置窗口，缺乏针对性的锐化参数设置；锐化后的效果整体较弱，无法满足打印输出需求；对于快速预览和初步的锐化处理比较有用。操作简单，方便快捷，适合初学者

(h)

(i)

USM 锐化

“滤镜” > “锐化” 菜单下的 USM 锐化功能与智能锐化相似，但设置简约实用，是 Photoshop 中最强大的锐化工具之一，广泛用于专业图像编辑。包含数量、半径和阈值三个参数，可以非常精确地控制图像的哪一部分需要锐化以及如何锐化；通过数量控制锐化的强度；通过半径控制锐化的范围，通过阈值控制哪些细节被锐化。

本案例中，样片的 USM 锐化设置为数量：200%，半径：1.5 像素，阈值：5 色阶。

在显示器画面上感觉效果和智能锐化接近，画面清晰锐利；打印纸上的画面整体效果非常自然，细节丰富

图 6-14　Photoshop 不同锐化工具的锐化效果

三、Photoshop 的 USM 锐化

USM 锐化是通过增加图像边缘的对比度来锐化图像。相对于复杂的智能锐化，USM 锐化具有操作快捷、功能强大和使用灵活的特点，是 Photoshop 中图像处理和输出的常用锐化工具。在 USM 锐化设置对话框中通过数量、半径和阈值这三个选项来控制锐化效果。

在 Photoshop 中制作一张测试图像，底色为灰度 200，上面的三个灰度色块的灰度分别为 160、170、180。与底色的灰度差分别为 40、30、20。接下来使用 USM 锐化对测试图像进行不同的锐化设置，观察图像锐化的效果（图 6-15）。

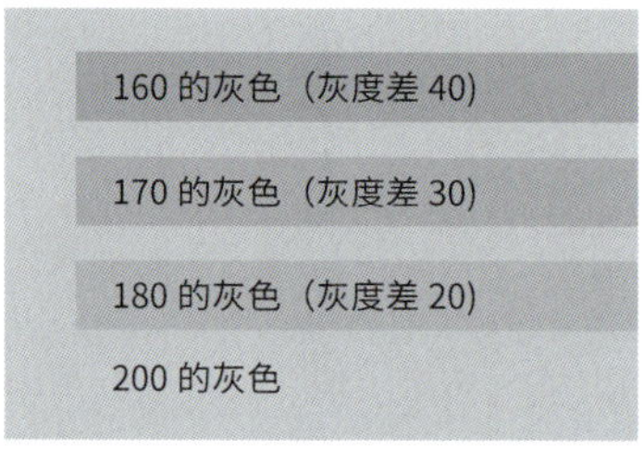

（a）测试图像

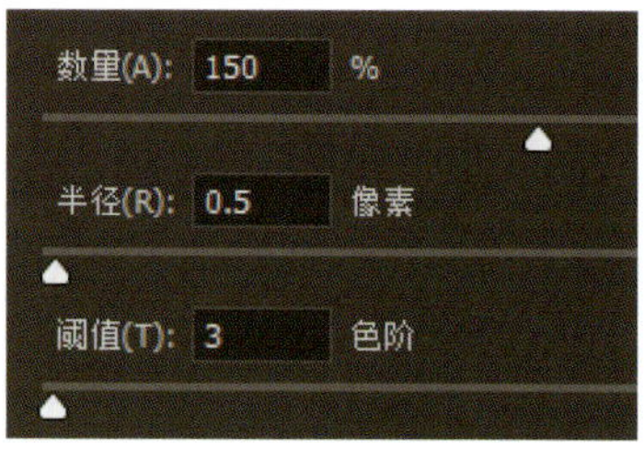

（b）USM 锐化设置窗口

数量

确定增加像素对比度的数量。

图（c）：将另外两个选项固定为半径：1.0 像素，阈值：0 色阶，单独调整数量选项。数量从 200% 调到 400%，数值越大，灰度色块边缘的锐化效果越强

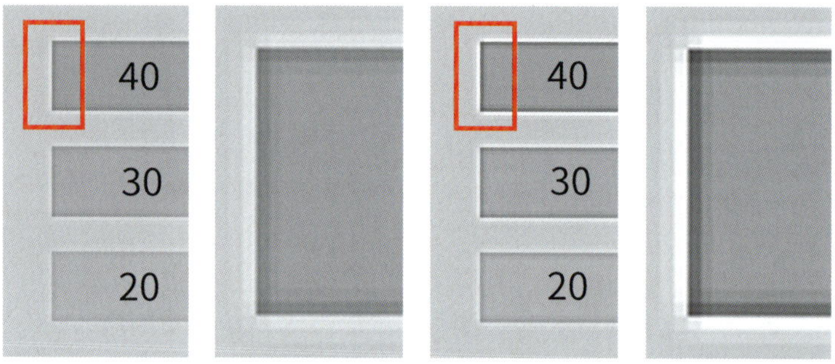

200%　局部放大　400%　局部放大

（c）数量

半径

确定边缘像素周围影响锐化的像素数。

图（d）：将另外两个选项固定为数量：300%，阈值：0 色阶，单独调整半径选项。半径从 1.0 像素调到 3.0 像素，数值越大，边缘效果的范围越广，锐化越明显

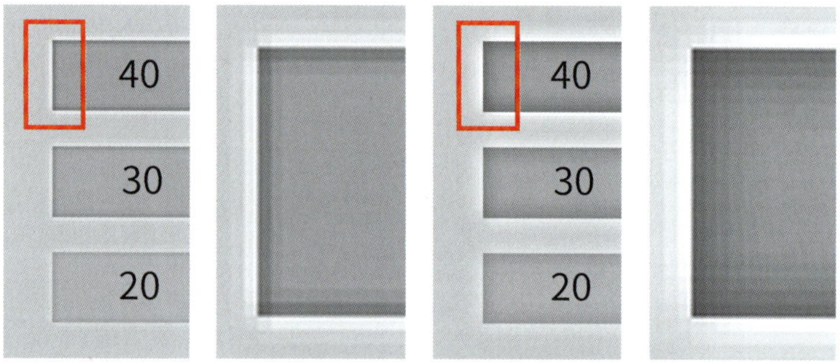

1.0 像素　局部放大　3.0 像素　局部放大

（d）半径

阈值

确定锐化的像素必须与周围区域相差多少，才被滤镜看作边缘像素被锐化。

图（e）：将另外两个选项固定为数量：300%，半径：1.0 像素，单独调整阈值选项。阈值从 20 色阶调到 30 色阶，画面不受锐化影响区域也逐渐扩大，这相当于是一个保护机制

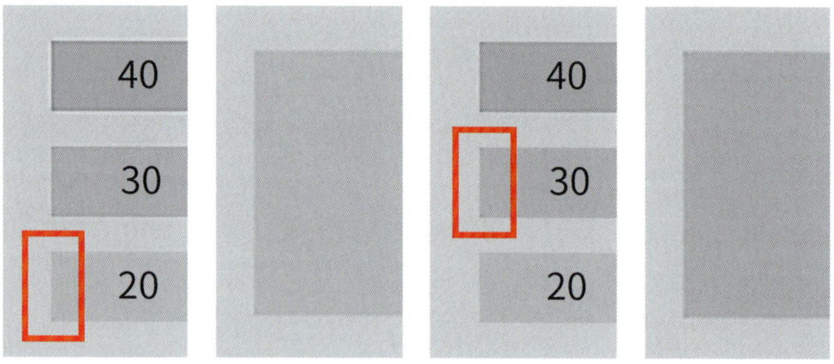

20 色阶　局部放大　30 色阶　局部放大

（e）阈值

图 6-15　USM 锐化中三个选项与图像锐化的特征

通常使用的锐化功能会直接作用于整个画面，但是通过 Photoshop 的智能锐化和 USM 锐化功能可以实现更好的锐化效果。只对画面中需要锐化的部分进行锐化处理，保留想要的细节，而不会影响需要平滑表现的部分。

为什么能实现这种锐化效果？其实锐化就是对画面中存在灰度差的边缘部分进行对比度的提升。至于画面中物体边缘的灰度差达到什么样的程度才进行锐化？这个触发锐化条件的设置就称为阈值。锐化时对边缘部分进行对比度提升的像素范围有多大？这需要通过半径选项来确定。至于数量就很容易理解，它指的就是调整锐度时对边缘部分的对比度进行多少量的提升。因此，用户可以一边调整锐度选项的数值，一边确认画面的变化。同时理解各个选项的功能之后，就可以根据打印的幅面大小、图像文件的清晰度以及表现意图等来进行适当设置。在实际操作中，最好还是通过显示器将图像文件放大至 100% 后，再进行锐化调整。

1. 利用阈值保护皮肤

在人像摄影中，我们期望的是人物面部五官和发丝清晰，而皮肤相对平滑柔和。如图 6-16 所示，通过 USM 锐化的设置，可以看到画面整体锐度有所提升，但是平滑的脸部皮肤却因为锐化而变得粗糙（阈值为 0 色阶）。如图 6-17 所示，在 USM 锐化中通过提升阈值的数值可以适当地抑制这种变化（阈值为 10 色阶），因此，不但强化眼睛和发丝的锐度，同时还保持皮肤平滑细腻的质感。

(a) 原图　(b) USM 锐化，阈值：0 色阶　(b) USM 锐化效果（局部）

图 6-16　USM 锐化，无阈值设置

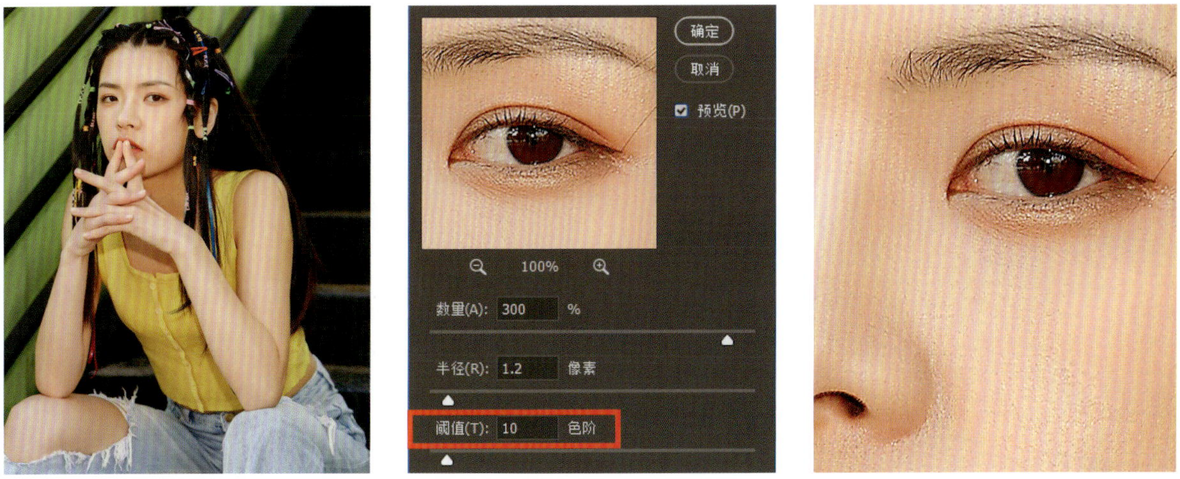

(a) 原图　(b) USM 锐化，阈值：10 色阶　(b) USM 锐化效果（局部）

图 6-17　USM 锐化，有阈值设置

2. 调整数量和半径提升整体画面的锐度

对于像风光摄影这样需要表现整个画面细节、进行整体锐度提升的场合，比起阈值来说，数量和半径更加重要。至于数量设置为多少合适，这并没有一个固定的标准，因为不同的显示器可能会呈现出不同的效果。有些人可能会根据经验来设置数量，但这种方式并不总是准确的。最理想的方法是通过打印的样片来进行确认，将处理过的照片打印出来，可以更直观地观察到锐化的效果，从而更好地调整数量和半径的设置（图 6-18）。

（a）照片效果　　（b）USM 锐化　　（b）USM 锐化效果（局部）

图 6-18　USM 锐化，数量：150%，半径：1.0 像素，阈值：0 色阶

在单独的图层上对图像进行锐化，保持原图不被修改是比较安全的方式。如果应用 USM 锐化使亮色出现过度饱和或锐化过于强烈，那么可以在锐化结束之后，选择“编辑”>“渐隐 USM 锐化”命令，通过降低不透明度来改善锐化的效果，并在模式菜单中选择明度，以避免画面边缘上出现颜色变化。单击“预览”按钮，可以实时观察画面的变化（图 6-19）。需要注意，在锐化之后与执行渐隐命令之前，不要进行其他操作，否则渐隐选项不能被激活；另外，也可以先将需要锐化的图层转换成智能对象，再进行 USM 锐化。此操作的优势在于，如果锐化的效果不是很理想，那么通过双击蒙版下方的“滤镜效果名称”（USM 锐化）选项便可以再次打开 USM 锐化滤镜进行设置，而不会再次破坏原图像素。锐化过的图层也同样选择明度混合模式（图 6-20）。

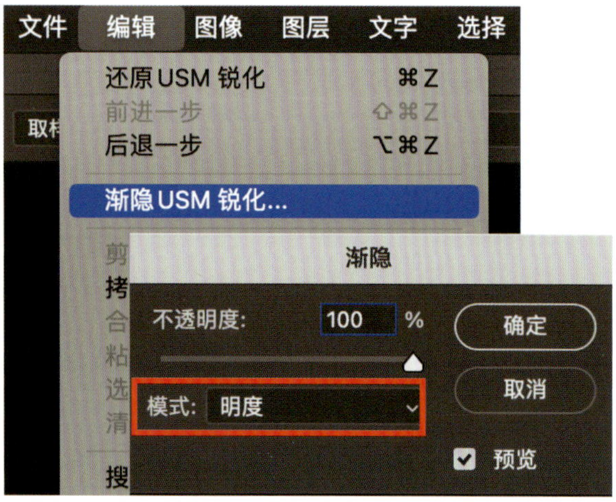

图 6-19　渐隐命令

图 6-20　智能对象图层与 USM 锐化

四、Photoshop 的边缘蒙版锐化

可以通过使用 Photoshop 的蒙版或选区对图像的局部进行锐化，以防止锐化图像的某些其他部分。例如，在一张风景照片中，通过边缘蒙版和 USM 锐化滤镜结合使用，可以只针对地面景物（如树木、建筑物等）的轮廓进行锐化，而蓝天白云无须锐化。对于选择性锐化，就必须自行创建这些蒙版。

创建和使用边缘蒙版锐化图像

(a) 进入通道，载入选取

(b) 原图效果

将原图复制一层，然后选择通道面板，单击面板底部的 “将通道作为选区载入”按钮，将 RGB 通道的明度信息作为选区载入，或者通过按住 Ctrl 键并单击 RGB 通道也可以实现同样的效果

(c) 回到图层，添加蒙版

(d) 蒙版效果

在选区状态下，选择图层面板，单击面板底部的“添加蒙版”按钮，此时图层蒙版就会出现（蒙版位于图层缩览图右侧，是一个明度的图像，如红框所示）。按住 Art 键并单击“图层蒙版缩览图”，将画面转为蒙版通道。此时画面为明度图像

(e) 使用查找边缘，并反相

(f) 查找边缘蒙版效果

选择“滤镜”>“风格化”>“查找边缘”，此时画面轮廓边缘部分显示黑色，其他部分显示白色。使用快捷键 Ctrl+I 将图像反相，此时画面正好与之前相反，显示为黑底白色轮廓边缘的画面效果

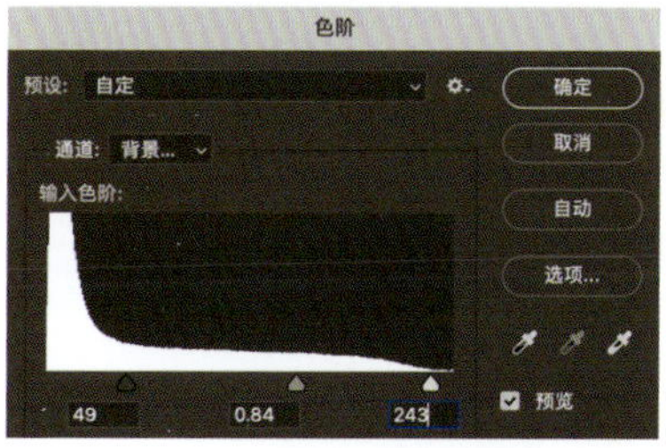

(g) 使用色阶，调整对比度

(h) 色阶调整蒙版效果

使用快捷键 Ctrl+L，通过色阶调整进一步提高蒙版的黑白对比度。可以更好地控制画面中锐化与非锐化的区域（白色为锐化区域，黑色为非锐化区域），使锐化更有针对性，这就是边缘蒙版的重要作用

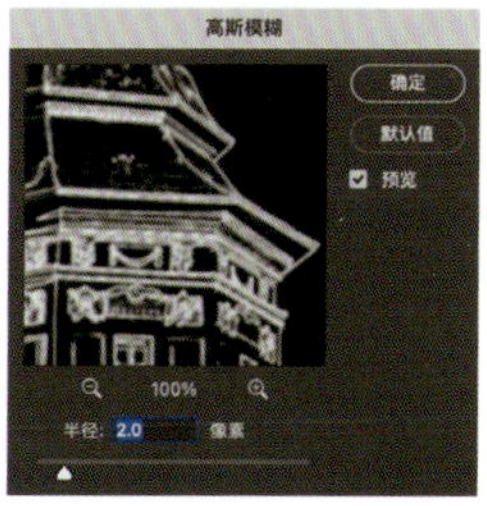

(i) 使用高斯模糊，柔化边缘

(j) 高斯模糊蒙版效果

选择“滤镜”>“模糊”>“高斯模糊”，适当地柔化边缘，避免锐化区域过于强烈。如有必要，还可以使用黑色画笔进行局部涂抹，以获得更精确的边缘蒙版。再次按住 Art 键并单击“图层蒙版缩览图”，或直接单击“图层缩览图”，退出蒙版通道，此时便可以对画面进行锐化操作了

如图 6-21 所示，通过常规 USM 锐化处理的照片。虽然其锐度较高，但却存在明显的颗粒感和杂色问题。轮廓边缘过于锐利，整幅画面略显粗糙。如图 6-22 所示，同样的 USM 锐化设置，利用边缘蒙版，照片不仅清晰度和锐度得到显著提升，同时颗粒也变得细腻许多，色彩过渡也更加自然平滑。

图 6-21　USM 锐化

图 6-22　USM 锐化（边缘蒙版）

五、Lightroom 的输出锐化

在 Lightroom 的工作流程中，图像的锐化处理主要是在修改照片模块的细节面板中，在功能设置选项、锐化性质上与 USM 锐化虽有些相似但不限于此，比如取消了阈值，增加了细节和蒙版选项等，不过锐化的调整思路却是一样的（图 6-23）。而 Lightroom 的输出锐化被集成在打印模块或导出对话框中，可以将图像发送到打印机之前对其进行锐化处理。自动应用的打印锐化量基于文件的输出分辨率和输出媒介，处理方式简单而高效。在 Lightroom 中打印模块所提供的打印锐化选项中，选择打印锐化并使用右侧的弹出菜单指定“低”“标准”或“高”不同的锐化量（图 6-24）；选择打印纸张类型分为亚光纸和高光纸（图 6-25）。亚光纸包括水彩、画布和其他非光泽类型的纸张。高光纸包括光泽、半光泽以及其他光泽类型的纸张。墨水打印在这两种不同类型的纸张上表现略有差异，因此需要的锐化设置也完全不同。在亚光纸表面打印，纸张上细微的纹理会造成墨滴扩散而导致输出结果变得模糊，因此需要使用更高的半径设置进行锐化；在高光纸表面打印，墨滴微小且需要更高的精确性，因此适合更低的锐化半径。

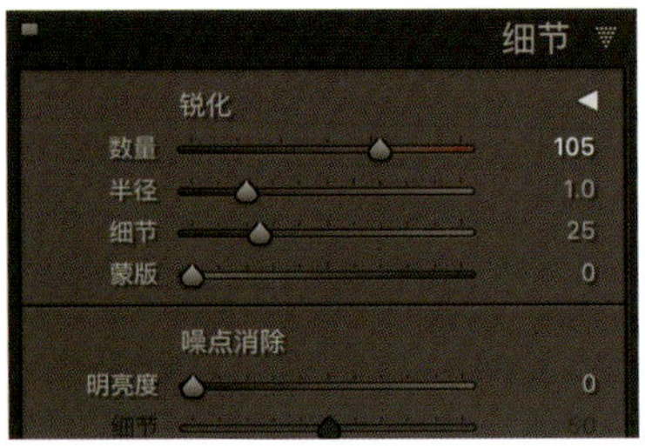

图 6-23　修改照片模块中的细节面板

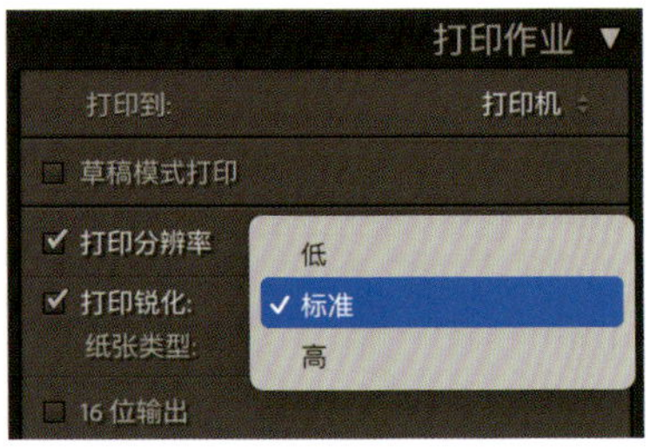

图 6-24　不同打印锐化量的选择

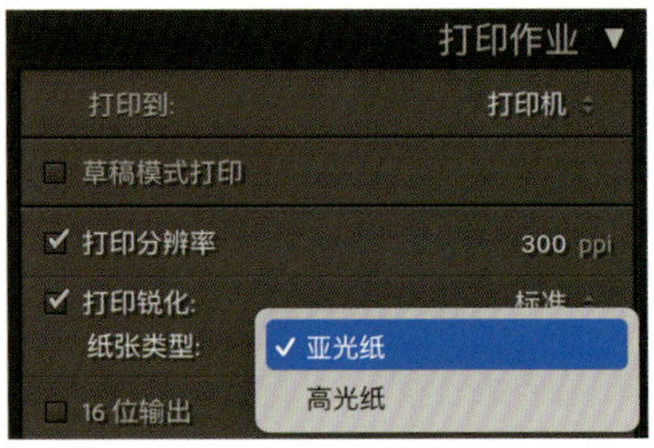

图 6-25　不同纸张类型的选择

在导出对话框中也内置了与打印模块中相同的输出锐化的选项和设置，不同之处是，还可以针对屏幕显示对照片进行锐化，非常适合网络或媒体设备应用输出作品（图 6-26）。

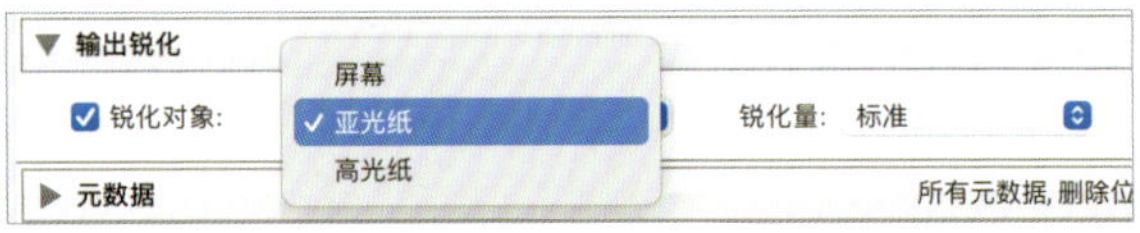

（a）不同锐化对象

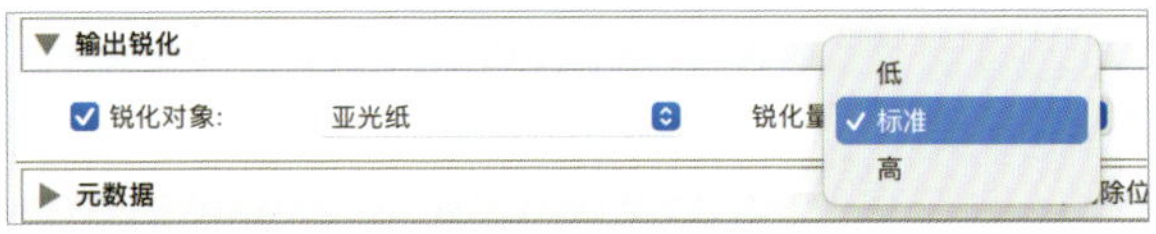

（b）不同锐化量

图 6-26　Lightroom 输出锐化设置

第四节　软打样与溢色

一、软打样

软打样，也称屏幕软打样，是在屏幕上模拟显示打印机、印刷机输出效果的打样方法。软打样是在色彩管理系统的帮助下，根据显示器与打印机的 ICC 配置文件在颜色查找表中的对应关系，仅通过显示器就可以预先模拟显示出图像最终输出的精确外观，因此软打样具有形象直观、方便判断，而且不造成材料的损耗等特点。

无论选择什么软件进行软打样，首先都需要选择最合适的渲染意图。对于这个问题，很难找到一个通用的解决方法。总的来说，最符合人眼观看的设置就是最合适的设置。在 Photoshop 和 Lightroom 中进行软打样时均需要设置渲染意图。基本的软打样工作流程可分为观察软打样效果、选择合适的 ICC 配置文件和确定最佳渲染意图等步骤。另外，在软打样过程中可以开启色域警告设置，以特殊色块叠加的形式标识出作品中超出可输出色域范围之外的部分。

(一) Lightroom 中的软打样

Lightroom 中的软打样功能是一个非常实用的工具，它位于修改照片模块中，为用户提供了一种预览编辑效果的便捷方式。如果工具栏没有显示软打样，可以在工具栏右边单击箭头打开隐藏工具选项，开启软打样，此时工具栏上就会出现软打样（图 6-27）。

图 6-27　在 Lightroom 工具栏上开启软打样

开启软打样选项后，就进入软打样模式，软打样面板将出现在直方图面板下方。在配置文件的下拉菜单中选择需要查看的配置文件。不过，由于 Lightroom 软件不支持 CMYK 设备的配置文件，限制了 Lightroom 的软打样能力。如果开启“模拟纸墨”，那么，Lightroom 中原来默认的背景色就会切换成纸张的白色，以便于了解照片在当前这款白色纸张上所呈现的效果。Lightroom 软打样功能的优势之一，就是能够根据 ICC 配置文件中的纸张白色自动调整背景颜色（图 6-28）。

图 6-28　开启软打样，可以在软打样面板中选择配置文件、渲染方式和模拟纸白

Lightroom 提供了可感知与相对比色两种渲染意图。在渲染意图选项下方是模拟纸墨选项，开启该选项后，Lightroom 将忽略已经选中的渲染意图，直接使用绝对比色渲染意图，以展示照片在纸张实际最大黑、白场当中的效果。模拟纸墨选项能帮助了解纸张颜色本身对于图像在输出成品上所呈现的最终画面反差的影响（图 6-29）。

在根据软打样的显示效果对作品进行任何调整前，可以将原照片与打样预览以并排模式显示在画面中，以便正确评估应用打印机配置文件后的作品，需要如何调整才能与原图看上去尽量一致。在 ICC 色彩管理中，将实际文件转换至目标配置文件空间的过程没有使用任何的智能算法，换句话说，这个过程没有对影像进行任何针对性的优化。软打样的根本目的是帮助预期最终结果并进行针对性改进。

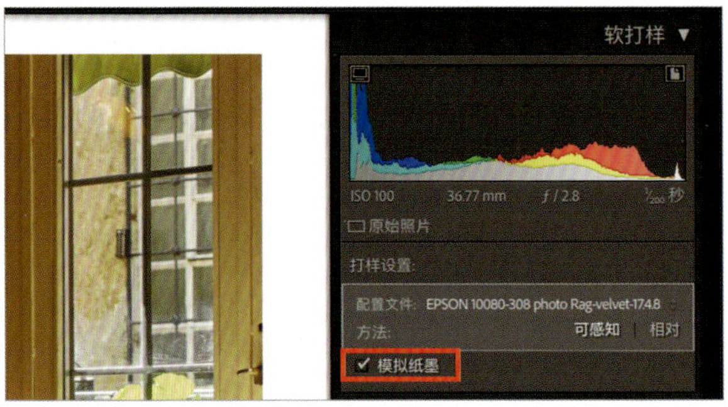

图 6-29　开启模拟纸墨选项，可以显示纸张最终画面的反差

（二）Photoshop 中的软打样

Photoshop 软件具有非常全面的色彩管理功能，为用户提供了强大的工具来控制和管理颜色，从而在创作、编辑和输出图像时保持颜色的一致性和准确性。

Photoshop 在软打样方面，除了可以支持各种 RGB 设备，如显示器、扫描仪以及喷墨打印机等，同时还支持 CMYK 设备，如印刷机、商用打印机。这是 Lightroom 软件所不及的。在 Photoshop 中选择菜单“视图”>“校样设置”>“自定校样条件”（图 6-30）。在对话框中可以选择需要模拟设备的配置文件和期望的渲染意图（图 6-31）。分别提供了模拟纸张颜色与模拟黑色油墨两个设置选项。Photoshop 会根据选择模拟接近打样的结果。其中，模拟纸张颜色与 Lightroom 中的模拟纸墨选项一样，选择该项之后，打印浏览的画面会显示由当前配置文件定义的纸白效果。而模拟黑色油墨是指根据文档当前的配置文件定义的实际密度范围来模拟图像效果。通过开启或关闭“预览”来对比软打样前后的效果。当出现打印预览图像时，图像文件的标题栏中颜色模式旁边就会出现所选择的校样配置文件的名称。

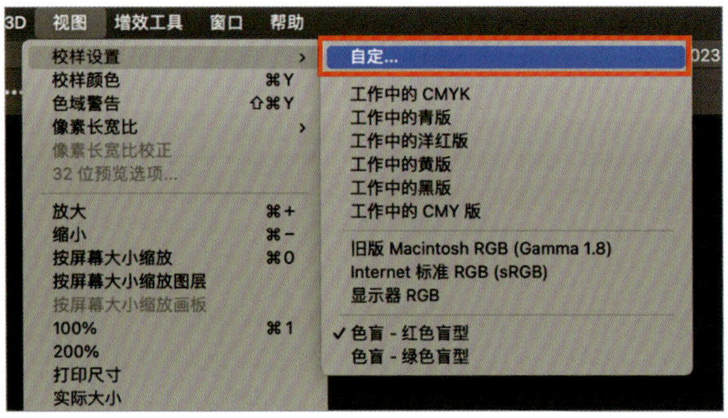

图 6-30　在菜单中选择自定校样

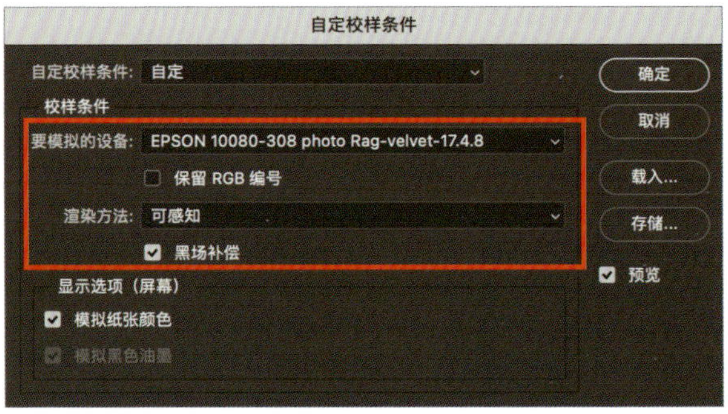

图 6-31　选择设备的配置文件和渲染意图

在自定校样条件对话框中单击“确定”按钮，文件便以软打样模式显示。可以使用快捷键反复按 Ctrl+Y（Win）或 Command+Y （Mac）进入或退出软打样模式。由于 Photoshop 并没有提供可以将图像调整前后效果并列对比的浏览功能，所以可以为文件先创建一个副本，选择“窗口”>“排列”>“双联垂直或双联水平”，就像 Lightroom 中一样并排显示原图像和软打样图像的浏览窗口。默认模式下，Photoshop 无法使用配置文件中的纸白作为画面的外围底色，但可以通过预先手动设置画布大小来实现。利用软打样图像的前后对比，可以对原图进行针对性的调整（图 6-32）。

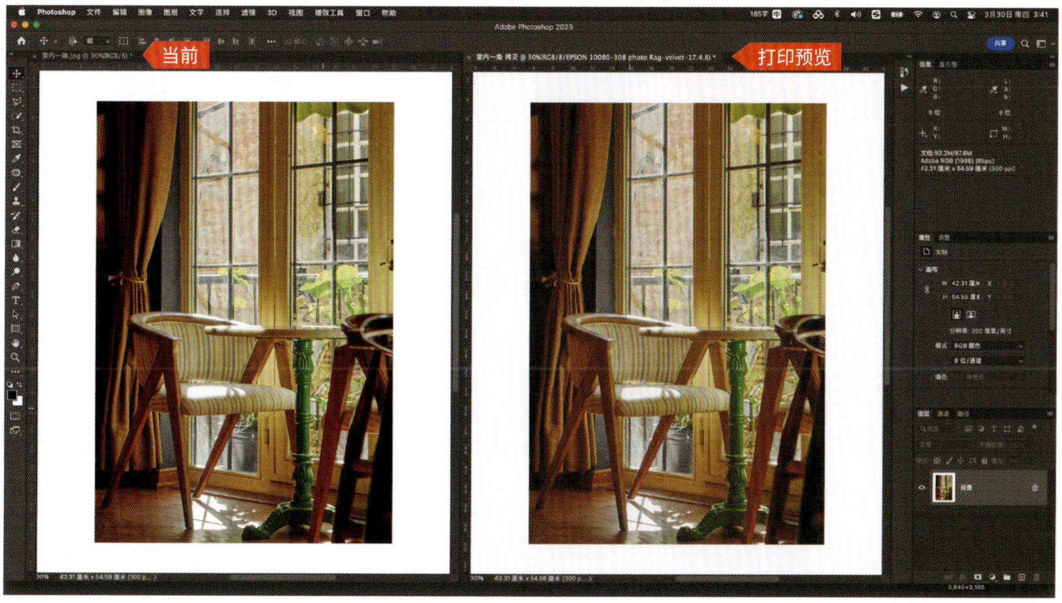

图 6-32　将原图创建副本，再通过双联垂直或双联水平，可以对原图像与软打样图像进行对比

Photoshop 软打样以其高度的真实性、准确性、灵活性和高效性等特点，已成为数字印刷领域不可或缺的关键技术。它不仅能够帮助设计师和客户更好地理解和沟通设计方案，同时还能提高工作效率和印刷品质，为印刷业的发展注入了新的活力。

二、溢色

色域是指颜色系统可以显示或打印的颜色范围，也指具体设备（如显示器、打印机等）印刷复制所能表现的颜色范围。人眼看到的色谱比任何颜色模型中的色域都要宽广。在 Photoshop 使用的各种颜色模型中，Lab 具有最宽的色域，它包括 RGB 和 CMYK 色域中的所有颜色。CMYK 色域较窄，仅包含使用印刷色油墨能够打印的颜色。当屏幕上的颜色不能被打印时，称为溢色，即超出 CMYK 色域。

(一) 在 Photoshop 中查看溢色

在 Photoshop 中，可以采用三种方式来判断图像是否出现溢色。

1. 通过信息面板查看

在 Photoshop 菜单中选择“窗口”>“信息”，或使用快捷键 F8 打开信息面板。

信息面板在 Photoshop 中是一个重要的工具，提供了对图像的各种信息和数据的实时显示，如 RGB 色彩空间、CMYK 色彩空间、文档坐标等（图 6-33）。

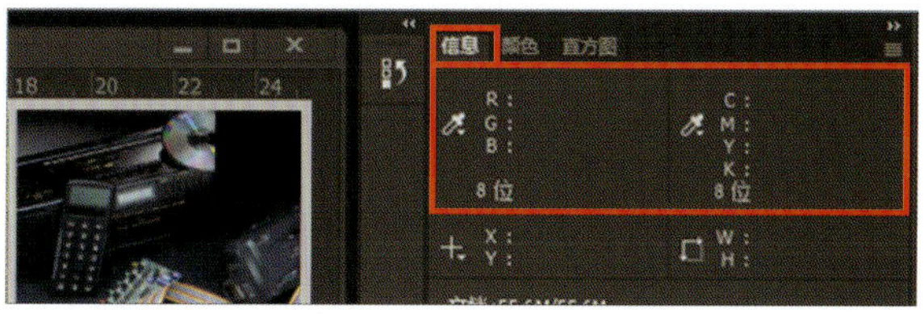

图 6-33　在 Photoshop 信息面板中可以显示文档的各种信息

如果信息面板中没有显示信息内容或想增加更多信息内容，如文档大小、文档配置文件以及文档尺寸等，可以在信息面板右上角选择“菜单”>“面板选项（信息面板选项）”，在打开的信息面板选项窗口中可以根据需求选择或更改设置，然后单击“确定”按钮（图 6-34）。

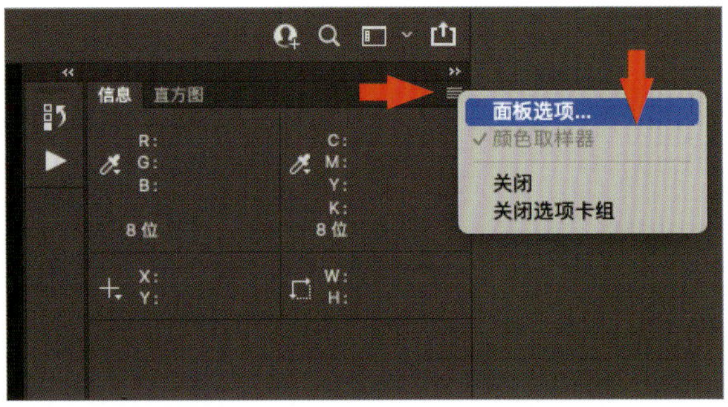

（a）单击“菜单”>“面板选项（信息面板选项）”

（b）信息面板新增的信息内容

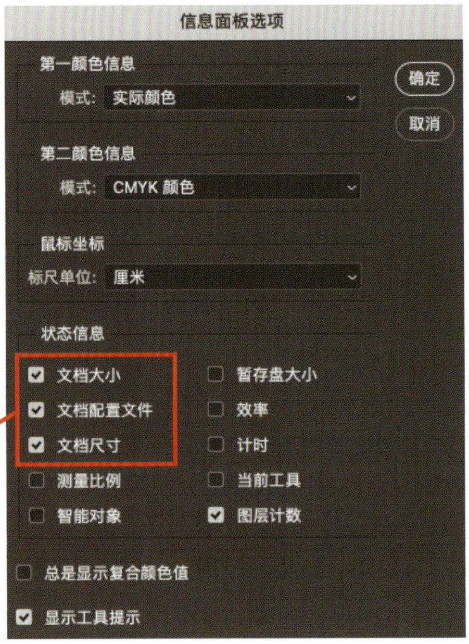

（c）信息面板选项窗口

图 6-34　通过信息面板选项可以选择需要增添文档的其他信息

此时，在图像窗口中将鼠标指针移到某个颜色上时，信息面板中就会显示相应的 RGB 数值和 CMYK 数值。如果所指的颜色在信息面板上，CMYK 的数值旁边出现一个“惊叹号”（图 6-35），表示当前所选的颜色溢色，超出了 CMYK 的色域，无法通过印刷的方式再现出来。

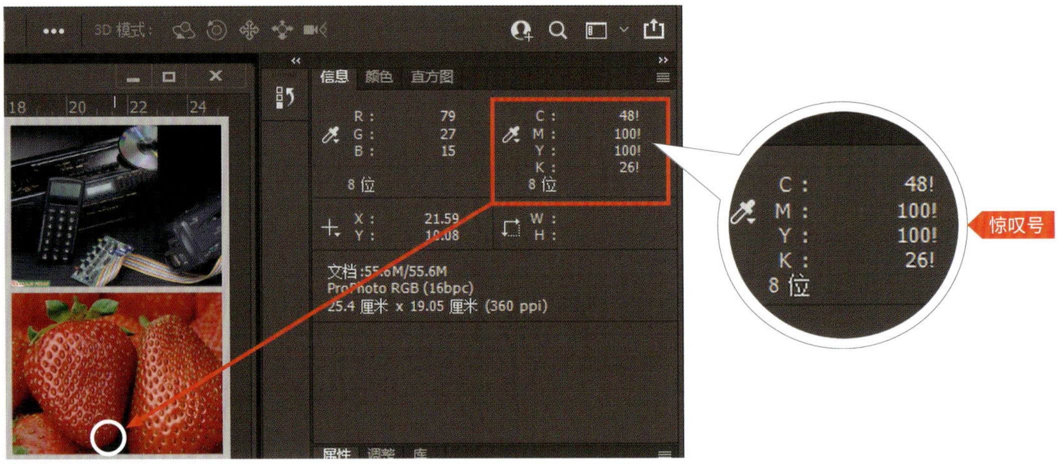

图 6-35　在信息面板上，CMYK 的数值旁有“惊叹号”，表示该颜色溢色

2. 通过拾色器和颜色面板查看

在选取颜色时，如果在拾色器和颜色面板中出现一个带有“惊叹号”的三角形警告图标，表示当前所选的颜色溢色，超出了 CMYK 的色域。在警告图标的旁边有一个小色块，这是一个非常实用的功能，显示与溢色最接近的 CMYK 色域内的颜色，同时也给出了当前拾色器所显示的 CMYK 数值，即替代色。如果想消除溢色并替换成所示的 CMYK 颜色，单击“警告图标或色块”按钮（图 6-36）。

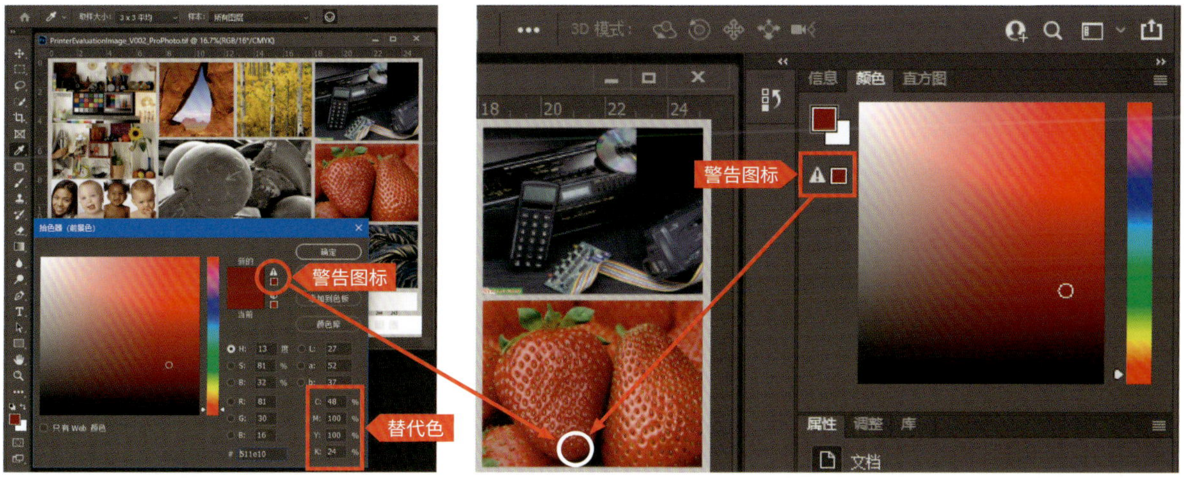

（a）通过拾色器查看溢色　　　　（b）通过颜色面板查看溢色

图 6-36　在拾色器或颜色面板上，出现溢色警告图标，单击警告图标或色块即可获得与该溢色最接近的 CMYK 颜色

3. 通过色域警告方式查看

在 Photoshop 菜单中选择“视图” > “色域警告”，可以查看溢色区域。使用快捷键反复按 Shift+Ctrl+Y(Win) 或 Shift+Command+Y (Mac) 可以快速开启或关闭“色域警告”，如图 6-37 所示，画面中被灰色覆盖的区域即表示为溢色，超出了 CMYK 的色域。

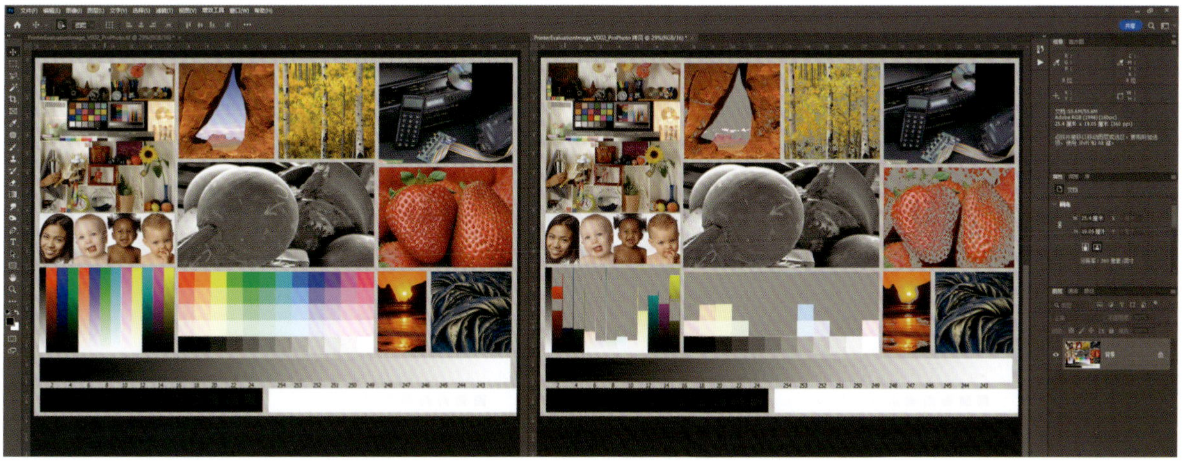

（a）RGB 色彩模式，颜色显示正常　　　　（b）CMYK 色彩模式，灰色覆盖的区域表示为溢色

图 6-37　通过色域警告方式可以查看图像溢色的区域

(二) 在 Lightroom 中查看溢色

在 Lightroom 软打样显示方式中，直方图上包含 2 个色域警告选项（图 6-38），左上角的是显示器色域警告，显示超出屏幕色域范围的颜色。普通的民用显示器色彩范围大约与 sRGB 相当，专业级显示器大约与 Adobe RGB 相当，如果处理的图片色域超过显示器的色域，那么超出（溢色）部分的色彩就会显示蓝色；右上角的是目标色域警告，显示超出打印机色域范围的颜色。印刷机是 CMYK 色域，喷墨打印机的色域远超印刷机。如果处理的图片色域超过打印机的色域，超出（溢色）部分的色彩就会显示红色（图 6-39）。

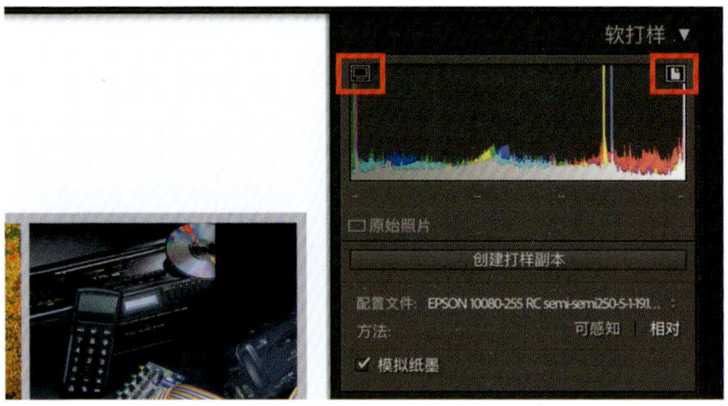

图 6-38　直方图上包含 2 个色域警告选项。左上角：显示器色域警告；右上角：目标色域警告

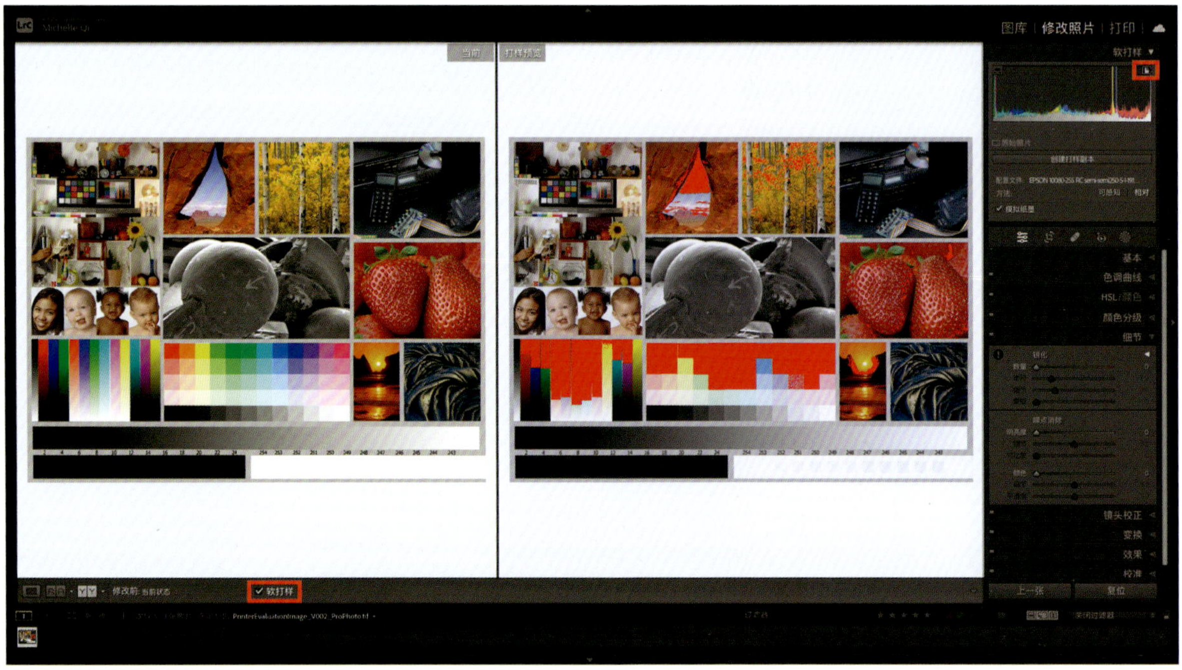

图 6-39　通过色域警告方式可以查看被打印图像的溢色区域（红色覆盖的区域）

第七章　作品装裱与展示

照片打印之后，根据用途和目的需要对照片表面或纸张整体进行一定处理，如冷裱、热裱、淋膜等，装裱成画框或装订成册，其主要作用是隔绝照片表面与空气的接触，防止氧化及紫外线的侵害。经过表面处理和装裱后的摄影作品不仅保存更久，不惧岁月的流逝，而且还提升作品的视觉张力，使其极具观赏性和文化气质。装裱是对摄影作品的一种深切的关爱和尊重。

第一节　覆膜

覆膜是一种常见的印品后期加工技术，主要用于增加印品的耐用性、美观性和保护性。覆膜的方式多样，适用广泛，因此，选择合适的覆膜类型和工艺对于确保印品的质量和外观至关重要。

一、保护喷剂

数码摄影作品的覆膜方式很多，最简单的方法就是使用纸本保护喷剂。

保护喷剂可以保护数字艺术打印作品不受外界环境的影响。气溶喷雾在纸张上形成一层薄膜，不会造成纸品本身的纹理化，能够固定颜料或染料墨水的颜色，避免褪色，同时保持颜色的饱和度和亮度。

保护喷剂不仅能增强艺术纸的耐磨性，使其远离指纹和其他附着物可能造成的伤害，同时所形成的密封表面更加防水。

保护喷剂通常要求透明高、喷雾均匀、附着力好、干燥快和异味轻，并且确保作品在经过喷雾处理后不会出现发黄或褪色的现象（图 7-1）。

图 7-1　纸本保护喷剂

二、冷裱

用一种背面带胶的透明薄膜通过压膜设备使其粘贴在照片表面，不使用加热方式完成的裱膜称为冷裱，使用的这种薄膜称为冷裱膜。冷裱膜背后覆盖着一层粘胶和一层保护性的薄纸（或薄膜）。去除这层保护膜后，冷裱膜便可粘贴至照片上，这一过程类似使用透明胶带。冷裱的特点是操作简便、速度快且设备成本低廉。

为确保照片与冷裱膜之间无空气（气泡）存在，通常会利用压膜设备（包括手动压膜设备和电动压膜设备两种类型，常见的是手动压膜设备，也称为冷裱机，如图 7-2 所示）的压力将裱膜压贴至照片表面。对于尺寸较小的照片，也可直接采用手工方式完成冷裱。冷裱仅对照片的图像一面进行处理，而照片背面则通常不需要进行此操作，因此称为单面覆膜。由于覆膜仅限于照片的一面，冷裱后的照片有时会出现轻微的卷曲现象。

常见的冷裱膜类型有高光膜、亚光膜和磨砂膜，此外还有多种特殊类型的膜材料，例如布纹、十字纹以及镭射膜等（图 7-2）。

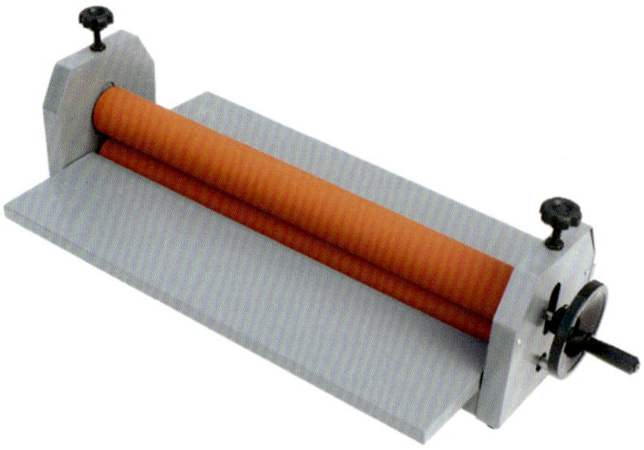

图 7-2　冷裱机

三、热裱

热裱是通过专用设备加热将预涂膜（一种特殊的薄膜）紧密贴合在照片的正反两面。

热裱与塑封类似。其不同之处是：首先，热裱使用的预涂膜轻薄柔软，不同于硬质的塑封膜，即便加热覆膜后，照片仍然可以卷曲；其次，热裱过程中预涂膜与照片完美融合，不留任何气泡或边缘。这种无缝黏合确保了照片的完整性和美观度（图 7-3）。

图 7-3　热裱机

四、淋膜

淋膜是将特殊的液体涂抹在照片表面，涂抹的液体在凝固后形成一层类似的薄膜。无需传统薄膜即可形成保护层，可以达到与覆膜一样的效果。

淋膜机的工作原理是利用涂抹了淋膜液的胶辊转动，将淋膜液均匀涂布在纸张表面，然后通过 UV 灯照射使淋膜液在纸张表面固化。最后，通过传送带把纸张送出淋膜机，完成淋膜过程。

淋膜的优势在于成本低廉且灵活性高，可实现单面或双面淋膜。然而，淋膜机的庞大体积和高耗电是其明显的劣势。

目前市面上的淋膜机主要用于宽幅在 45cm 以上，卷装纸或大幅面作品的淋膜处理（图 7-4）。

图 7-4　淋膜机

五、塑封

塑封是将照片夹在两层尺寸大于照片的塑封膜之间，这些膜含有热熔胶。通过塑封机加热，这些膜在照片周围固化成一个坚实的边缘，照片密封在其中。

塑封膜在加热前是柔软的，透明度并不高，但通过加热后，塑封膜变硬并具有相当高的透明度。由于塑封膜加热后变硬以及塑封膜与照片表面的粘贴并不牢靠的问题，通常只适用于 A3 尺寸及以下的照片。因此，塑封常被用于 10 英寸以下照片的表面处理（图 7-5）。

图 7-5　塑封机

第二节　裱板

裱板是将照片直接贴在背板上的一种装裱办法，这种方法简单方便，适用范围广，常见板材多为 KT 板、PVC 板、铝塑板，甚至木板等，既可以很高级，也可以很简单，区别在于作品的输出介质和背板材料的选择。

一、KT 板

KT 板板体挺括、轻盈、不易变质、易于加工，用 KT 板制作的展板美观大方、方便快捷、经济实惠。KT 板主要用于广告展示和促销、建筑装饰、文化艺术和包装等方面，多用于广告方面，如产品宣传信息发布及通告用装裱衬板。由于板材内芯为泡沫发泡，密度不高，比较松软，一压就凹陷，表面还会起泡和波纹（图 7-6）。

(a) KT 板外观

(b) KT 板裱板效果

图 7-6　KT 板

二、PVC 板

PVC 板也称雪弗板，使用 PVC 作为内芯进行发泡，外面也是 PVC 贴面，板材密度大，比 KT 板更厚重和坚挺，表面平整光滑，有多种厚度选择，价格也偏高。与 KT 板一样广泛用于广告和装饰行业（图 7-7）。

(a) PVC 板外观

(b) PVC 板裱板效果

图 7-7　PVC 板

三、三明治装裱

三明治装裱的结构分为三层，前面是亚克力，中间是照片，后面有一层底板，在底板上安装框架用于悬挂（图 7-8）。亚克力最好选用亚光的，底板的材料可选用铝板，也可以是铝塑板，越厚的材料稳定性越有保证，整体厚度应该控制在 15mm 内。三明治装裱适合大幅面作品，能保证成品的平整度，但它要求作品必须是高光相纸输出，其缺点是工艺复杂，成本较高，装裱过程不可逆。

图 7-8　三明治装裱

第三节　装框

装框是将艺术品如绘画、版画、摄影作品等固定在一个框架内的一种展示和保护手段。装框不仅能提供物理保护，防止作品受到损坏，还能增强作品的美观和展示效果。

正确的装框方式能够提升艺术品的价值，同时也方便收藏和流通。在选择装框服务时，应寻找专业的装框师进行操作，确保艺术品得到妥善地保护。

一、镜框装裱

镜框多采用木质或金属边条，并配有玻璃，照片则安装在背板与玻璃之间。镜框装裱外观简约、时尚、大气，是比较正式、常见的装裱方式（图 7-9）。镜框装裱主要有两种方式：一种是无卡纸装裱，照片通常与镜框尺寸一致，画面紧贴玻璃，后面为背板；另一种是有卡纸装裱，照片通常小于边框，在照片和玻璃之间使用一层或多层卡纸，卡纸内框根据照片尺寸使用专用工具裁成 45°角坡面的镂空形状，露出下面的照片。卡纸不仅使照片与玻璃之间产生一定的距离，防止照片直接贴到玻璃上（如果照片直接接触玻璃受潮后，容易损害画面），同时卡纸所形成的空间感也会产生良好的装饰效果。另外，还可以根据画面的色彩、风格，选择适当的色彩、肌理的卡纸配合镜框，达到烘托整个画面的意境。选用卡纸的厚度一般为 2mm 或以上（太薄则无法保证照片与玻璃分离）。

图 7-9　镜框装裱

二、悬浮装裱

与镜框装裱相似，悬浮装裱不同之处在于，先把作品裱在一层衬板上，并且衬板尺寸略小于作品的尺寸；在衬板的背面再加垫板，目的是加大照片和背板之间的距离，营造悬浮的效果，然后在准备好的背板上敷上卡纸，把裱好照片的衬板和背板按照相应的位置固定好备用；外框底面朝上，放入玻璃（也可以不放玻璃），沿着外框贴上卡纸边条，边条的高度可依据外框的高度来定，一般要求装上背板后不凸出来；最后固定背板、封框。装好后无法从侧面看见垫板的结构，从正面看，裱了照片的衬板在背板上留下投影，好像飘浮在空中，支撑越高，这种效果就越强烈。这种方法适合所有纸张，尤其适合固定尺寸的毛边纸，但是尺幅不能太大（图 7-10）。

图 7-10　毛边纸与悬浮装裱

参 考 文 献

[1]BRUCE FRASER，CHRIS MURPHY，FREDBUNTING. 色彩管理 [M]. 刘浩学，梁炯，武兵，等译 . 北京：电子工业出版社，2005.

[2] 日本 MD 研究会，电塾，DTPWORLD. 图解色彩管理 [M]. 杨洋，译 . 北京：人民邮电出版社，2012.

[3] 梁炯 . 色彩管理工艺手册 [M]. 北京：印刷工业出版社，2005.

[4] 色彩学编写组 . 色彩学 [M]. 北京：科学出版社，2001.

[5]JEFF SCHEWE. 数码照片专业输出技法 [M]. 黄一凯，译 . 北京：人民邮电出版社，2015.